# VOYAGE

DE LA CORVETTE *LA BAYONNAISE*

DANS

# LES MERS DE CHINE

TYPOGRAPHIE DE HENRI PLON, RUE GARANCIÈRE, 8.

# VOYAGE

## DE LA CORVETTE *LA BAYONNAISE*

DANS

# LES MERS DE CHINE

PAR LE VICE-AMIRAL

JURIEN DE LA GRAVIÈRE

---

TOME SECOND

---

Troisième Édition

ENRICHIE DE DEUX GRANDES CARTES
ET DE DIX DESSINS DE GAUTIER SAINT-ELME GRAVÉS PAR MÉAULLE

PARIS
HENRI PLON, IMPRIMEUR-ÉDITEUR
10, RUE GARANCIÈRE

---

1872

# VOYAGE EN CHINE

## CHAPITRE PREMIER.

### Les Tagals et les Espagnols aux Philippines.

Nous avions visité, sur les côtes septentrionales de la Chine, les ports dont le traité de Wam-poa nous ouvrait l'accès. Entre les Anglais et les Chinois, il n'y avait plus à Canton de question pendante. Le moment semblait donc venu de tourner nos regards vers les parties jusqu'alors négligées, mais non point oubliées, de la station que le gouvernement français avait confiée à notre surveillance. Cette station n'avait jamais été limitée aux rivages du Céleste Empire : elle s'étendait vers le sud jusqu'au détroit de la Sonde, vers l'est jusqu'aux dernières dépendances des Philippines; elle embrassait ainsi la totalité de l'archipel Indien, les Indes néerlandaises comme les colonies espagnoles. On franchit sans peine, en cinq ou six jours, les deux cents lieues qui séparent la rade de Macao de celle de Manille. Les vents de nord-est et ceux de sud-ouest favorisent presque également, pendant les deux moussons, le voyage vers les Philippines et le retour vers les ports du Kouang-tong. Il nous fallait, au contraire, deux ou trois mois de liberté pour songer à pousser nos croisières jusqu'au port de Batavia ; ce n'étaient point seulement six cents lieues que nous allions mettre entre nous et les côtes de la Chine ; c'étaient les lenteurs d'une traversée à contre-mousson, soit pour aller à Batavia, soit pour en revenir, que nous devions nécessairement prévoir. — Heureusement l'étrange issue des complications de la politique anglo-chinoise, au mois d'avril 1849, ne nous laissait aucun doute sur les dispositions conciliantes qui animaient l'Angleterre depuis la dernière crise européenne. En présence de cet horizon si subitement dégagé, nous ne craignîmes plus d'accueillir un projet qui devait conduire *la Bayonnaise* vers les colonies les plus lointaines de l'archipel Indien.

On a évalué à deux millions de kilomètres carrés la superficie de toutes les îles dont se compose cet immense archipel : c'est près de quatre fois la surface de la France. Le territoire seul de Bornéo est plus vaste que celui de nos quatre-vingt-six départements ; celui de Sumatra en égale presque l'étendue. L'Espagne et la Hollande se sont partagé ce magnifique domaine ; leurs prétentions ont à peu près réussi à en exclure les autres puissances. Au sud de la ligne, du détroit de Singapore aux côtes de la Nouvelle-Guinée, se développent, sur un double rang et sur un espace de six cents lieues, de l'est à l'ouest, les colonies néerlandaises. Au nord de l'équateur, du 7e au 20e degré de latitude, le groupe des Philippines reconnaît la domination espagnole. Il n'existe entre ces possessions européennes qu'une zone peu considérable, dont les rivalités de la Hollande et de l'Espagne, mieux encore que la résistance des indigènes, avaient jusqu'ici protégé l'indépendance, et que l'Angleterre s'est empressée de choisir pour le théâtre de ses envahissements.

La plupart de ces colonies ne contribuent guère à augmenter les revenus de l'Espagne ou de la Hollande; leur sol vierge n'a point de population qui puisse ou qui veuille en exploiter les richesses. Bornéo, Sumatra, Mindanao, Célèbes, attendent encore le flot des émigrations chinoises et l'action fécondante de l'industrie européenne. Deux îles seules, Java dans les Indes néerlandaises, Luçon dans les Philippines, présentent au milieu de ces archipels en friche une heureuse exception. Sur un territoire dont la superficie est à peu près le quart de celle de la France, cinq fois celle de la Sicile ou de la Sardaigne, Java rassemble une population de 9 529 000 âmes. Luçon a peu de chose à envier à sa puissante rivale sous le rapport de l'étendue et de la fertilité[1]; c'est par le nombre de ses habitants qu'elle lui est inférieure. Les derniers relevés officiels ne portent pas au delà de 2 330 000 âmes la population *utile* de la plus importante des Philippines. Quand bien même on voudrait y ajouter le chiffre si vague et si contesté des tribus indépendantes qui habitent le centre de l'île, Luçon ne rassemblerait encore sur son vaste territoire qu'une population moins dense que celle de la Corse. L'île de Java est, proportionnellement à son étendue, plus peuplée que la France.

Les habitants du groupe espagnol et du groupe néerlandais ont entre eux des analogies assez nombreuses, assez essentielles surtout, pour qu'on puisse, sans s'ar-

| | kilom. carrés. |
|---|---|
| [1] La superficie totale de Java et de Madura est de. | 134 000 |
| Celle de Luçon de . . . . . . . . . . . . | 112 000 |
| De la France, sans y comprendre la Corse. . . . | 519 000 |
| De la Sicile . . . . . . . . . . . . . . | 27 000 |
| De la Sardaigne. . . . . . . . . . . . . | 26 000 |
| De Bornéo. . . . . . . . . . . . . . . | 699 000 |
| De Sumatra . . . . . . . . . . . . . . | 440 000 |

rêter aux traits particuliers qui les distinguent, leur assigner une commune origine. Les traditions que conservent les livres sacrés de l'Inde, les rapports qui unissent les divers dialectes de l'archipel, la disposition géographique des grandes îles échelonnées, pour ainsi dire sans interruption, des côtes de l'Hindoustan jusqu'aux rivages de la Chine, la couleur cuivrée qui distingue ces insulaires des autres familles de l'espèce humaine, tout, en un mot, justifie une pareille hypothèse, et rien ne la repousse. Les premiers habitants de l'archipel Indien ont dû être les hideuses peuplades au teint d'ébène et aux cheveux laineux qui occupent encore sans partage les îles de la Papouasie. La lente succession des siècles avait dispersé la famille indo-chinoise sur les bords du continent asiatique. Des convulsions intérieures auront obligé ces tribus sémitiques à franchir la mer de Formose et le détroit de Malacca. Les peuplades noires ont reculé devant ce double torrent. Dans l'île de Java, les premiers possesseurs du sol ont complétement disparu; l'inondation sur ce point fut assez puissante pour les submerger. Dans l'île de Luçon, au contraire, dans celle de Mindanao, dans le groupe intermédiaire auquel les Espagnols ont imposé le nom d'îles *Bisayas*, l'invasion n'arriva qu'affaiblie par la distance trop considérable du continent asiatique : aussi retrouve-t-on dans cette partie de l'archipel les débris des tribus primitives errant encore au milieu des forêts qui leur servirent de refuge. A Java comme à Luçon, les migrations conquérantes comptaient probablement plus de guerriers que de femmes : il fallut que les fils de Sem mêlassent leur sang à celui des fils de Cham; de ce mélange est sortie, suivant moi, la race malaise, au teint cuivré, à la face mongole. Des invasions postérieures ont pu modifier les caractères physiques et les instincts des peuples qui habitent les divers groupes de l'archipel d'Asie. Sur ce point l'élément noir a pu dominer, sur cet autre l'élément indo-chinois; mais je ne saurais croire que le nom de Tagals à Manille, d'Illanos à Mindanao, de Javanais dans les provinces orientales de Java, de Sondanais dans la partie occidentale de la même île, de Bouguis et de Macassars dans la mer de Célèbes, suffise à révéler l'existence de races distinctes. Du détroit de la Sonde aux rivages de Formose, je n'ai trouvé que les empreintes plus ou moins altérées d'un type primitif, que les rejetons d'une même souche, que les variétés d'un même peuple.

C'est à ces populations malaises, supérieures sans contredit aux nègres de l'Afrique et de la Papouasie, inférieures aux Européens et aux Mongols, que l'Espagne a fait subir l'empire de ses croyances religieuses, la Hollande l'ascendant de sa politique et la puissance de ses armes. L'abolition de la traite et l'affranchissement graduel des esclaves ont accru depuis 1815 l'importance des possessions asiatiques. La production des denrées tropicales tend à se concentrer dans les colonies situées à l'est du cap de Bonne-Espérance. Quant aux Philippines, si elles n'ont point profité au même degré que les îles de la Sonde du déplacement d'intérêts opéré par la politique anglaise, c'est que la Hollande et l'Espagne n'ont point reçu du ciel le même génie en partage. Ces deux puissances n'ont pas non plus rencontré dans la Malaisie des conditions complétement identiques. La population des Philippines, quand les Espagnols y débarquèrent, était idolâtre : elle était à peine sortie des limbes de la vie sauvage et ne connaissait d'autres liens sociaux que ceux de la tribu. Les brahmanes et les Arabes avaient apporté déjà aux Javanais le bienfait de leur civilisation. Il eût été aussi difficile d'asservir la population de Luçon au travail que de conquérir les mahométans de Java aux doctrines évangéliques. La Providence sembla diriger à dessein les compatriotes de Las-Casas et de Fernan Cortez vers le point où il y avait un peuple à convertir, les marchands des Provinces-Unies vers celui où il y avait une organisation despotique à exploiter.

Plus d'une fois, pendant notre séjour à Macao, nous avions entendu opposer les possessions espagnoles aux Indes néerlandaises. Dans les premières, la conquête semblait se justifier par le sort qu'elle avait fait aux populations indigènes ; dans les secondes, par l'habile direction qu'elle avait imprimée au travail de la race malaise. Nous savions cependant que ces deux politiques, nées d'inspirations contraires et servies par des circonstances différentes, n'avaient échappé ni l'une ni l'autre à la critique. On reprochait à la Hollande d'avoir été entraînée par ses besoins et par ses tendances positives au delà des limites d'une sage exploitation. On se plaignait que l'Espagne, au détriment de la société européenne, eût été pour les Indiens des Philippines une mère trop faible et trop indulgente. Quelque fondé que pût être ce double reproche, il semblait néanmoins difficile que la condamnation des tendances débonnaires de l'Espagne n'impliquât point, dans une certaine mesure, la justification du système opposé. Il importait donc de ne pénétrer dans les Indes néerlandaises que préparé par l'étude attentive des colonies espagnoles. Telle fut aussi la marche que nous suivîmes. Ce ne fut qu'après diverses stations sur la rade de Manille que nous fîmes route vers l'île de Java, heureux de pouvoir comparer l'un à l'autre deux modes de colonisation qu'on ne saurait bien apprécier sans en avoir observé isolément les inconvénients et les avantages.

L'archipel des Philippines, situé entre les côtes de

Chine et les possessions hollandaises, se compose de onze ou douze îles principales, entourées d'une soixantaine d'îlots, dont l'Espagne a formé trente-quatre provinces. Bien que séparées par une distance de quatre cents lieues des autres groupes, les Mariannes n'en sont pas moins rattachées par le lien administratif au gouvernement des Philippines. L'île de Luçon, dont Manille est la capitale, comprend à elle seule dix-neuf provinces. Ce chiffre suffirait à indiquer l'importance prépondérante de l'île de Luçon dans l'archipel espagnol ; c'est moins toutefois le développement du territoire que le nombre des habitants qui assigne à cette île, dans les Philippines, le rang que, sous une autre administration, Java occupe dans les Indes néerlandaises. Sous les tropiques, la superficie et la fécondité des possessions européennes ne sont que des circonstances secondaires ; toutes les îles sont fertiles, tous les territoires sont immenses. La richesse d'une colonie tropicale, c'est la population qui l'exploite. On appréciera donc plus exactement la valeur relative des divers groupes dont se compose l'archipel des Philippines par le chiffre des habitants inscrits sur les registres des paroisses, que par les opérations les plus minutieuses du cadastre. Tout habitant qui ne figure pas sur le registre de la paroisse ne reconnaît point la loi espagnole ; c'est un membre inutile et souvent nuisible à la colonie. On a porté le chiffre de cette population indépendante à près d'un million d'âmes. Dans ce chiffre sont compris les premiers possesseurs de l'archipel, — les *Negritos*, — les *Tinguianes*, dans les veines desquels on croit reconnaître du sang arabe, — et les *Igorrotes*, race malaise qui ne diffère de la population soumise que par le cachet que lui ont imprimé les habitudes de la vie sauvage. La population dont les recensements officiels constatent le chiffre est tout entière catholique : c'est la seule qui paye les impôts, cultive la terre, obéisse aux autorités, la seule, par conséquent, qui doive nous occuper. En 1850, cette population, dispersée dans 34 provinces et dans 695 villages, comprenait 3 600 000 âmes.

On distingue trois groupes principaux dans les Philippines ; l'île de Luçon au nord, Mindanao au sud, et, séparant ces deux grandes îles, le groupe intermédiaire des Bisayas. Nous avons déjà dit que l'île de Luçon renferme à peu près les deux tiers de la population catholique de l'archipel, 2 330 000 âmes. Il est tel village de Luçon qui, sous ce rapport, a presque autant d'importance que l'île de Mindanao tout entière. L'Espagne compte à peine, dans l'île de Mindanao, 90 000 sujets. La force des choses doit faire tomber un jour sous le joug espagnol la totalité de ce vaste territoire ; mais, jusqu'à présent, presque toute la partie méridionale de Mindanao reconnaît encore le pouvoir du sultan des Illanos. Cette population insoumise est musulmane. Elle a résisté aux efforts des missionnaires par ses vices bien plus que par ses croyances. Pendant longtemps, les Illanos ont partagé avec les habitants de Soulou le privilége de répandre la terreur sur toutes les côtes de l'archipel Indien. Ces audacieux pirates étendaient leurs ravages jusque dans la mer des Moluques. Découragés par la puissance croissante et par les récents triomphes de l'Espagne, les Illanos préludent par une déférence respectueuse à une soumission complète.

On compte 1 200 000 catholiques dans le groupe des Bisayas : cette population considérable était trop éloignée des regards du gouvernement de Manille. Soumise pendant longtemps aux exactions des alcades, elle végétait dans la misère et l'inertie sans profit pour la métropole. C'est surtout dans les Bisayas que les progrès réalisés depuis quelques années par une sage administration commencent à porter leurs fruits. L'île de Panay, qui comprend 3 provinces, 75 villages et 550·000 âmes, est déjà digne de rivaliser avec Luçon pour la beauté de ses tissus et la richesse de ses produits agricoles. L'île de Zebù, avec ses 44 villages et ses 350 000 habitants, ne prendrait rang qu'après Panay, si elle n'était le siége d'un évêché : Zebù doit ce privilége au hasard. C'est à Zebù que vinrent aborder Magellan et Legaspi, et c'est de cette île que la conquête se propagea peu à peu jusqu'à Luçon. Sur ces deux points de l'archipel, ce n'est pas un lointain avenir, mais un avenir prochain, presque immédiat, qui récompensera les efforts du gouvernement espagnol. Le progrès devra gagner ensuite, mais bien plus lentement, si l'on songe à leur population tout à fait insuffisante, les îles de Leite et de Samar, qui comptent chacune environ 100 000 âmes ; Negros, où domine la race noire, Mindoro, dont le duc de Choiseul avait voulu obtenir la cession pour la France ; Masbate, Ticao, Marinduque et Burias.

Bien que les péripéties de notre longue campagne nous aient conduits deux fois sur les côtes de Mindanao, et nous aient fait souvent longer les rivages des autres groupes, c'est sur l'île de Luçon, centre de la domination espagnole dans l'extrême Orient, que notre attention s'est portée de préférence. Trois fois dans le cours de notre campagne, *la Bayonnaise* s'est arrêtée sous les murs de Manille. Nous avons passé des mois entiers dans la baie au fond de laquelle vint aborder, en 1571, don Miguel Lopez de Legaspi. Les Moluques placées sur la route que nous avions suivie pour venir en Chine, n'avaient été pour nous qu'une vision fugitive : en quelques jours, elles avaient déroulé sous nos yeux leur panorama enchanteur.

A Manille et dans l'île de Luçon, la satiété eut le temps de refroidir notre enthousiasme : aujourd'hui cependant, évoquée par de lointains souvenirs, cette riche et somptueuse nature m'apparaît encore dans toute sa pompe et dans toute sa beauté.

Les Philippines ne connaissent, comme presque toutes les contrées situées sous les tropiques, que deux saisons bien distinctes : la saison pluvieuse et la saison sèche. Dès que la mousson de sud-ouest règne dans la mer de Chine, l'île de Luçon voit ses champs inondés par de longues journées de pluie ou de soudains orages. Vers la fin du mois de juillet s'élèvent les vents d'ouest, qui roulent souvent d'énormes vagues sur la plage de Manille. Du mois d'octobre au mois de décembre, les deux moussons se combattent et se repoussent. Ce ne sont plus alors les vapeurs d'un jour d'été qui vont se condenser au sommet des montagnes ; ce sont de lourdes nuées que des brises variables rassemblent des extrémités opposées de l'horizon. Sur aucun point du globe, nous n'avons contemplé de scènes plus grandioses que celles dont nous ont rendus témoins les orages qui éclatent à cette époque sur les côtes des Philippines ; mais, pour frayer le chemin à la mousson du nord-est, pour refouler au delà de l'équateur la mousson contraire, des convulsions passagères ne sauraient suffire. Il faut une crise suprême, un typhon qui parcoure dans sa rage toutes les aires de vent du compas, qui balaye successivement tous les coins du ciel. Cette crise se déclare rarement avant le mois de novembre, plus rarement encore elle se fait attendre au delà du 15 décembre. Avec le dernier souffle de l'ouragan expire la saison pluvieuse. L'air est redevenu pur et diaphane ; les vents d'est rafraîchissent l'atmosphère, que vont embraser bientôt les journées limpides et brûlantes du mois de mars. C'est pendant ce trop court hiver qu'il faut visiter l'île de Luçon. La mousson dans toute sa force pourrait vous conduire alors en moins de trois jours de la rade de Macao à l'entrée de la baie de Manille ; mais, dès que vous serez arrivé à la hauteur du cap Bojador, vous verrez les vents s'apaiser et les flots s'aplanir. Quelques heures ont produit un changement complet de climat ; vous ne voguez plus sous le même ciel, les rafales ont cessé, et vous glissez doucement jusqu'à la pointe de Maribelès, où des brises plus fraîches vous attendent.

Vous pourrez choisir alors, pour donner dans la baie, une des deux passes que sépare comme un mur gigantesque l'îlot du Corregidor. Si, guidés par le phare qui signale au navigateur l'approche du port, vous atteignez le mouillage de Manille au milieu de la nuit, le lever du soleil vous montrera ce vaste bassin dans toute sa splendeur. La brise est complétement tombée ; aucun souffle ne ride la surface de la baie. Les nombreux navires mouillés à moins d'un mille des jetées entre lesquelles s'épanche le Passig sont immobiles sur leurs ancres ; leurs pavillons pendent le long des drisses sans pouvoir se déployer. Du côté du large, vous n'apercevez qu'une nappe d'eau immense, infinie, dont ce calme profond agrandit encore l'étendue ; mais ce n'est point de ce côté que se seront tournés vos premiers regards : vos yeux auront d'abord cherché la ville où revit le souvenir de l'Espagne, où doivent se conserver les riantes traditions de l'Andalousie. Ne vous attendez point cependant à rencontrer ici le coup d'œil pittoresque des blanches maisons de Cadix. De lourds bastions occupent la rive gauche du fleuve et se déploient tristement sur la plage. C'est au-dessus de cette enceinte ennemie de la brise que Manille élève le dôme de sa cathédrale et les toits rougeâtres de ses principaux édifices. On dirait que cette ville emprisonnée se dresse sur la pointe du pied pour aspirer le premier souffle qui lui viendra de la mer. Plus heureux, le faubourg de Binondo s'étend sans contrainte sur la rive droite du Passig. Le soleil cependant monte à pas de géant dans le ciel ; il inonde bientôt de ses feux et la plaine et le calme miroir du golfe ; mille étincelles jaillissent du sein des eaux : sur la plage et jusqu'autour de la cime des arbres ondule comme un flot de poussière lumineuse. Si le calme se prolongeait, on serait suffoqué ; la brise heureusement ne tarde point à rider la surface de la baie, et son premier souffle suffit pour dissiper le charme sous lequel gémissait la nature haletante.

Le moment est venu de quitter la prison où d'inévitables délais ont confiné votre impatience. Le capitaine du port vous autorise à fouler quand il vous plaira le sol des Philippines. L'entrée du Passig, vers laquelle votre canot doit se diriger, est étroite et souvent encombrée par quelque navire qui cherche à gagner son poste le long du quai. Plus d'un abordage imminent vous commandera peut-être de soudaines manœuvres. Évitez surtout le contact des *cascos !* Ce sont de lourdes barques, qui transportent à bord des bâtiments mouillés sur la rade les divers produits de la colonie. Leur épaisse membrure défierait le choc d'une corvette. Les malheureux bateliers qui les conduisent m'ont souvent rappelé les tourments de Sisyphe. Le corps penché en avant, ils appuient contre leur épaule une longue perche qui plonge jusqu'au fond de la mer. C'est ainsi qu'ils parcourent sans relâche, pour faire avancer leurs barques de quelques pas, toute la longuenr de la plate-forme adaptée aux bords extérieurs de chaque bateau. A côté de ces masses inertes, voyez glisser sur le sommet de la vague les légères *bancas* du Passig, creusées dans un seul tronc d'arbre et recouvertes de leur toit de bambou ! Voyez s'élancer les bateaux de passage qui cinglent vers Cavite, emportés par leurs immenses voiles latines et maintenus en équilibre par leur double balancier !

On ne saurait imaginer un coup d'œil plus curieux que celui de l'embouchure du Passig animée par ces barques qui se croisent, s'évitent et se dépassent. Les deux rives du fleuve sont unies par un pont de pierre qui relie le faubourg de Binondo à la ville militaire. Entre les arches apparaissent quelques touffes égarées de verdure, ou de blanches maisons qui se dessinent vaguement dans le lointain. En avant de ce pont sont mouillés les nombreux navires auxquels leur tirant d'eau a permis l'accès du fleuve. Si la barre du Passig pouvait s'abaisser de quelques pieds, la capitale des Philippines posséderait un des plus beaux ports de la Malaisie. Malheureusement, des goëlettes ou des bricks d'un faible tonnage, quelques trois-mâts déchargés de leur lest et prêts à s'abattre en carène, tels sont les seuls bâtiments qui puissent arriver sous les quais de Binondo. Vous serez surpris cependant de rencontrer tant de navires rassemblés dans cet étroit canal ; une forêt de mâts et de vergues, un confus réseau de cordages dérobent presque complétement à la vue les maisons peu élevées qui s'étendent sur la rive droite du Passig. Les carènes, pressées l'une contre l'autre, occupent un espace de plus d'un demi-mille. A chaque instant, vous voyez le palan plonger dans les profondeurs de leurs cales et en élever quelque lourd ballot de café ou de sucre qui redescend bientôt dans les *cascos* rangés le long du bord.

Depuis une demi-heure, vous avez laissé derrière vous le phare qui veille à l'extrémité des jetées, et vous n'avez pas encore atteint le débarcadère. Ne vous étonnez point de la rapidité du courant qui retarde votre marche. Le

Passig reçoit, pour les porter à la mer, les eaux du lac de Bay, immense réservoir qui a près de cent milles de tour et dont l'étendue est à peine inférieure à celle de la baie de Manille. Mais vous touchez enfin au terme de vos efforts : vous voici arrivés au *Muelle del Rey*. Je présume qu'une voiture vous attend sur le quai : vous n'avez pu songer à compromettre votre dignité européenne dans la poudre de l'*Escolta* ou de la *calle del Rosario*. Il n'y a que les Indiens qui osent ici se montrer à pied dans les rues. Les métis eux-mêmes ont leur *birlocho*. On compte à Manille plus de deux mille voitures pour une population de cent quatre-vingt mille âmes. C'est de Java que sont venues la plupart des calèches découvertes dont vous admirez la légèreté et l'élégance ; c'est dans l'île même de Luçon qu'ont été nourris ces poneys pleins de feu que guide un postillon tagal grotesquement étouffé sous sa livrée. Vous trouveriez sans peine, au prix de 400 francs, un charmant attelage que vous pourriez nourrir pour 50 ou 60 francs par mois d'herbe fraîche et de *palaï*[1] ; mais un voyageur doit se contenter d'une voiture de louage. Hâtez-vous donc de monter dans votre cabriolet à quatre roues, et que Dieu vous conduise ! car l'automate auquel vous êtes confié n'est point habitué à faire usage de son intelligence. C'est une poupée à ressorts qui tourne à droite ou à gauche suivant qu'on la dirige, mais qui trouverait à peine le chemin de son écurie, si, à chaque détour de la route, elle n'entendait résonner à ses oreilles : *Silla ! Mano !* — Va de ce côté-ci, mon ami ! maintenant de celui-là ! *Muy bien !* — Il nous est arrivé d'employer notre meilleur espagnol, pour expliquer à notre cocher que nous désirions aller rendre visite à l'un des conseillers

[1] *Palaï* est le nom qu'on donne, dans toute la Malaisie, au riz avant qu'il soit dépouillé de son enveloppe.

de l'audience royale qui demeurait alors dans le village de San-Miguel. Jugez de notre courroux quand, après deux heures d'une course à fond de train, nous nous retrouvâmes à notre point de départ ! Le cocher tagal connaissait fort bien la maison à laquelle nous voulions nous rendre ; mais n'entendant point, au moment voulu, le signal d'arrêter, le *para!* sacramentel, la locomotive humaine avait passé outre. Vous voici prévenu ; ce sera donc votre faute si vous vous égarez dans les faubourgs, au lieu d'arriver par la voie la plus prompte à la maison qu'habite le consul de France ou au palais du gouverneur.

La ville de Manille proprement dite est entourée d'un large fossé qu'alimentent les eaux du Passig, et de hautes murailles qui se développent sur un espace de 3500 mètres. Dix mille habitants sont enfermés dans cette enceinte. La citadelle de Santiago, qui occupe un des angles de la ville, formerait à elle seule une place forte. Les Espagnols ont possédé jadis la singulière activité des zoophytes : partout où leur pied se posait, on voyait s'élever des remparts. La ville de Manille eût pu figurer au nombre des cités dont leur ardeur couvrit en moins d'un siècle les rivages du nouveau monde. Ces imposantes fortifications n'ont point empêché cependant les Anglais de s'emparer, en 1762, de la capitale des Philippines ; confiées, comme elles le sont, à la garde de régiments indigènes, elles seraient d'un faible secours contre une insurrection populaire. Le plus grand inconvénient attaché à ce système de défense, c'est d'obliger les autorités espagnoles à résider dans une ville où la brise du large ne pénètre qu'à regret. Bien que le ciel de Manille n'ait jamais eu la funeste réputation du climat de Batavia, on cite bien peu de gouverneurs des Philippines qui aient pu revoir l'Espagne ; la température étouffée de cette prison militaire a ruiné leur santé et abrégé leur existence. La ville officielle, que n'égaye point l'activité qui s'est réfugiée sur l'autre rive du Passig, a toute la tristesse d'un cloître. Ces rues où se prolongent de longues files de maisons aux façades grisâtres, cette place déserte, sur laquelle le palais du gouverneur et l'hôtel de ville, bâtis en face l'un de l'autre, projettent alternativement leur ombre, ces angles obscurs occupés par les constructions massives des couvents et des colléges auraient admirablement convenu aux promenades moroses d'un Louis XI ou d'un Philippe II.

Le faubourg de Binondo offre un aspect moins sombre : on y rencontre de nombreuses boutiques, des étalages en plein vent ; on y sent circuler l'air et la vie. Cependant ce sont encore des rues presque européennes avec leurs maisons contiguës et leur inflexible alignement que vous retrouvez ici, sur un terrain où le défaut d'espace n'excuse plus cette disposition routinière. Chaque maison est, il est vrai, entourée d'une galerie de trois ou quatre pieds de large, qui fait saillie sur la rue. Pendant la nuit ou quand l'orage éclate, des cadres à coulisse, garnis d'écailles transparentes, ferment ces balcons auxquels l'intérieur des appartements doit un peu de fraîcheur.

Quand on a emporté de Hong-kong le souvenir des palais élevés sur ce sol ingrat par les plus fastueux négociants du monde et les ouvriers les plus industrieux de la terre, on éprouve une singulière impression en pénétrant sous les lambris délabrés des maisons de Manille. Les plus belles habitations n'ont généralement qu'un étage. Dès qu'on a gravi la dernière marche de l'escalier, on se trouve sur la *caïda ;* cette *caïda* est à la fois le palier de l'escalier et la salle à manger. Le salon est une vaste pièce, dont une table ronde et quelques chaises de rotin composent assez souvent tout l'ameublement. Les murailles des appartements sont recouvertes d'une grossière couche de chaux, le parquet est formé de larges planches d'un bois dur et veiné, susceptible de recevoir le plus beau poli, mais prompt à se déjeter. Le plafond n'est qu'un revêtement de petites voliges ajustées bout à bout, blanchies à la hâte, que les araignées tapissent de leurs longues toiles, et sur lesquelles erre familièrement le lézard domestique des Philippines, le *gecko* à la voix plaintive. Une semblable demeure, quand on a su l'asseoir sur la rive du Passig, ou la cacher sous l'ombrage des tamariniers et des manguiers touffus, réunit cependant toutes les conditions de bien-être que l'on peut désirer sous les tropiques. Entourez d'un léger rideau de gaze le lit au cadre de rotin sur lequel vous avez étendu une natte fine et souple, reposez votre tête sur le dur coussin tressé par les artisans du Fokien, et, sans regretter des lambris plus somptueux, vous verrez quel doux sommeil se hâtera de fermer vos paupières.

Le luxe des tropiques, c'est l'air ; le principal souci des habitants de Manille, c'est de trouver l'occasion de respirer. Dès que le soleil est près de descendre sous l'horizon, toutes les calèches, tous les *birlochos* s'ébranlent ; le pont du Passig frémit sous les roues de cent voitures : toute la population blanche s'est donné rendez-vous sur la *Calzada*. Cette promenade contourne les glacis de la ville et se prolonge jusqu'à la plage ; la brise du large y rafraîchit l'atmosphère de son dernier souffle. Après avoir tourné longtemps dans le même cercle, les voitures s'arrêtent enfin sur le rivage, faisant face à la brise. Là, chacun, la bouche béante, jouit en silence de son bonheur ; on rêve, on s'égare au delà des mers, on respire ! C'est surtout dans les premiers jours du mois de mars, quand déjà l'été s'avance à grands pas, que l'on peut savourer la volupté de ces instants de bien-être auxquels la chaleur excessive de la journée ajoute un nouveau prix. Une gracieuse coutume rassemble, deux ou trois fois par semaine, sur la *Calzada*, les musiciens des régiments indigènes dont l'oreille malaise saisit avidement et retient avec une facilité surprenante les mélodies qu'on lui fait entendre. Les motifs des *Puritains* ou de la *Lucia* se mêlent alors au bruissement de la vague ; on dirait que le flot même a subi l'empire de cette ravissante harmonie, et prend soin de ne pas troubler la sérénité d'une si belle heure.

C'est la race malaise qui semblait appelée à posséder l'archipel Indien. Les Européens n'ont pu s'établir dans ces contrées qu'à la faveur d'une énergie habituée à méconnaître toutes les barrières, à triompher de tous les obstacles. Pour le Tagal, au contraire, l'île de Luçon est la terre promise. Du riz et quelques poissons pêchés au bord de la rivière suffisent à sa nourriture. Pour la somme de 35 centimes, il fait trois repas par jour. Il dépense à peine 100 francs pour élever le toit de *nipa* sous lequel il repose ; quatre piliers de palmier sauvage soutiennent ce modeste édifice. Des lattes de bambou, supportées par quelques traverses à cinq ou six pieds de terre, lui font un parquet élastique et luisant. Un mortier et deux pilons, destinés à dépouiller le riz de son enveloppe, une natte étendue dans un coin, deux ou trois jarres de terre, des tronçons de bambou et des écales de coco, économiques et fragiles ustensiles de ménage, quelquefois une table et deux ou trois chaises grossièrement travaillées, une image de saint appendue à la muraille, tel est l'ameublement de la plupart des maisons tagales. Le costume des Indiens n'est pas sans richesse, mais c'est l'industrie nationale qui en fait tous les frais. Les habitants de Luçon ne consomment pas pour 4 francs par tête d'articles étrangers. La feuille de l'ananas, les couches fibreuses d'une espèce de bananier, les longues palmes du *nipa*, le coton de Batangas, leur fournissent des étoffes dont la légèreté et la fraîcheur sont merveilleusement appropriées au climat. Sous le nom de *piña*, de *nipis* et de *sinamaï*, ces tissus indigènes ont fini par trouver le chemin de l'Europe, où leur réputation commence à s'établir. Les pieds nus, la tête couverte — à Manille d'un chapeau de paille tressée ou d'un chapeau européen, dans la campagne d'un *salacot* aux larges bords — le Tagal a réservé pour la chemise qu'il laisse flotter en dehors d'un pantalon de coton rayé, tout son luxe et toute sa magnificence. De délicates broderies et une agrafe dorée rehaussent la richesse du tissu de *piña* qui remplace la chemise de *sinamaï* ou de *nipis* dans les jours de fête ; mais quelque élevé que puisse être le prix d'un pareil costume, il est permis d'en contester l'élégance.

Le costume des femmes de Manille est en revanche plein de grâce et de séduction. Par-dessus la *saya*, étroit jupon de coton rayé, s'enroule le *tapis* qu'un pli négligent fixe autour de la taille. Ce second vêtement ne sert qu'à mieux dessiner la parfaite symétrie des formes. Une chemisette de toile blanche descend au-dessous du sein, et laisse exposés à la vue des reins cambrés et une brune ceinture. Des *chinellas*[1], qui recouvrent à peine la pointe du pied, un peigne d'écaille ou de corne retenant sur le derrière de la tête une magnifique chevelure, des boucles d'oreilles d'or ou de corail, tel est, avec un rosaire et deux ou trois scapulaires, le complément d'un costume plus lascif et plus provoquant que la nudité des sauvages. Il faut, pour être juste, se hâter d'ajouter que les jeunes

[1] Sandales de paille, de cuir ou de velours.

Tagales portent ces vêtements avec une rare modestie. L'innocence de leur regard et la réserve de leurs manières offrent un singulier contraste avec la désinvolture de leur ajustement. Aussi, quelle que puisse être, au fond, l'irrégularité des mœurs indiennes, si vous vouliez juger les jeunes filles de Luçon à la grave simplicité de leur démarche, elles ne vous apparaîtraient que couvertes de ce voile de chasteté qui protégeait la nudité de nos premiers parents dans le paradis terrestre. Lorsqu'elles viennent, comme les brahmines aux bords du Gange, faire leurs ablutions journalières sur les bords du Passig, c'est encore le *tapis* qui abrite leur pudeur. Sur leurs épaules retombent en flots noirs les longues tresses qu'elles ont eu soin de dénouer. Habitué à ce spectacle, le Tagal les voit sans émotion se plonger au sein de l'onde, s'arrêter sur la rive pour tordre leurs cheveux ou gravir lentement les degrés des débarcadères.

Quand on a vécu pendant quelque temps au milieu des nègres de l'Afrique ou des Malais de l'archipel Indien, on est forcé de reconnaître que des lignes de démarcation bien tranchées séparent les diverses races dont se compose l'espèce humaine. Il est peu d'Européens qui, pour la vivacité de l'esprit, pour l'élévation des pensées, pour la noblesse des sentiments, ne l'emportent de beaucoup sur les Tagals les plus cultivés de Manille. Pour juger avec équité cette race inférieure à la nôtre, il faut la considérer comme abandonnée presque complétement aux impulsions de la nature ; elle ne connaît ni le respect de l'opinion, ni le cri secret de la conscience ; elle cède à ses appétits, si la crainte ne l'en dissuade. Insouciant et paresseux, inconstant dans ses goûts et dans ses affections, ingrat par apathie plutôt que par malice, l'Indien de Luçon a souvent lassé la patience des missionnaires qui lui apportaient les vérités de l'Évangile. Les pompes du culte catholique ont fini cependant par triompher de son indifférence, et le lien religieux est encore aujourd'hui le seul lien social et politique des Philippines. La solennité du dimanche est, d'une extrémité à l'autre de l'archipel, célébrée par une foi naïve, qui, si elle n'a pu inspirer à ces peuples enfants l'austérité des anachorètes ou les généreuses ardeurs qu'elle éveille souvent dans nos âmes, leur a du moins appris la douceur et la soumission, leur a fait connaître d'autres joies que les voluptés brutales auxquelles obéissait leur instinct.

Chaque village a sa fête patronale, son saint particulier qu'il honore. Manille rend grâces à saint André de la protection que cet apôtre étendit sur elle le 30 novembre 1574. Un chef de pirates chinois, Li-ma-hong, était venu mettre le siége devant les remparts qui achevaient à peine de s'élever sur la rive du Passig. Le conquérant de Luçon, Legaspi, était mort : le trésorier Guido de Labezares lui avait succédé ; mais l'épée de la conquête, le bras droit de Legaspi, don Juan de Salcedo, était absent : il se trouvait alors sur la côte occidentale. Don Juan vit passer la flotte qui allait assiéger Manille et la suivit de près avec cinquante-cinq Espagnols. Ce renfort inespéré releva le courage de la garnison ; une sortie vigoureuse dispersa les Chinois, et la colonie fut sauvée. C'est en mémoire de ce grand événement que, chaque année, la bannière royale (*el real pendon*) parcourt toutes les rues de la ville, portée par l'*alferez* que le gouverneur général a choisi parmi les membres de la municipalité. Les troupes sont sous les armes, les autorités ont revêtu leurs plus riches costumes ; l'air retentit d'hymnes pieux et de guerrières fanfares. L'étranger qui assiste à de pareilles cérémonies se croit transporté à une autre époque. Le nombreux clergé qui suit l'archevêque, les vierges indiennes vêtues de blanc, les images des saints parées des plus riches atours, les dais de pourpre sous lesquels fument les encensoirs, les branches de feuillage qui jonchent la voie publique, tout cet appareil qui embellit aussi les fêtes de l'Espagne et de l'Italie, souvent même celles de la France méridionale, n'est pas ce qui étonne le plus ses regards. Ce que le voyageur ne remarque pas sans surprise, c'est le sentiment unanime qui remplit cette foule immense : dès que l'hostie sainte se montre aux mains du prêtre, pas un front qui ne se découvre, pas un genou qui ne fléchisse ; les tambours battent aux champs, les drapeaux s'humilient : c'est le roi du ciel et de la terre qui passe.

On ne saurait croire à quel point ces processions sont chères aux Indiens, combien elles captivent leur imagination, lente à s'émouvoir, et raniment leur foi, bientôt chancelante, si le christianisme, dépouillé de sa pompe et de sa poésie, cessait de parler à leurs yeux. Avant d'avoir observé de plus près ces peuples simples, avant d'avoir étudié leurs besoins, le degré d'avancement moral dont ils sont susceptibles, ne dédaignez point trop l'empire d'un culte qui ne les assujettit encore qu'à ses pratiques extérieures. N'est-ce point d'ailleurs un beau spectacle que celui des vainqueurs et du peuple conquis confondus dans une commune adoration ? La conquête n'en devient-elle pas plus indulgente, le joug plus léger, la soumission plus honorable ? Et puis l'Indien n'est point fait pour les impressions profondes ni pour les aspirations sublimes : il est frivole dans sa foi, parce que la frivolité est toute sa nature. S'il sort un instant de son apathie, c'est pour réjouir ses yeux par la vue de l'or qui brille, des plumes qui ondoient, des cierges qui s'allument ; c'est pour prêter une oreille ravie à l'éclat des instruments de cuivre ou à la voix grave

Tome II, page 23.

Combat de coqs dans les rues de Manille.

des orgues mêlant leur harmonie à la mélodie des saints cantiques. C'est sa fibre impressionnable plutôt que son cœur qui a proclamé le Dieu vivant : il croit néanmoins, et cette religion superficielle lui sert presque de frein, lui tient lieu de morale, lui fait une société où nul de ses droits n'est compromis ni méconnu.

L'Indien n'est point né affectueux. L'amour même ne tient pas dans sa vie la place que devrait assurer à ce sentiment une nature ardente et voluptueuse. Le seul stimulant qui puisse arracher le Tagal à son indolence, c'est le jeu. Voyez cet homme du peuple dans les rues de Manille, assis sur ses talons, habituant le coq qu'il tient entre ses bras au bruit de la chaussée, à la vue des passants. Ce coq est le champion qu'il prépare au combat, sur la valeur duquel il engagera ses modestes économies de la semaine. Dès qu'il le croira suffisamment aguerri, il armera ses ergots de lames affilées et le présentera dans l'arène. Le gouvernement espagnol ne défend pas aux Indiens ce barbare plaisir. Sans l'attrait du jeu, comment obtiendrait-il de leur mollesse un travail volontaire ? Le fisc retire 14 ou 15 000 piastres par an des droits qu'il prélève sur cet amusement favori. Entrez le dimanche, au sortir de la messe, dans la *gallera ;* admirez avec quelle ardeur tous ces Indiens jettent leurs piastres au milieu du cirque ! *Al blanco ! — Io voy al blanco !* Je parie pour le blanc, je parie pour le noir ! — *Quiere usted apostar?* me disait un jour un Indien demi-nu en me tendant six piastres fortes. Si encore l'émotion de ce combat était de quelque durée ! Mais on met deux coqs face à face; ils baissent la tête, s'élancent l'un sur l'autre, et en un instant un des champions est éventré. Quelquefois cependant la lutte se prolonge; on se passionne alors pour l'un des combattants, et s'il succombe, on s'attendrit douloureusement sur son sort.

Quelque dégoût que puissent inspirer ces scènes cruelles, dès qu'on veut étudier le peuple de Manille, il faut se résigner à en supporter le spectacle. Quitter l'île de Luçon sans avoir assisté à un combat de coqs, ce serait quitter l'Espagne sans avoir été témoin d'une *corrida* de taureaux. Le voyageur a rarement le loisir de contrôler et d'approfondir ses impressions. Pour juger les peuples divers qui passent rapidement sous ses yeux, il faut qu'il saisisse le moment où leurs passions excitées mettent, pour ainsi dire, à nu leur être intérieur. Si vous voulez apprécier en quelques instants les traits les plus saillants du caractère tagal, si vous voulez voir l'Indien, oublieux de son apathie, se montrer au grand jour, c'est au milieu des solennités religieuses, c'est dans l'enceinte de la *gallera* que vous devrez le suivre. Quand vous l'aurez observé dans la simplicité de sa foi et dans l'ardeur frénétique de ses jeux, vous connaîtrez les deux principaux ressorts qui font mouvoir son âme.

Les habitants qui peuvent se targuer, à tort ou à raison, d'une origine européenne, forment à Manille une aristocratie qui a plus de prétentions que de priviléges. Les métis, issus de femmes tagales et de pères espagnols ou chinois, composent ce qu'on pourrait appeler la classe moyenne. Le nombre des habitants d'origine espagnole, *hijos del pais,* celui des Chinois du Fo-kien, ou *sangleyes,* demeurent à peu près stationnaires. On compte à peine 5 000 Européens et 10 000 Chinois dans l'île de Luçon ; les derniers recensements accusent au contraire une progression rapide dans le chiffre des métis. On évalue à 20 000 âmes la classe des métis espagnols, à 160 000 celle des métis *sangleyes*. La plupart des Chinois sont restés fidèles au culte de Bouddha. Ils sont venus à Manille pour s'enrichir, et ne songent qu'au moment où ils pourront se rapprocher des tombeaux de leurs ancêtres; mais leurs enfants, élevés par des mères chrétiennes, professent tous la religion catholique. Avec leur sang mongol, les Chinois ont transmis à cette race intermédiaire leur industrie et leur esprit spéculateur. Les métis, et surtout les métis chinois, sont les seuls capitalistes des Philippines. Ils ont le sentiment de l'avenir; les Indiens ne l'ont pas. Dès qu'un Tagal a gagné une piastre, il ne songe qu'au moyen de la dépenser; ce dissipateur insouciant est la cigale de la fable. Le métis, au contraire, a reçu en partage l'instinct économe et prévoyant de la fourmi; il s'enrichit par ses épargnes plus encore que par ses spéculations: les grandes affaires lui font peur; mais il excelle dans les transactions dont les produits agricoles des Philippines sont l'objet. Son tempérament flegmatique s'adapte merveilleusement à la lenteur de conception de la race indienne. Sa condescendance, sa patience surtout, enlacent étroitement le Tagal, que la vivacité espagnole eût effarouché. Aussi les métis et les Chinois font-ils presque tous fortune à Manille, tandis que la plupart des Européens ont fini par s'y ruiner.

Cette classe moyenne mérite tout l'intérêt mais aussi toute la surveillance du gouvernement espagnol. L'humeur changeante du Tagal peut lui suggérer le désir de secouer le joug tutélaire qu'il subit; ces tendances capricieuses sont sans gravité, s'il ne se rencontre une pensée plus ferme pour les concentrer et les conduire au but. Il est certain que les éléments d'une émancipation sérieuse n'existent point encore aux Philippines. Les insurrections qu'ont fait éclater, à diverses reprises, dans la capitale de Luçon, la turbulence de la population chinoise, ou les mécontentements d'une garnison soulevée par des ambitions subalternes, n'ont jamais eu le concours de la population indigène. Cependant, quand on songe que les métis ont pour eux la richesse, qu'ils occupent une place importante dans les rangs de l'armée et dans ceux du clergé, qu'ils ont à subir des prétentions qui les froissent, une concurrence qui les humilie; quand on se rappelle quel penchant invincible porte toutes les colonies à se séparer tôt ou tard de leurs métropoles, on ne peut trouver étrange que l'Espagne observe avec un peu d'inquiétude l'importance croissante de cette race industrieuse, et s'applique à l'empêcher d'acquérir une dangereuse influence sur l'esprit de la population. Lorsqu'on a perdu le Pérou, le Chili et le Mexique, trois empires conquis par un courage héroïque et une admirable persévérance, on a bien quelque droit de se montrer soupçonneux. Tant que le gouvernement espagnol ne poussera point ses ombrages jusqu'à l'injustice, ce n'est pas nous qui le blâmerons de se tenir en garde contre des passions auxquelles le moindre espoir de succès pourrait communiquer une déplorable énergie.

On peut, sans sortir de Manille, recueillir des notions suffisamment exactes sur la population indigène des Philippines : le type de cette race apathique s'est peu altéré au contact des races étrangères; mais il faut parcourir les campagnes de Luçon pour apprécier les ressources matérielles de la colonie, et c'est en visitant les villages de l'intérieur qu'on étudiera dans tous ses détails le mécanisme d'un gouvernement qui soumet à une poignée d'Européens une population de près de trois millions d'âmes. Avant de suivre les indigènes de Luçon sur ce nouveau terrain, il convient d'embrasser l'ensemble des institutions auxquelles, jusqu'à ce jour, la domination espagnole a dû sa sécurité.

L'Espagne n'emploie qu'un très-petit nombre d'agents

européens aux Philippines : elle doit par conséquent leur conférer d'immenses attributions. Le capitaine général, chef suprême de l'armée, est aussi le chef de toutes les administrations civiles. La direction seule des finances a été soustraite à son autorité depuis l'année 1784. L'*Audience royale*, destinée à servir de contre-poids à cette omnipotence, est à la fois le tribunal supérieur qui juge en dernier ressort les causes civiles et criminelles, et le conseil de gouvernement dont le capitaine général doit prendre l'avis avant d'adopter aucune mesure importante. Dans les provinces, des préfets, sous le nom d'alcades, sont investis par le capitaine général de tous les pouvoirs civils et militaires. Ces alcades sont souverains dans toute l'acception du mot. Ce sont eux qni président à la répartition du contingent de la milice, qui surveillent l'entretien des routes et la perception des impôts, qui rendent aussi la justice en première instance. Jusqu'en 1845, les alcades eurent le privilége de faire le commerce pour leur propre compte : cette faculté, source de mille abus, leur fut retirée par un ordre de la cour, et à des profits trop souvent illégitimes on substitua une augmentation de traitement. Pour délégués de leur autorité dans les divers villages de la province, les préfets espagnols n'ont que des agents indigènes. L'Espagne a emprunté ce rouage indispensable à l'état social qu'elle était appelée à transformer.

En débarquant dans l'île de Luçon, les compagnons de Legaspi n'y trouvèrent point, comme les Hollandais dans l'île de Java, de grand centre politique. Tout au plus quelques *rajahs* avaient-ils réussi à faire reconnaître leur suprématie par un certain nombre de tribus. Le morcellement de l'autorité était infini. Chaque bateau ou *barangay* qui avait abordé sur la côte de Luçon y avait transporté un chef, le *dato,* — et quarante ou cinquante subalternes, — *timaguas.* — Telle avait dû être l'origine d'une aristocratie héréditaire et d'une classe inférieure qui évitaient avec soin de se confondre. Les querelles intestines avaient ajouté à ces deux catégories la classe des esclaves. Les Espagnols abolirent l'esclavage et reconnurent le droit exclusif de l'aristocratie indienne aux priviléges politiques. Chaque *dato* fut chargé, sous le nom de *cabeza de barangay,* de maintenir le bon ordre et l'harmonie au sein des cinquante familles dont on lui laissa la direction. Ce fut lui qui répartit les corvées, régla les différends et fut chargé du recouvrement de l'impôt, dont il fut lui-même affranchi ainsi que son premier-né. Il s'appela le *señor don Juan* ou *don Pedro,* et prit rang parmi les *principales.* Lorsque l'absence d'héritiers mâles rendit une *cabeceria* vacante, lorsque le développement de la population vint accroître le nombre des *barangaïs,* ce fut sur la proposition de tous les chefs du village que fut nommé, par l'autorité supérieure de la province, le nouveau membre de cette aristocratie locale. Dans quelques provinces on avait voulu donner satisfaction aux désirs ambitieux des Indiens en fixant à trois années l'exercice de fonctions si enviées. Au bout de ce temps, les chefs de *barangaïs* devenaient *cabezas pasados,* rentraient dans la classe des *principales,* et laissaient à d'autres les honneurs de l'administration. Mais ce système avait le grave inconvénient de multiplier les membres privilégiés de la communauté, et d'aggraver par conséquent les charges qui pèsent sur la classe inférieure ; on a dû y renoncer et revenir aux premiers errements.

Cette organisation ne donnait que des chefs de quartier ; il fallait un maire, des adjoints, des juges de paix, une police au village. C'est encore à l'élection qu'on les a demandés. Treize électeurs choisis, la moitié parmi les *cabezas* en place, l'autre moitié parmi les notables qui ont déjà exercé des fonctions municipales, procèdent, chaque année, dans le courant du mois de décembre, à la nomination d'un *gobernadorcillo*, maire ou capitaine du village, d'un adjoint — *teniente*, — d'un certain nombre d'agents de police — *alguaciles*, et de trois juges, dont le premier a l'inspection des terres ensemencées, le second des plantations, le troisième des troupeaux. Les *gobernadorcillos* sont, ainsi que l'indique leur titre, des gouverneurs au petit pied. C'est à leur tribunal que sont déférées les causes civiles, tant qu'il ne s'agit point d'une valeur supérieure à 44 piastres. Ce sont eux qui doivent faire la première instruction criminelle et qui reçoivent l'impôt recouvré par les soins des *cabezas*.

A côté de l'autorité civile vient naturellement se placer, dans un pays aussi catholique que les Philippines, l'autorité religieuse. Les rois d'Espagne avaient poussé la sollicitude pour leurs nouveaux sujets jusqu'à leur nommer un défenseur spécial, qui portait, au sein du conseil de gouvernement, le titre de *protecteur des Indiens*. Cette précaution cependant n'eût point sauvé la population tagale des excès de pouvoir de tant d'agents sans contrôle, si les religieux n'eussent offert à leurs néophytes, sur tous les points du territoire, une protection plus immédiate et plus efficace. Le missionnaire vivait au milieu des indigènes qu'il avait conquis à la foi et à la couronne d'Espagne. Le village qui s'élevait au milieu des forêts vierges était son œuvre. Il n'avait d'autre joie, d'autre orgueil que de le voir prospérer. Au sein de cette communauté naissante, il était le consolateur et le pacificateur, il était le juge, il était surtout l'avocat. C'était lui qui allait porter à Manille les doléances de ses paroissiens,

2.

et qui, grâce à la puissance dont l'investissaient les ordres de la métropole, servait de frein aux exigences de l'autorité locale, souvent même d'entrave aux projets de l'autorité supérieure.

On ne peut le nier, la protection étendue sur les Indiens par le bras du clergé fut souvent excessive. Aucune réforme, aucune amélioration n'était possible, si elle pouvait porter atteinte à la quiétude du paysan tagal. Au moindre symptôme de contrainte, les religieux s'alarmaient pour le bien-être de leur troupeau et assiégeaient le capitaine général de Manille, le vice-roi du Pérou, la cour même de Madrid, de leurs plaintes et de leurs réclamations. On a reproché aux curés des Philippines d'avoir traité les Indiens comme des enfants. Il eût fallu ajouter comme des enfants gâtés. On a dû cependant à l'initiative de ces religieux quelques progrès dans les cultures et dans l'industrie coloniales; mais ces progrès ont toujours eu pour but la prospérité intérieure de l'archipel. Jamais le clergé des Philippines n'a songé à grossir les revenus de la métropole ou à augmenter le chiffre des produits destinés à l'exportation. Ce fut pour que l'Indien n'eût point à redouter les funestes suites des années de sécheresse, que les religieux espagnols introduisirent dans l'île de Luçon la culture du blé et du maïs; ce fut pour l'empêcher de rester tributaire de l'industrie chinoise, qu'ils lui apprirent à tresser la paille, à tisser les étoffes de coton et de piña; ce fut aussi au profit de ses besoins, de sa commodité personnelle, que le Tagal, sous la direction du curé, détourna le cours des ruisseaux, jeta des ponts sur les torrents et traça des sentiers sur le flanc de la montagne.

Il existe deux clergés distincts aux Philippines : le clergé régulier et le clergé séculier. De fâcheuses dissensions entre les ordres religieux et l'archevêque de Manille engagèrent la cour de Madrid à donner aux Tagals un certain nombre de pasteurs indigènes. On attendait plus de docilité et de souplesse de la part de ce clergé séculier, que l'archevêque pouvait peupler de ses créatures. On ne s'arrêta dans cette voie périlleuse que lorsque les capitaines généraux en eurent à l'envi signalé le danger. Sur 528 cures, on en compte aujourd'hui 191 qui sont desservies par des prêtres indiens ou métis. Le clergé espagnol se recrute dans les rangs des Augustins chaussés et déchaussés, des Franciscains et des Dominicains. Ces ordres religieux, si puissants autrefois en Espagne, ont vu leur splendeur s'abîmer dans les troubles des guerres civiles. Il ne leur est resté d'autre asile que les Philippines, où l'affection des populations continue de protéger leur existence et leur assure encore une immense influence.

Les alcades supportent impatiemment cette action occulte qui balance leur pouvoir. Avec sa propre estime, l'autorité civile devait recouvrer, dans les Philippines, le sentiment de son importance; mais, quelque légitimes que puissent être les tendances d'une administration épurée, elle ne peut oublier qu'on ne compromettrait point impunément, dans ces contrées lointaines, le prestige de l'autorité ecclésiastique. Ce qu'il faut à l'Espagne, ce n'est point un clergé affaibli, c'est un clergé dévoué à ses intérêts. Le curé doit être, comme par le passé, le médiateur du faible, le surveillant de tous ces officiers municipaux, dont la tyrannie s'exercerait sans pudeur, si elle n'avait plus à redouter le regard du pasteur de la paroisse. On peut demander au clergé, en échange des égards qu'on lui accorde et des droits qu'on lui reconnaît, de comprendre ce qu'exigent, dans les Philippines, l'affermissement et la prospérité de la domination espagnole. Que le curé, suivant les conseils d'un saint missionnaire, « serve la cause de Dieu sans nuire à celle de César [1]. » Les ordres religieux ont aujourd'hui une autre mission qu'au temps de la conquête. Leur devoir n'est plus de contrarier les projets de l'administration ; ce devoir consiste au contraire à servir des vues patriotiques et fécondes avec intelligence et sympathie.

[1] *Haga la causa de Dios y no impida la del Cesar.*

## CHAPITRE II.

### La province de la Laguna.

Pour pressentir l'avenir d'une colonie, il faut d'abord en connaître les ressources naturelles; il faut ensuite, dès qu'on a pu acquérir la connaissance des fondements sur lesquels repose l'autorité de la métropole, chercher à surprendre cette autorité dans l'exercice de sa puissance. Pendant notre séjour sur les côtes de Luçon, ce fut le hasard qui nous tint lieu de méthode. Une première expédition nous conduisit sur les bords du lac de Bay, dans la province de la Laguna, et nous montra ce que la nature a fait pour les Philippines. Nous ne vîmes cette fois ni les alcades ni le clergé à l'œuvre. Une seconde campagne dans les provinces de Batangas, de Tondo et de Bulacan nous permit au contraire d'apprécier la part d'influence dévolue aujourd'hui à l'élément religieux et à l'élément politique dans l'archipel espagnol.

Sous les tropiques, on ne peut voyager en toute saison. Tant que régnera la mousson pluvieuse, ne songez pas à sortir de Manille. Les routes sont alors impraticables; les ponts de bambou que l'on a négligé de démonter ont été emportés par les torrents; les ruisseaux grossis sont des fleuves. Les mois de janvier et de février sont les plus favorables pour s'avancer dans l'intérieur de l'île. Le mois de mars est sec, mais brûlant. On peut toutefois braver encore ces premières chaleurs, si l'on se met en route longtemps avant le lever du soleil, et qu'on ait soin de voyager à petites journées. Notre première expédition eut lieu pendant le mois de mars, la seconde vers la fin du mois de janvier.

Le passe-port que nous avait délivré, au mois de mars 1848, le gouverneur intérimaire des Philippines, le général Blanco, ne nous autorisait à visiter que la province de la Laguna. Cette province, qui renferme trente-cinq villages et une population de cent trente-sept mille âmes, doit son nom au lac de Bay, autour duquel s'infléchit la haute chaîne de montagnes dont l'océan Pacifique baigne l'autre versant. De cette cordillère, couverte d'une admirable végétation, descendent des milliers de ruisseaux qui, après avoir fertilisé la plaine, vont alimenter la lagune. Le Passig aspire par une triple bouche ces eaux gonflées, et quelques lieues plus loin il les rejette à la mer. D'une extrémité à l'autre du lac de Bay, on peut compter près de vingt-cinq milles. C'est une véritable mer intérieure, très-profonde sur certains points, qui a ses vagues, ses tempêtes, et souvent aussi ses naufrages. Des bateaux à vapeur sillonneront un jour le lac de Bay : quand ce jour-là sera venu, Manille aura peut-être cessé d'être la ville la plus importante des Philippines. Aujourd'hui les villages de la Laguna n'ont encore que des communications très-lentes et très-difficiles avec la mer. Pour entrer dans le Passig, il faut franchir une barre qu'on pourrait sans doute faire disparaître, et qui arrête quelquefois des jours entiers, près de ce passage critique, les lourdes barques auxquelles est réservée la navigation du lac.

Au mois de mars, le temps est généralement si beau, que nous n'hésitâmes point à nous aventurer sur cette Méditerranée dans deux *bancas* du Passig, montées chacune par quatre rameurs indiens. Avec le toit de bambou qui les couvre dans toute leur longueur, ces bancas composent une des embarcations les moins sûres qu'on puisse imaginer. Si une lame venait à les emplir, si, au moment où elles livrent à la brise leur petite voile de natte, une soudaine rafale les faisait chavirer, je ne sais trop par quel procédé on parviendrait à sortir de l'espèce de porte-cigares dans lequel on se trouve enfermé.

Nous partîmes de Manille une ou deux heures avant le coucher du soleil, afin de pouvoir traverser le lac de Bay à la faveur du calme profond qui règne ordinairement pendant la nuit. Nos rameurs, armés chacun d'une pagaie, étaient dans toute l'ivresse du départ. Les pirogues volaient sous l'effort des larges pelles qui battaient l'eau du Passig à coups redoublés. Nous suivions de très-près la rive droite du fleuve, afin de refouler plus aisément le courant. S'abandonnant au contraire au fil de l'eau, de nombreux bateaux descendaient vers Manille, les uns remplis de passagers, d'autres chargés d'herbe fraîche, d'autres enfin soutenant de chaque bord une longue file de bœufs qui, attachés par les cornes, venaient de traverser la lagune à la nage. Notre vitesse cependant se ralentissait peu à peu. Nous ne pûmes atteindre le village de Passig avant la nuit; ce village fut notre première étape. Il faut au Tagal trois repas par jour, et l'heure du souper de nos bateliers était arrivée : sobre souper s'il en fut, car il ne devait se composer que de riz gonflé dans de l'eau bouillante.

Nous ne pûmes nous empêcher d'admirer la rapidité et l'industrie avec lesquelles nos Indiens firent les apprêts de leur frugal repas. Pour batterie de cuisine, ils n'avaient qu'un vieux pot de terre noir et fêlé. Cette frêle marmite fut assise avec précaution sur un foyer improvisé, et nos mariniers, au lieu de nous emprunter le secours de nos allumettes chimiques, s'occupèrent, dès qu'ils eurent rassemblé quelques branches sèches, d'allumer du feu à l'aide de deux morceaux de bambou frottés l'un contre l'autre. Pendant qu'assis sur leurs talons ils s'apprêtaient à faire honneur à la *morisqueta*[1] lentement gonflée par la vapeur, chacun de nous errait, suivant son caprice, dans le village de Passig. Les rues, à cette heure, étaient presque désertes, les habitants se livraient déjà aux plaisirs de la veillée, et l'on n'entendait de tous côtés que des voix nasillardes qui psalmodiaient en vers tagals l'histoire de la passion du Sauveur. *Cantar la pasion* est un des plus grands plaisirs que connaisse l'Indien des Philippines, et, je dois ajouter, une des plus déplorables coutumes qui aient jamais menacé le repos du voyageur.

La population de Luçon laisse en friche des provinces entières et se tient agglomérée sur certains points du territoire. Le village de Passig, avec ses vingt mille âmes, aurait en France l'importance d'une sous-préfecture. Une longue rue perpendiculaire au cours du fleuve et coupée, de distance en distance, par des rues transversales, donne à cette riche paroisse une apparence de régularité qui manque au quartier confus de Binondo. Nous nous lassâmes bientôt de parcourir des rues abandonnées, et nous nous rapprochâmes des bords du fleuve. Adossées au tronc d'un tamarinier gigantesque, dont l'ombre les abritait pendant la chaleur du jour, quelques échoppes en plein vent offraient encore aux passants attardés la noix d'arec enveloppée d'une feuille de bétel (*el buyo*) et le plat favori du Tagal, le *boulay* de poisson assaisonné de piment et de tamarin. Nos bateliers n'avaient

[1] Riz cuit à l'eau.

point heureusement cédé à cette double tentation; ils avaient avalé à la hâte quelques boulettes de riz roulées entre leurs doigts, et se déclaraient prêts à repartir. L'Indien, quand il le faut, peut égaler la sobriété du dromadaire. Grâce au zèle de nos *banqueros*, nous eûmes bientôt franchi la distance qui nous séparait du lac de Bay, et nous pûmes, à la clarté de la lune, distinguer le sommet élevé de l'île Talim : c'est vers cette île que nous fîmes route, sans daigner prendre la peine de longer le rivage. Le ciel était bleu et pur, le lac immobile; à deux heures de la nuit, nous nous trouvions entre la pointe du Diable et l'île Talim, au milieu du détroit de Quinabutasan. Nous avions fait treize ou quatorze milles depuis que nous avions quitté le village de Passig; il nous en restait six à parcourir pour toucher au terme de notre traversée.

Le lac de Bay est appelé à jouer un rôle trop important dans l'avenir de la colonie espagnole pour que nous n'essayions point d'en faire comprendre la configuration. Le pourtour de ce lac est assez régulier du côté du sud; mais vers le nord il présente trois enfoncements, je dirais presque trois bassins distincts, formés par deux promontoires volcaniques, barrières de lave qui ont partagé la vaste bouche de l'ancien cratère. La pointe du Diable et l'île Talim, qui n'en est que le prolongement, sont une de ces barrières; le massif montagneux de la Jala-Jala[1] forme l'autre. C'est vers la plage de la Jala-Jala que nous nous dirigeâmes, dès que nous eûmes franchi le détroit de Quinabutasan. Il y a quelques années, cette presqu'île

[1] Il ne faut pas oublier que tous les noms de lieux sont écrits avec l'orthographe espagnole : la *Jala-Jala* doit se prononcer *Hala-Hala*, mais avec un accent guttural que notre alphabet ne peut indiquer.

montueuse était abandonnée aux sangliers, aux caïmans et aux singes. Un négociant français, M. de la Gironière, entreprit d'y porter la culture. Après de longues années de persévérance et des prodiges d'industrie, M. de la Gironière reçut, des mains de l'intendant de Manille, la prime de 8 000 piastres promise par le gouvernement espagnol au propriétaire qui pourrait, le premier, réunir quatre-vingt mille pieds de café en plein rapport. M. de la Gironière avait ouvert une voie féconde; malheureusement il trouva peu d'imitateurs [1].

Depuis plusieurs années, M. de la Gironière était en France. Un de ses parents, M. Vidie, avait hérité du beau domaine et des traditions hospitalières de la Jala-Jala. Debout avant le lever du soleil et prêt à faire sa ronde, comme l'homme aux cent yeux de la Fontaine, M. Vidie allait se diriger vers ses champs de cannes à sucre, quand nos pirogues s'échouèrent sur la plage, à quelques pas de son habitation. Ce n'était point seulement un asile que nous venions demander au successeur de M. de la Gironière, c'était une des créations les plus remarquables de la colonie que nous venions admirer. On est loin de se figurer de quel prix il faut payer aux Philippines le succès de pareilles entreprises. Coiffé du salacot tagal, M. Vidie bravait les ardeurs du soleil avec l'indifférence

[1] La place de Manille peut livrer à peine 8 ou 900 000 kilogrammes de café au commerce étranger. Aussi avons-nous vu plusieurs fois la pénurie du marché tromper l'espoir des spéculateurs qu'avait séduits le droit différentiel établi par notre tarif de douane en faveur des cafés transportés sous pavillon français des pays situés au delà du détroit de la Sonde. On appréciera le développement qu'eût pu prendre ce commerce, si l'on songe qu'il s'importe annuellement en France 15 ou 16 millions de kilogrammes de café, 50 millions aux États-Unis, 25 millions en Angleterre, et que la qualité supérieure du café des Philippines le ferait rechercher de préférence à celui du Brésil ou de Java.

d'un Indien; il dormait comme Booz, au milieu de ses moissonneurs, et ne quittait pas deux fois l'an sa propriété. On n'eût reconnu chez lui l'Européen qu'à la culture de l'esprit et à l'urbanité des manières, et cependant combien de déceptions cet homme courageux qui n'avait point accepté sa tâche à demi, qui en avait compris tous les devoirs et toutes les exigences, combien de cruels mécomptes n'eut-il point à subir! C'est à lui qu'il faudrait demander si l'affluence des capitaux, si les primes d'encouragement suffiront à développer les ressources naturelles de l'archipel espagnol!

Les lois aux Philippines ont été faites dans l'unique intérêt des Indiens. Il semble que la conquête n'ait eu lieu, que l'occupation ne se perpétue que pour conduire le Tagal au ciel par un chemin de fleurs. Tout individu qui défriche une terre inculte ou abandonnée en devient propriétaire. Il transmet ce droit de propriété à ses descendants, qui ne le perdent que le jour où ils cessent de cultiver le bien patrimonial. La jouissance de la terre n'entraîne le payement d'aucun impôt. L'Indien verse, chaque année, entre les mains du *cabeza de barangay,* le montant d'un *tributo,* taxe personnelle qui s'élève à peine à 10 francs par famille, à 2 francs par tête. A ce prix, il est complétement libéré envers le trésor public : ainsi cet heureux mortel peut posséder tous les avantages de la propriété sans en subir les charges; il lui suffit de quelques heures de travail pour assurer sa subsistance et acquitter ses impôts. Sa femme file et tisse le coton ou la *piña* destinés à ses propres vêtements et à ceux de la famille. Quel besoin cet Indien, s'il n'est ni joueur ni ivrogne, peut-il donc avoir d'un salaire? Je suppose cependant que, rendu nécessiteux par ses passions, séduit par l'attrait du gain, le paysan tagal cède à des instances réitérées, et consente à tracer un sillon dans un autre champ que le sien : qui pourra garantir au propriétaire que ce concours inconstant ne lui fera point défaut au moment décisif? Qui pourra lui promettre qu'au jour de la moisson, les bras qui ont confié la semence à la terre ne se refuseront point au labeur de la récolte? Le code des Indes n'a imposé aux habitants des Philippines l'obligation du travail qu'autant qu'il l'a fallu pour les sauver de la famine. Si la sécheresse menace la récolte des rizières, c'est le rotin à la main que les *gobernadorcillos* et les *alguaciles* font semer le maïs, qui ne trompe jamais l'espoir du cultivateur; mais à l'exception de ces cas extrêmes et de quelques corvées indispensables, l'Indien dispose de son temps et de sa personne comme il lui convient. Le législateur a voulu que, sous aucun prétexte, il ne pût être attaché à la glèbe. Aux yeux de la loi, le Tagal n'est qu'un mineur : les obligations qu'il souscrit ne l'exposent à aucune poursuite; les engagements qu'il contracte n'enchaînent pas son indépendance. Il est libre dans toute l'acception du mot, quand bien même il consentirait à ne plus l'être. L'imprévoyance et la simplicité de la population indigène ont été ainsi placées hors de l'atteinte des spéculateurs européens et chinois. Le code des Indes, depuis la première page jusqu'à la dernière, n'est qu'un monument de sollicitude paternelle. Il témoigne des tendances désintéressées qui présidèrent à la conquête des Philippines; mais ce code bienfaisant n'est point fait, il faut en convenir, pour encourager les entreprises agricoles.

Dans les Philippines, comme dans les autres îles de l'archipel Indien, la culture du riz doit avoir le pas sur toutes les autres cultures, puisque c'est elle qui assure la subsistance de la population. La culture du tabac occupe le second rang, car le tabac ne constitue point seulement la branche la plus productive du revenu public, il est aussi pour le paysan tagal un objet de première nécessité. Il se consomme annuellement dans la colonie plus d'un milliard de cigares. On n'en exporte que soixante-six millions. Douze mille femmes et un millier d'hommes sont employés toute l'année à transformer en cigares et en cigarettes les feuilles cultivées dans les provinces de Cagayan, de la Pampanga et de la Nouvelle-Biscaye, dans les districts occupés par les tribus indépendantes et dans les îles Bisayas. Le gouvernement s'est réservé le monopole du tabac ; il l'achète à des prix fixés et met tous ses soins à en empêcher la contrebande. En 1849, deux millions trois cent mille kilogrammes de tabac en feuilles entrèrent dans les fabriques de Manille, de Cavite et de Navotas ; deux millions cinq cent mille kilogrammes furent expédiés en Espagne.

Quand on a nommé le riz et le tabac, le café, dont la France tend à monopoliser l'exportation, l'*abaca,* chanvre soyeux et tenace, dont les demandes croissantes des États-Unis ont encouragé la culture, l'indigo et le bois de sapan, on n'a point encore cité le produit qui, mieux que toute autre denrée, semble déterminer l'importance des diverses possessions coloniales. Après le coton et les céréales, c'est le sucre, on le sait, qui occupe le premier rang dans les échanges du globe. La consommation d'un kilogramme de café entraîne celle de trois kilogrammes de sucre. La production de cette denrée précieuse est encore dans l'enfance aux Philippines ; elle s'est élevée cependant, depuis 1830, de huit millions de kilogrammes à vingt-cinq millions ; c'est à peu près la production de la Martinique ou de la Guadeloupe. L'île de Cuba, qui dispose du travail d'environ quatre cent mille noirs, a porté, en 1850, le chiffre de sa fabrication à deux cents millions de kilogrammes. On voit à quel degré de prospérité pourraient atteindre les Philippines, si l'on obtenait seulement du labeur volontaire de chaque Indien la moitié de la tâche qu'accomplit le nègre esclave dans l'île de Cuba.

La propriété de M. Vidie, exploitée avec une remarquable intelligence, nous offrait un échantillon des trois principales sources de revenu que présente ordinairement un domaine rural aux Philippines. Des rizières et des champs de cannes à sucre s'étendaient jusqu'au pied de la montagne. A l'abri des futaies répandues sur le flanc des collines croissaient les cafiers; des troupeaux de buffles et de bœufs du Bengale paissaient dans les prairies; des escadrons de poneys aux jambes fines, à l'œil vif, race amoindrie et non dégénérée des campagnes andalouses, erraient librement à travers la plaine. On rencontre toujours de nombreux bestiaux dans les grandes propriétés de l'île Luçon : ces troupeaux assurent aux *haciendas* voisines de Manille un revenu facile, et leur donnent je ne sais quelle apparence patriarcale.

Nous ne pûmes passer qu'un jour à la Jala-Jala. La nuit même qui suivit notre arrivée, pendant que nous goûtions les douceurs du sommeil sous le toit hospitalier de M. Vidie, nos pirogues doublèrent la pointe de la presqu'île, et, remontant le long de la côte, allèrent nous attendre au pied du versant oriental des montagnes dont nous devions franchir la crête à cheval. Nous gagnâmes à cette combinaison quelques heures de repos, et avant le lever du soleil nous nous trouvâmes tout prêts à continuer notre voyage. On avait amené des *pampas,* où ils paissaient en liberté, quatre poneys au pied sûr et à l'humeur débonnaire. Nous gravîmes lentement le penchant des collines, où l'ombre des grands arbres entretenait encore une douce fraîcheur ; l'autre versant s'abaissait vers la plage par une pente moins rude : nous le descendîmes au galop, et, chargeant notre guide de tous nos remercîments pour M. Vidie, nous rentrâmes encore une fois dans l'étui de nos bancas. Le troisième bassin de la Laguna était devant nous ; nous devions le traverser, gagner l'embouchure de la rivière qui descend des hauteurs de Majajai, et arriver avec nos pirogues jusqu'au chef-lieu de la province de la Laguna, jusqu'à la *Cabecera* de Pagsanjan.

En moins d'une heure, nous avons atteint la partie la moins profonde du lac, et nous naviguons au milieu des rizières. Des nuées de canards s'envolent devant nous ; les poules d'eau montrent moins de méfiance. Comme le Tagal, elles paraissent avoir conservé la simplicité des premier âges de la création. Funeste innocence, qui suffit pour éveiller dans nos cœurs le besoin de détruire ! C'est avec des larmes dans la voix que l'un de nous demande ses capsules ; l'autre vient d'introduire une double charge dans son fusil ; un troisième, moins maître encore de ses sens, saute à terre. Tout occupé à prendre à revers ces longues files d'oiseaux aquatiques qui cinglent sans crainte le long du rivage, il s'inquiète peu du chemin par lequel ses coups doivent passer. Ce n'est que du petit plomb ! s'écrie-t-il, pendant qu'autour de nous et sur le toit de nos bancas ce plomb égaré tombe et crépite comme de la grêle. Trente victimes gisent déjà au fond de nos pirogues ; de nombreux blessés s'enfuient dans les roseaux. Le désir seul d'atteindre Pagsanjan avant la fin du jour peut mettre un terme à ce massacre.

Nous entrons enfin dans la rivière qui doit nous conduire à notre nouvelle étape. Quels flots purs et limpides ! quelles rives doucement ombragées ! que tous ces oiseaux perdus dans le feuillage égayent bien les vertes banderoles qui frémissent quand ils passent! Sous les tropiques, si je voulais me rappeler la patrie absente, c'étaient toujours de grands ormes que je voyais, aux dernières lueurs du crépuscule, dessiner leur silhouette gigantesque sur le ciel. Aujourd'hui je ne puis reporter ma pensée vers les Philippines sans entendre le murmure des touffes de bambous dont la brise vient entre-choquer les tiges sonores. Ce sont ces massifs aériens que je vois se pencher sur les eaux, se dresser au bord des routes. Le palmier appartient indistinctement aux îles de l'Océanie et à l'archipel Indien; le bambou est véritablement, sur les côtes de l'Indo-Chine, l'arbre national. Nous glissons à l'ombre de ces charmilles que le moindre souffle agite et fait frissonner. La longueur de nos pagaies nous sépare à peine de la rive. Que voyons-nous donc serpenter entre ces racines? Quel est ce reptile qui se glisse à travers les feuilles mortes? Serions-nous destinés à la gloire d'immoler de jeunes caïmans? Européens que nous sommes! nous n'avons pas encore reconnu le plus inoffensif des sauriens, le plus pacifique descendant de l'illustre tribu qui nous a précédés sur la terre. Ce monstre dont la crête se dresse indignée, dont la peau rugueuse brille au soleil et semble défier le tranchant du sabre, n'est point un caïman, c'est un iguane. Il nous faut toujours du sang et des victimes. Quatre iguanes, dont le plus grand, orné d'une superbe crête, un lézard de haut parage, n'avait cependant pas plus d'un mètre de long, sont immolés en quelques minutes. Nous les abandonnons à nos *banqueros*, qui s'en promettent un souper splendide, et déjà blasés, même sur les iguanes, nous renonçons au plaisir de la chasse. D'ailleurs nos bateliers ont demandé grâce; depuis cinq ou six heures, ils n'ont point cessé de ramer, et le courant est si rapide qu'il ne leur reste plus assez de forces pour nous conduire à Pagsanjan sans prendre un peu de repos. Nous débarquons donc sur la rive et songeons aux apprêts de notre déjeuner; mais, avant tout, nous voulons nous plonger dans ces eaux si calmes et si profondes et en savourer un instant la délicieuse fraîcheur. Avec quelle volupté on se plonge, on se roule, on disparaît dans ces flots bienfaisants, qui n'ont pas l'âcreté saline du flot marin! Il faut s'arracher cependant des bras de ces naïades pour aller fouler un sol brûlant et pour revêtir l'insupportable livrée de la civilisation. A deux heures de l'après-midi, nos rameurs délassés sont prêts à reprendre leurs pagaies; nous sommes de nouveau étendus au fond de nos bancas, et nous atteignons bientôt le débarcadère de Pagsanjan.

Pagsanjan, malgré son rang de *cabecera,* n'a pas l'importance du village de Passig; sa population n'atteint pas le chiffre de six mille âmes. C'est un des points de l'île Luçon où l'air est le plus pur, où les eaux et les bois ont le plus de fraîcheur. Si jamais le gouvernement espagnol reconnaît la nécessité de placer la capitale des Philippines hors de la portée des flottes ennemies, je ne crois pas qu'il puisse trouver un emplacement plus favorable pour la réalisation de ce projet que le vaste plateau qui s'étend entre la ville de Pagsanjan et le village de Santa-Cruz. Des bateaux à vapeur établiraient une communication rapide entre la mer et ce nouveau siége du gouvernement colonial. La ville se développerait entre deux rivières navigables pour les pirogues et les *cascos.* On aime à peupler de riantes demeures cette création de l'avenir, à entourer chaque maison d'un jardin, à élever devant chaque façade un frais péristyle. S'il fallait retrouver une ville de guerre gardée par de hautes murailles et pressée dans une étroite enceinte, autant vaudrait laisser le capitaine général et l'*ayuntamiento* dans leurs sombres palais;

mais, dans ma pensée, Pagsanjan ne serait point une place forte. Je voudrais qu'on y vît par milliers des *villas* et des *cottages* et qu'on y cherchât vainement un canon. Ce serait dans la chaîne de montagnes qui fuit vers Majajai que j'irais cacher le palladium de la colonie, la citadelle imprenable qui renfermerait les armes et les munitions ; l'arsenal d'où rayonneraient les milices pour harceler l'ennemi, pour empêcher sa domination de s'étendre au delà des murs démantelés de Manille.

Nous ne nous étions point mis en campagne sans quelques lettres de recommandation. Dès qu'on sort de Manille, c'est une précaution indispensable, et, faute de l'avoir prise, on ne trouverait pas une *posada* dans tous les villages des Philippines. D'ordinaire, c'est le presbytère qui reçoit les voyageurs en détresse ; mais on ne se soucie pas toujours d'aller réclamer cette hospitalité banale, dont chaque curé peut remplir les devoirs avec plus ou moins de bonne grâce : le métier de parasite a ses inconvénients. Le gouvernement a compris qu'il devait affranchir le clergé de cette charge, et les voyageurs de ces dures obligations. La plupart des villages posséderont bientôt, dans l'enceinte de la *maison commune*, un logement où l'alcade en voyage, l'officier espagnol ou le touriste étranger pourront trouver un asile dont ils n'auront à remercier que leur passe-port. Pagsanjan était encore privé, au moment de notre passage, de cette utile institution. Qu'on juge de notre désappointement en apprenant que les personnes auxquelles nous étions recommandés étaient le matin même parties pour Manille. Nous trouvâmes heureusement un fonctionnaire pour écrire au dos de notre passe-port cette formule bienveillante : *Que no se los molesten !* qu'on n'inquiète point ces honnêtes gens ! et, sûrs désormais de n'être pas pris pour des malfaiteurs, nous entrevîmes avec plus de résignation la perspective de bivaquer sur la plage. Nous n'étions pas cependant destinés à subir cette épreuve. Une heure ne s'était point écoulée que nous avions trouvé un protecteur et un asile.

Le gouvernement des Philippines a dû suppléer à l'insuffisance des impôts directs par l'établissement de certains monopoles. Il s'est réservé la vente des liqueurs fortes, comme il s'était emparé de la vente du tabac. La séve de deux espèces de palmiers, le cocotier et le nipa, recueillie dans un tube de bambou et soumise à la distillation, circule sous le nom de *tuba* dans toutes les fêtes des Indiens. Le trésor public doit au monopole de ce vin de coco un revenu de 3 ou 4 millions de francs. Les districts de Majajai et de San-Pablo, dans la province de la Laguna, produisent en abondance la *tuba*, qui doit être portée à Pagsanjan, où deux employés de l'administration sont chargés de la recevoir. Ce fut un des passe-temps de notre soirée de voir les Indiens arriver l'un après l'autre avec leur provision de vin de coco, pendant que deux employés, du haut de leur estrade, acceptaient ou rejetaient ce produit d'une grossière industrie, et faisaient verser dans de vastes foudres la liqueur qui avait atteint le degré de distillation convenable. Quand on saura que c'était *la renta de vinos y licores* qui nous sauvait à Pagsanjan des chances désastreuses d'une nuit passée à la belle étoile, on cessera de s'étonner de l'intérêt que nous prenions au succès de ses opérations.

Quelques nuages cependant vinrent voiler la face du soleil : nous profitâmes de cette heureuse circonstance pour visiter la ville. Quand nous eûmes gravi la rampe qui conduit du débarcadère au sommet du plateau, nous nous trouvâmes sur la route de Santa-Cruz et au centre du quartier qu'habite la population métisse. Le riant aspect de ce quartier, où semblaient régner des habitudes d'ordre et de bien-être inconnues aux Tagals, nous rappela un instant les gracieux *campongs* des Moluques. Le sordide spectacle des ruelles fangeuses où vit agglomérée une partie de la population de Manille fait peu d'honneur à l'administration espagnole ; mais le village de Passig et celui de Pagsanjan ne seraient pas désavoués par un résident hollandais.

La nature des tropiques est féconde en merveilles. A l'intérêt qu'eût pu nous offrir une seconde journée passée à Pagsanjan, nous préférâmes le coup d'œil pittoresque que devait présenter, au-dessus de ce village, le cours de la rivière brusquement resserré entre deux chaînes de montagnes. Quelques heures de repos nous avaient fait oublier nos fatigues, et le soleil était encore caché derrière l'horizon, que déjà nos pirogues luttaient avec énergie contre le courant du fleuve. Bientôt une barrière de galets vint nous arrêter. Nos efforts réunis firent franchir au plus léger de nos esquifs ce premier obstacle. D'autres digues ne tardèrent pas à se présenter : nous les détruisîmes. Dans l'eau jusqu'à la ceinture, nous écartions les blocs de lave, nous ouvrions une brèche que le courant du fleuve se chargeait quelquefois d'élargir, et notre pirogue, engagée à l'instant dans le canal que nous avions creusé, se retrouvait au centre d'un bassin dont l'œil avait peine à mesurer la profondeur.

Les rives n'avaient point cessé de s'élever depuis notre départ. Nous voguions maintenant entre deux murailles de deux ou trois cents pieds de hauteur, murailles si abruptes, si nettement tranchées, qu'on eût dit que le sabre de Roland avait passé par là [1]. Quelques bouquets

[1] On peut voir près du cap Saint-Martin, quand on se rend de

d'arbres tapissaient cependant les rochers volcaniques; mais pourquoi le feuillage de ces arbres frissonnait-il secrètement agité? Pourquoi, au milieu du clair bassin dans lequel leur front se mirait, une pierre tombait-elle soudain, lancée par une main invisible? *Monos!* disaient nos bateliers. — Comment, *Monos?* — des singes? Mais avec l'avantage d'une pareille situation il n'est pas d'ennemis méprisables. Des singes, du haut de ces falaises, auraient défié toutes les armées de Rama. Nous aurait-on conduits dans une vallée de Roncevaux? Nos craintes heureusement ne tardèrent pas à s'évanouir. Les pierres qui de temps en temps venaient troubler le calme miroir du fleuve ne nous étaient pas adressées. Le peuple singe ne songeait qu'à faire des ronds dans l'eau; il ne s'était point armé pour repousser une invasion. Le soleil allait pénétrer dans cette large fissure comme au fond d'une caverne, quand nous nous décidâmes à battre en retraite. Emportés par un courant rapide, nous franchîmes sans accident les barrières que nous avions dépassées, et, après avoir erré quelque temps dans les bois, nous revînmes à Pagsanjan chercher un gîte pour la nuit.

Nous avions atteint l'extrémité orientale du lac de Bay. Le moment était venu de rétrograder vers Manille. Notre plan de campagne fut bientôt arrêté. Il fut convenu que nous suivrions le bord méridional du lac, sans jamais perdre de vue les pirogues qui portaient nos bagages. Au point du jour, nous prîmes congé de nos hôtes, à la bienveillance desquels nous dûmes l'avantage de pouvoir nous rendre à Santa-Cruz dans un *birlocho*. A Santa-Cruz, nous retrouvâmes nos pirogues, le ciel était orageux et les vents d'est semblaient disposés à fraîchir. Nos bate-

Marseille à Gibraltar, la montagne que ce héros, trahi par Angélique, fendit d'un seul coup de sabre.

liers firent l'emplette d'une natte, l'attachèrent à deux bambous, et se promirent de laisser désormais à la brise le soin de nous conduire. Il leur fallut quelque temps pour tailler et ajuster leur voile. Ce délai nous permit de parcourir le village.

Santa-Cruz renferme une population plus considérable que Pagsanjan. La *cabecera* a la physionomie grave d'une ville officielle; Santa-Cruz présente l'aspect affairé d'une cité marchande. Les maisons sont entassées l'une sur l'autre, les bords de la rivière sont couverts de pirogues : on reconnaît à ces signes un des principaux débouchés de la province. Les rues, d'ailleurs, diffèrent peu de celles des faubourgs de Manille : c'est toujours la même foule désœuvrée qui les remplit. Son coq dans les bras, l'Indien traîne ses pas nonchalants dans la poussière ou demeure accroupi sur le seuil de sa porte. Ce qui nous frappa le plus à Santa-Cruz, ce fut le gazon de sensitives qui bordait une partie des rues. Avant même que notre pied eût foulé ce moelleux tapis, la chaste plante avait replié et fermé ses feuilles. Nous avions trouvé là une distraction inespérée, et je m'accuse, pour ma part, d'avoir bien passé huit ou dix minutes à voir frissonner ces bordures de *mimosa pudica*. Nos pirogues cependant étaient prêtes à mettre à la voile; nous allions nous embarquer, quand un Indien, dont le regard soupçonneux suivait depuis une demi-heure tous nos mouvements, se rapprocha de nous et parut disposé à mettre obstacle à notre départ jusqu'au moment où nous l'aurions suivi chez le *gobernadorcillo*. Le malheureux *alguacil* nous prenait probablement pour des Anglais, et on sait que les Anglais sont toujours à la veille d'envahir la colonie; mais nous avions en poche de quoi calmer les scrupules du plus féroce agent de police : *Que no se los molesten!* De par la reine d'Espagne et les autorités de Pagsanjan, alguazil, ne nous molestez pas!

Sur les bords du lac de Bay, on ne compte que trois propriétés d'une certaine étendue : la Jala-Jala, que nous venions de visiter, un vaste domaine appartenant aux Dominicains, dont la gestion est confiée à des frères lais, et la ferme de Calauan, dans laquelle le patriotisme et l'esprit ingénieux de don Iñigo d'Assaola ont voulu faire l'essai d'une grande exploitation agricole. Nul homme, dans les Philippines, ne jouissait d'une réputation mieux méritée de bonne grâce et de bienveillance que don Iñigo d'Assaola. Nous pensâmes qu'il ne nous refuserait point un gîte pour la nuit, et nous combinâmes nos mouvements pour arriver à Calauan avant le coucher du soleil. Si l'on contourne les bords du lac, on rencontre à chaque pas des ruisseaux qui débouchent dans ce grand réservoir. En dépassant de deux milles environ la ferme de Calauan, nous devions trouver la rivière de Bay, dans laquelle entreraient facilement nos pirogues, et d'où nous pourrions gagner, à pied ou à cheval, la propriété de don Iñigo. La brise nous favorisa dans cette traversée. En moins de trois heures, nous eûmes franchi les neuf milles qui séparent Santa-Cruz de la rivière qui donne son nom au lac de Bay. Le village, bâti sur les bords de ce ruisseau fangeux, était en ce moment envahi par les fièvres. La majeure partie des habitants semblait avoir le frisson. Nous avions établi notre campement au milieu d'un jardin, pour laisser aux ardeurs du jour le temps de s'apaiser, quand un jeune métis des Philippines découvrit notre retraite et voulut nous entraîner jusqu'à sa demeure. Il fallut céder à d'aussi vives instances. Des nattes furent étendues sur le parquet de bambou, et jusqu'à quatre heures du soir nous écoutâmes dans un demi-sommeil les histoires de notre hôte. A quatre heures, le *gobernadorcillo* était parvenu à rassembler des poneys en nombre suffisant pour notre troupe et pour notre escorte. Nous dîmes adieu au village de Bay, et partîmes au galop pour la ferme de Calauan.

La plaine que nous traversions avait dû présenter un magnifique coup d'œil quand les rizières ondoyaient au moindre souffle de la brise; mais la moisson était faite, et de grandes meules de *palay,* s'élevant comme des *cairns* calédoniens ou des *tumuli* grecs au milieu des champs déboisés, variaient seuls l'uniformité de l'horizon. Nous avions encore une heure de jour devant nous lorsque nous arrivâmes à la ferme de Calauan. C'était le moment où l'on achevait la récolte des cannes à sucre. Ces superbes roseaux tombaient de toutes parts sous les faucilles; des buffles au front déprimé, à l'œil terne, à la lèvre pendante, véritable emblème de l'abrutissement ou de la résignation, parcouraient la plaine, et traînaient d'un pas lent les gerbes renversées jusqu'au moulin dont un cours d'eau rapide mettait la roue en mouvement. Don Iñigo avait besoin de présider lui-même à ces importants travaux; aussi fut-ce au milieu des plus graves occupations d'un planteur que nous le surprîmes : je n'ai point en ma vie rencontré une plus verte et plus joyeuse vieillesse que celle du riche propriétaire de Calauan. Don Iñigo avait consacré des capitaux considérables à l'exploitation de cet immense domaine. Le succès était loin d'avoir répondu à ses efforts, et sa gaieté n'en avait point été altérée. Don Iñigo était de ces hommes que la mélancolie ne saurait atteindre, dont l'égalité d'âme défie *the slings and arrows of outrageous fortune.* La rumeur publique nous avait appris les persécutions qu'avait values à ce charmant vieillard son prétendu scepticisme, les mécomptes que lui avait attirés sa confiance. Ses lèvres n'en avaient gardé aucun fiel; son cœur même en avait perdu le souvenir. Don Iñigo nous accueillit avec ce calme bienveillant qui ne trahit ni l'effort ni la surprise. Sa réception fut celle de l'Arabe qui voit l'étranger entrer dans sa tente, et n'a besoin que d'un geste pour l'inviter à prendre sa part du plat de *couscoussou*. Aimable patriarche, qui souriait à toutes les misères de la vie, et s'amusait de l'ingratitude et de la mollesse de ses Indiens, comme un père des malices de ses enfants!

Nous passâmes près d'une heure à voir la canne s'écraser sous les meules, à suivre le jus qui coulait à flots et que des Indiens transvasaient d'une cuve à l'autre. Le liquide verdâtre s'épaississait et se purifiait à chaque passage. Du dernier fourneau, il passait dans les formes, où une croûte épaisse recouvrait bientôt le sirop cristallisé. Distraits par le curieux spectacle de ces opérations, nous atteignîmes sans nous en apercevoir l'heure du souper. En entrant à la ferme, don Iñigo y trouva de nouveaux convives. Des Français, des Anglais, des Allemands, se trouvèrent ce jour-là réunis à la même table. La ferme de Calauan était l'oasis où tous les voyageurs venaient fatalement aboutir. Il fallut trouver des lits pour ce flot de touristes. Aux Philippines, la chose est plus facile qu'ailleurs : une natte en un coin, un oreiller, s'il s'en trouve, et les devoirs de l'hospitalité sont remplis; mais la conscience de don Iñigo s'accommodait mal de la *costumbre del pais;* et, pendant une partie de la nuit, nous vîmes ce bon vieillard, qui avait voulu céder à ses hôtes sa propre chambre, rôder autour des dormeurs, interroger leur sommeil et s'inquiéter de leur bien-être, sans songer qu'il leur avait suffisamment sacrifié le sien.

Nous avions promis à don Inigo de lui donner une journée tout entière. Aux premières clartés de l'aube, chacun abandonna les douceurs de sa couche, se hâta d'avaler une tasse de chocolat écumeux, et, le fusil sur l'épaule, se dirigea vers les bois qui couvrent les premières pentes de la montagne et abritent sous leur ombre une vaste plantation de café. Nous n'avions point encore pénétré sous des voûtes aussi grandioses. Mille arbres touffus et toujours verts s'élançaient au-dessus des buissons chargés de baies écarlates. Rien dans cette nature vivace ne rappelait l'Europe ; les oiseaux avaient d'autres chants, le feuillage même avait un autre murmure ; tout était étrange, tout était nouveau, et la nouveauté est un grand attrait. Pendant que les Indiens répandus dans la plaine battaient les grandes herbes et poussaient les sangliers vers la lisière du bois, j'avais atteint les bords du ruisseau qui donne la vie à cette belle propriété. La rive que je suivais formait la limite des défrichements ; sur la rive opposée s'étendait à perte de vue une forêt vierge. Des troupes de singes gambadaient au milieu du feuillage, ou sautaient de branche en branche pour aller se perdre dans la sombre épaisseur du bois. Je ne m'arrachai pas sans regret à ce magnifique spectacle pour aller rejoindre le gros des chasseurs.

La chasse avait fait peu de progrès. Les sangliers bourraient les chiens et refusaient de sortir de leur fourré. D'un autre côté, les Anglais, qui avaient pris leur poste à l'un des angles du bois, inspiraient des inquiétudes sérieuses à leurs compagnons. *Esos Ingleses*, disaient les fils du pays (*los hijos del pais*), ces Anglais sont gens à prendre un homme pour un sanglier. Aussi les plus intrépides n'avançaient-ils dans le bois qu'en se couvrant à chaque pas par le tronc d'un arbre. Un Indien envoyé à la découverte avait rencontré les hérétiques assis à terre *con los piés tendidos,* les jambes étendues. Aux yeux d'un Tagal, qui ne s'assied jamais que sur les talons, cette posture insolite était une circonstance à noter. Enfin don Iñigo arriva, et, quand il apprit où en étaient les choses, il jura qu'il aurait raison de l'opiniâtreté des marcassins. C'était au milieu d'un marais tout couvert de longs roseaux desséchés que les sangliers faisaient tête aux chiens et aux Tagals. A un mille à la ronde, don Iñigo fit mettre le feu aux herbes. L'incendie ne tarda guère à se propager. La flamme, la fumée, le craquement des roseaux qui éclataient comme des artifices obligèrent les sangliers à sortir de leur bauge. Malheureusement toutes les issues n'avaient pas été gardées : la plupart des hôtes du marais s'échappèrent de droite et de gauche, et une laie monstrueuse tomba seule sous les coups d'un officier anglais qui l'avait attendue *con los piés tendidos*.

Le soir même, nous quittâmes la ferme de Calauan; nos pirogues suivaient déjà le bord du lac pour aller nous attendre au village de *los Baños*. Nous avions préféré traverser la plaine à cheval. Une source d'eau thermale avait jadis donné quelque importance à la paroisse de *los Baños;* cette source est aujourd'hui négligée. La piscine, bâtie sur le bord du lac, tombe en ruine, et les habitants de *los Baños* n'ont plus rien qui les dédommage du spectacle des sites désolés qui les entourent. Un religieux de l'ordre de Saint-François est chargé de desservir cette misérable cure. Depuis onze ans, il vit dans le désert; sa seule distraction est de relire les actes des apôtres franciscains aux Philippines, et de recueillir de nouvelles observations à l'appui du système historique qui veut faire descendre les Tagals des Hébreux, parce que les Tagals s'accroupissent pour manger et conservent encore, malgré les défenses de l'Église, la pratique juive de la circoncision.

Nous ne passâmes qu'une nuit au village de *los Baños*. Le lendemain, avant le point du jour, nous nous retrouvions sur le lac. Grâce au vent d'est, nous espérions arriver à Manille le jour même. Une journée de trente-cinq milles n'était rien pour nos pirogues depuis qu'elles avaient arboré, à Santa-Cruz, leur petite voile de natte. Avant le coucher du soleil, nous avions franchi la bouche méridionale du Passig, et minuit n'avait pas sonné, que, prêts à rentrer à bord de *la Bayonnaise*, nous pouvions secouer la poussière de nos pieds sur le quai de Binondo.

## CHAPITRE III.

### Les provinces de Batangas et de Bulacan.

Cette première campagne nous avait laissé entrevoir l'avenir agricole des Philippines, mais elle nous avait aussi montré l'industrie européenne aux prises avec la mollesse et l'inconstance des Indiens. Si l'on avait pu s'enrichir en exploitant ce sol toujours prêt à porter de nouvelles moissons, M. Vidie et don Iñigo en auraient trouvé le secret. Nous avions donc emporté, de notre voyage dans la province de la Laguna, la conviction que le temps des grandes spéculations n'était pas venu pour les Philippines; qu'il fallait se résigner pendant de longues années encore aux procédés imparfaits et aux produits insuffisants de la petite culture. Ce qu'on pouvait demander au gouvernement, c'était d'établir à ses frais, ou du moins sous son patronage, des centres de fabrication, où chaque Indien apporterait sa récolte et profiterait, sans y songer, de toutes les économies et de tous les progrès réalisés par la science. Une intervention plus directe de la part de la métropole dans la culture coloniale semblait ne devoir entraîner que des sacrifices inutiles. Toute idée d'amélioration, qu'on ne l'oublie point, vient fatalement se heurter, aux Philippines, contre les ménagements qu'exige la population. Voulez-vous tracer un nouveau chemin, jeter un pont sur le torrent, réparer une route qui s'effondre ? il vous faut avoir recours aux corvées : l'appât du plus riche salaire ne vous donnerait pas un travailleur. On ne réforme pas en un jour des habitudes séculaires et la nature même de tout un peuple. Le gouvernement espagnol ne cédera point à des impatiences qui pourraient compromettre le repos de la colonie ; le code des Indes ne cessera pas d'être la base de sa politique : mais, dès aujourd'hui, toutes les influences dont il dispose devraient tendre, peut-être, avec plus d'ensemble et plus d'énergie, à développer chez le paysan tagal le besoin et le goût du travail. C'est surtout au clergé que ce vœu s'adresse, car ce n'est qu'à la voix du clergé que l'Indien se montrera docile : les conseils de l'alcade ont besoin de recevoir de la bouche du curé leur consécration.

Si nous n'avions visité que la province de la Laguna, nous n'aurions pu apprécier par nous-même toute l'étendue de la puissance que possède encore le clergé aux Philippines, car nous n'avions pénétré cette fois que dans l'humble presbytère du pauvre franciscain de *los Baños.* Un nouveau voyage nous conduisit dans les provinces de Batangas et de Bulacan : après avoir vu dans ces riches provinces des villages de quarante mille âmes, dont un moine était encore, comme aux premiers jours de la conquête, le véritable souverain, il ne nous fut pas permis de mettre en doute la haute position et la prépondérance morale des ordres religieux dans les Philippines.

Quand nous entreprîmes cette seconde expédition, nous avions eu le temps d'acquérir de nombreuses et puissantes protections à Manille. M. Forth-Rouen, devenu encore une fois l'hôte de *la Bayonnaise*, nous couvrait d'ailleurs du prestige qui devait s'attacher, dans une colonie espagnole, au nom du représentant de la France. Aussi les lettres de recommandation et les attentions aimables ne nous manquèrent pas. Nous ne partîmes point de Santa-Anna, comme au mois de mars 1848, dans de simples pirogues : nous eûmes pour traverser le lac de Bay, une belle chaloupe de la douane, une *falua*, montée par vingt rameurs, et couverte d'un riche tendelet dont les rideaux de soie bleue flottaient au vent. Le lendemain matin, nous étions à l'entrée de la rivière Calamba, et des pirogues, venues à notre aide, nous débarquaient sur la plage. Un bon curé indien, dont nous troublâmes la sieste, nous reçut de son mieux dans son presbytère ; le *gobernadorcillo* obtint, par voie de réquisition, un certain nombre de poneys, et nous fîmes route pour Santo-Tomas. Notre visite avait été annoncée aux habitants de cette ville par une estafette expédiée de Calamba. A la porte du couvent nous attendait le curé ; une douzaine d'Indiens armés d'ophicléides et de trombones saluèrent notre arrivée par une joyeuse fanfare. Dès que nous eûmes mis pied à terre, le *padre* don José Garcia nous introduisit dans son presbytère, qui, suivant la coutume, confinait à l'église. Ce presbytère était la seule maison en pierre du village. Au milieu des cabanes de bambou, dans lesquelles vivait dispersée une population de six à sept mille âmes, cet édifice semblait le château féodal dont les créneaux dominaient jadis la commune. Le couvent est, en effet, le palladium du village tagal. Qu'une troupe de bandits sorte à l'improviste des forêts, que les pirates de Soulou débarquent sur les côtes, et les cloches de l'église se mettent aussitôt en branle. C'est le premier devoir du curé de donner ce signal d'alarme : à l'instant la population accourt ; les murailles du couvent sont les seules qui puissent soutenir un siége. Les femmes, les enfants trouveront un asile assuré dans cette enceinte, les hommes en sortiront pour marcher à l'ennemi.

Le curé de Santo-Tomas avait été choisi dans les rangs du clergé séculier. Il y avait si peu de sang tagal dans les veines de don José, qu'on l'eût pris pour un *fils du pays* plutôt que pour un *mestizo*. Si le clergé indigène ne comptait que de pareils pasteurs, le gouvernement des Philippines n'aurait point à regretter l'influence dont les prêtres indiens ou métis disposent. Le *padre* don José joignait à une exquise urbanité un esprit vif, un jugement sûr et pénétrant, qui prêtèrent un singulier intérêt aux trop courts instants que nous eûmes l'occasion de passer dans le couvent de Santo-Tomas. Ce furent les regrettables querelles des ordres religieux et de l'archevêque de Manille qui amenèrent aux Philippines la création d'un clergé séculier. Le gouvernement d'Espartero, qui avait des raisons mieux fondées que celles de l'ancienne monarchie pour redouter l'influence des moines dans les colonies espagnoles, montra, dès son avénement, une grande tendance à favoriser ces prêtres indigènes. Une réaction que je crois salutaire eut lieu après le triomphe définitif du parti modéré en Espagne. La cure de Santo-Tomas était trop importante pour qu'on ne l'enviât point à un prêtre métis ; mais l'ordre admirable, la propreté, l'apparence de bien-être qui régnaient dans cet heureux village, prouvaient assez qu'il y aurait plus de dangers que d'avantages à donner à Santo-Tomas un autre pasteur. Trouvez-vous sur votre passage les chemins bien entretenus, les rues balayées, les maisons alignées au cordeau, les Tagals mieux vêtus et plus actifs, soyez sûr que la paroisse a dans son curé un bon administrateur. Sans doute, ce n'est point le curé qui prescrit et dirige les corvées ; il lui suffit de stimuler et de conduire le *gobernadorcillo*. Cet officier municipal est en même temps le despote du village et le serviteur empressé du curé. Les ordonnances coloniales recommandent aux préfets des provinces de traiter avec considération les fonctionnaires indigènes, de les faire asseoir lorsqu'ils ont à conférer avec eux, « de tenir la main à ce que les curés ne négligent point non plus d'offrir un siége aux premières autorités du village. » Vaines précautions ! ce *gobernadorcillo* qui, renversé dans son fauteuil de rotin, écoute d'un air distrait les réclamations des *callianes*[1] qu'il vient de requérir pour la corvée ; ce pacha qui joue négligemment avec son sceptre municipal, le *baston* à pomme d'argent, ne se présentera que le salacot à la main chez le curé. Il écoutera humblement ses admonitions, courbera la tête sous ses remontrances ; et, s'il ose s'asseoir chez le *padre*, ce ne sera, je puis vous le promettre, que sur le bord de sa chaise.

Le *gobernadorcillo* de Santo-Tomas était un Indien jeune, actif, dont le regard annonçait plus d'intelligence qu'on n'en rencontre d'ordinaire sur ces faces lymphatiques. C'était le favori de don José, pour lequel, contrairement à l'usage, il semblait éprouver plus de sympathie que de crainte respectueuse. Le teint un peu fauve de don José rapprochait, il est vrai, les distances, et le pauvre Tagal ne se fût point trouvé si à l'aise sous le toit d'un *Castilla*[2]. En face du couvent s'élevait la maison du *gobernadorcillo*, élégante chaumière entourée d'une espèce de galerie couverte. Pendant que nous rêvions appuyés sur le rebord du balcon, nous voyions entrer et sortir les *callianes* mandés à comparaître devant le tribunal du *ca-*

[1] Les *callianes* forment la classe inférieure, la gent corvéable des villages. Sous le nom de *polos y servicios*, le code des Indes comprend toutes les corvées pour lesquelles on peut requérir la population, service personnel dont les *principales* sont exempts.

[2] *Castilla*, — Castillan, — est le nom que les Indiens donnent dans les Philippines à tous les Européens.

*pitan.* Le *gobernadorcillo* rendait ses arrêts avec la gravité d'un mandarin, et les exécutait sans désemparer, à l'aide de deux *alguaciles*. Je crois voir encore cet Indien qu'on étend sur un banc, et qui, maintenu par deux officiers de justice, reçoit de la main du *capitan* je ne sais combien de coups de rotin. Croyez-vous qu'il se plaigne, qu'il s'écrie, qu'il gémisse ? Pas le moins du monde. Il se relève, après avoir reçu cette correction paternelle, salue, et sort. Si l'Indien n'était contenu par la domination espagnole, on ne saurait croire quel abus il se ferait du rotin dans les Philippines. La race malaise a l'instinct du despotisme ; dès qu'on lui confie la moindre parcelle d'autorité, elle en abuse ; elle ne cède qu'à l'ascendant de la liane et n'en sait point non plus exercer d'autre. Ce ne sont point les conquérants, ce sont les Tagals qui nous ont appris ce proverbe : *Donde nace el Indio, nace el bejuco* (où naît l'Indien, le rotin pousse).

Le lac de Bay n'est point le seul cratère qui ait formé dans l'île Luçon une mer intérieure. Entre le détroit de Mindoro et la baie de Manille, la nature a creusé le lac de Bonbon, au milieu duquel un cône volcanique fume encore. De Santo-Tomas, nous devions décrire un cercle qui traverserait ce lac, passerait par le village de Taal et le chef-lieu de la province de Batangas, situés tous deux sur le détroit de Mindoro, et qui nous ramènerait par San-José, Lipa et Tanauan, sur les bords de la Laguna. Au point du jour, la voiture du *padre* José Garcia nous conduisit à Tanauan. Le *gobernadorcillo* dormait encore. Nous frappâmes rudement à sa porte ; éveillée en sursaut, croyant peut-être que les *ladrones*[1] avaient surpris

[1] Bandits, ou plutôt Indiens marrons, qui viennent quelquefois piller les villages mal gardés. Sortis des forêts de la province de

le village, Son Excellence se hâta de mettre le nez à la fenêtre. Quand il eut reconnu les voyageurs qui lui avaient été annoncés dès la veille, il sentit sa faute, et se donna tant de mouvement, qu'avant le lever du soleil nous galopions sur la route qui devait nous conduire au lac de Bonbon.

Quels délicieux sentiers nous traversâmes dans cette matinée ! que la nature nous semblait belle aux premiers rayons de l'aube, aux premières fraîcheurs du jour ! Nous descendions rapidement vers le lac, perdus dans les chemins creux que le manguier couvrait de ses longs rameaux. Au bord du lac, nous trouvâmes un vieux *casco* à double balancier échoué sur la plage ; nous parvînmes à recruter un équipage parmi les pêcheurs du hameau de Balelig, et, favorisés par une brise de nord-est, qui soufflait comme elle souffle d'ordinaire aux beaux jours de la mousson, nous atteignîmes le village de Taal vers deux heures de l'après-midi. Ce village est peut-être le plus populeux de l'île de Luçon, et le religieux augustin auquel est confiée l'administration de cette riche paroisse est un des curés les plus considérés des Philippines. Le jour même de notre arrivée à Taal, le *gobernadorcillo,* le *teniente* et les *alguaciles* s'étaient rendus dès le matin à la *cabecera* de Batangas pour y recevoir l'investiture des mains de l'alcade. Vers quatre heures du soir, ils rentrèrent dans Taal et se dirigèrent vers le couvent du *padre* Celestino. Le *gobernadorcillo*, portant le costume d'un employé des pompes funèbres, chapeau en ogive et habit à la française, s'avançait suivi de son état-major et d'un flot bruyant de populaire. En tête du cortége mar-

Cavite, ils avaient, l'année précédente, attaqué le village de Santo-Tomas.

chaient les violons. S'il est des gens modestes que trop d'honneurs embarrassent, ce n'est point parmi les Tagals qu'on les trouve. Je n'ai vu de ma vie contenance plus superbe, figure plus bouffie du sot bonheur de la vanité que celle de ce *capitan* indien. Il pòrtait sa tête comme Saint-Just, et faisait la roue dans ses ridicules àtours. Il traversa ainsi, toujours accompagné d'une foule nombreuse, la cour du presbytère, et gravit d'un pas solennel les marches de l'escalier. Arrivé dans la galerie du couvent, il trouva le *padre* Celestino qui l'attendait à la porte de sa chambre. Sa crête de capitan s'abaissa soudain ; il s'approcha d'un air humble et s'inclina profondément devant le curé ; tous deux échangèrent en tagal quelques mots que je ne pus comprendre. J'essayai cependant d'interpréter leur pantomime : il me sembla que le *gobernadorcillo* remettait au *padre* l'insigne de ses fonctions, le *baston* qu'il avait rapporté de Batangas. Il me parut aussi que cette canne ne demeura que quelques secondes entre les mains du curé, mais qu'elle y était restée assez longtemps pour qu'on pût voir dans cette cérémonie comme une seconde investiture que n'avait pas prévue le code des Indes.

Le *padre* Celestino cachait quelque chose de la philosophie de Démocrite sous sa soutane de prêtre. Il congédia le corps municipal d'un air doucement railleur ; le *gobernadorcillo* s'en fut, au son des violons, rejoindre sa famille et partager avec elle ses honneurs. Aux Philippines, ce n'est point quand il se marie, c'est quand il devient *capitan* ou *teniente* que Gamache ne met plus de bornes à ses profusions. Toute la journée, le village fut en liesse : on dansait chez le *gobernadorcillo*, on buvait la *tuba* chez les *alguaciles*. Nous descendîmes jusque sur le port, traversant de longues rues où, de tous côtés, n'entendait que violons et guitares, cris de joie et chants d'amour. C'était le bonheur de l'Arcadie, la gaieté des chèvres qui ont brouté le cytise. Les Indiens ne béniront jamais assez le jour qui donna les Philippines à l'Espagne.

Nous quittâmes le village de Taal pour nous rendre à Bauan. Une population de trente-quatre mille âmes a contribué à la splendeur du nouveau couvent, qui nous reçut dans son enceinte. La dévotion des Tagals n'en avait point encore posé la dernière pierre. La blancheur, l'exquise propreté de ce riant édifice contrastaient avec le caractère sombre, avec l'apparence refrognée du vieux cloître dans lequel nous étions entrés la veille. La *padre* Manoel del Arco est cité, par les *hérétiques* mêmes de Manille, comme un des hommes les plus aimables et les plus gracieux que l'on puisse trouver aux Philippines. On ne saurait en effet imaginer une physionomie plus douce et plus avenante que celle qui nous accueillit à l'entrée du couvent de Bauan. Malheureusement nous étions, suivant l'expression du *padre* Celestino, *muy apurados*[1], et nous dûmes résister à tous les efforts que fit le *padre* Manoel pour nous retenir. Une voiture fut mise par sa bienveillance à notre disposition, le postillon tagal enfourcha son poney, et nous roulâmes vers Batangas.

Si nous n'eussions parcouru, dans l'île de Luçon, que la route de Taal à Batangas, nous n'aurions pu manquer de nous faire une idée fort exagérée de la prospérité des Philippines. Une campagne admirablement cultivée, des chemins sans une seule ornière, des habitants bien vêtus, doux, affables, mettant un genou en terre dès que passait notre carrosse, tous les signes du plus grand bien-être et de la plus exacte discipline, répandus sur la face de ce

[1] Pauvres, gênés par le temps.

délicieux pays, nous auraient inspiré une confiance sans bornes dans l'avenir des possessions espagnoles. Les autres parties des Philippines répondront peut-être un jour aux traits de ce tableau ; mais, pendant longtemps encore, la province de Batangas, celles de Tondo et de Bulacan, que nous nous préparions aussi à visiter, ne seront qu'une heureuse exception dans l'île de Luçon. La province de la Laguna, avec ses beautés pittoresques et ses terrains en friche, représente, plus fidèlement que ces portions privilégiées du territoire, l'état actuel des Philippines.

Nous avions été chaudement recommandés à l'alcade de Batangas, et ce fut à la porte de la préfecture que notre *birlocho* vint s'arrêter. La fortune ne pouvait nous envoyer une plus heureuse rencontre que celle de l'alcade de Batangas, administrateur aussi distingué qu'aimable et courtois *caballero*. Nous avions déjà puisé de précieuses notions sur le gouvernement local des Philippines dans les entretiens bienveillants des amis que nous comptions à Manille ; ici nous trouvions le rare avantage d'écouter des leçons que nous allions voir mettre en pratique. Vers deux heures de l'après-midi, en effet, arrivèrent à Batangas les officiers municipaux de San-José, de Lipa, de Rosario, de toute la partie orientale de la province. L'alcade les reçut en notre présence, leur rappela les devoirs qu'ils avaient à remplir, et, distribuant à chacun les insignes de ses fonctions, remit à l'un le *baston* à pomme d'argent, à un autre une canne plus simple, à tous *el bejuco*. « *Toma !* disait-il en passant devant le front des *alguaciles*, prends ce rotin, et ne t'en sers que pour la gloire de l'Espagne et le bonheur de tes compatriotes ! »

En quittant la *cabecera* de Batangas, il nous sembla que nous connaissions mieux les Philippines. Nous serrâmes affectueusement la main de don José Paëz y Lopez, et, comblés par l'aimable alcade de mille attentions, nous partîmes dans sa voiture pour San-José et Lipa, où nous trouvâmes un gîte. Nous étions arrivés sur un plateau élevé, où l'air vif et pur nous faisait oublier que nous étions sous les tropiques. Pour regagner la rivière de Calamba, à l'entrée de laquelle nous attendait notre chaloupe, le chemin le plus direct et surtout le plus facile devait nous ramener, par Tanauan, à Santo-Tomas. C'est en descendant de Lipa vers Tanauan que nous vîmes la route bordée non plus de rizières, mais de champs de blé. La vue de cette production des climats tempérés ramena nos pensées vers l'Europe : quand reverrions-nous nos fertiles guérets, nos heureuses campagnes ? Quand pourrions-nous respirer l'air natal et ne plus voir qu'en souvenir ces contrées si fécondes et si belles, mais moins belles encore que la France ? Les Philippines sont peut-être le seul point de la zone torride où la culture du blé ait pu réussir. Il ne faut point chercher d'autre exemple de la variété des produits qu'on pourrait demander à ce sol inépuisable. L'île de Luçon peut rendre la Chine et l'Europe tributaires de son industrie agricole ; elle se passerait aisément de leur secours.

Le curé de Santo-Tomas nous accueillit comme des amis qu'on a craint de ne plus revoir. Nous avions été un événement dans sa vie paisible et uniforme. Il avait inscrit dans la nôtre une dette de reconnaissance. A sa voix, quand nous le quittâmes, le *gobernadorcillo* et les *alguaciles* saisirent leur salacot couronné du bouton d'argent et enfourchèrent leurs poneys. Nous fûmes accompagnés par cette escorte jusqu'aux confins de la paroisse. Arrivés au poteau qui en marquait la limite, les autorités de Santo-Tomas laissèrent aux officiers municipaux de Calamba l'honneur de nous escorter à leur tour. Comme la renommée, nous avions grandi en voyageant. Chacun de nos pas soulevait autour de nous un cortége ; les femmes, les enfants se pressaient sur le seuil des portes ; les singes accouraient du fond de la forêt pour nous voir. Nous fîmes une rentrée splendide dans Calamba. Le frère lai auquel les Dominicains ont confié le soin de gérer leur domaine ne voulut point laisser au pauvre curé indien le soin de nous recevoir. Son urbanité ajouta de nouvelles obligations à celles que nous avions contractées déjà. Quand le soleil reparut sur l'horizon, les rivages de Calamba étaient loin de nous, et le soir même nous arrivions à Manille.

Nous avions visité les provinces qui s'étendent au sud et à l'est de la capitale. Il nous restait à parcourir celles qui se développent vers le nord, entre la grande chaîne des montagnes de Luçon et le bord de la baie de Manille. Ces provinces méritaient à elles seules une nouvelle expédition. Ici, plus de *bancas*, plus de *faluas* de la douane, mais d'honnêtes *birlochos* qui franchissaient les fleuves sur des ponts de bambou et roulaient avec la rapidité d'un wagon sur un chemin de fer. Cette dernière tournée, qui nous conduisit à travers les provinces de Tondo et de Bulacan, ne nous montra pas seulement d'admirables campagnes : elle nous fit connaître le plus haut degré de félicité et de bien-être auquel, si je ne me trompe, puisse atteindre la race malaise. Dans la province de Tondo, la population est peut-être trop agglomérée, les nombreux et florissants villages que ce district renferme ne sont pour ainsi dire que des faubourgs de Manille. Dans les campagnes de Bulacan, on se croirait transporté aux jours de l'âge d'or. Les plaines sont couvertes de moissons, la moindre case est entourée d'un verger, et partout cependant la population se repose. Vous ne voyez que les fruits du travail, vous n'en pouvez saisir l'effort. Les sauvages dans leurs îles fécondes sont souvent décimés par la famine : un ouragan renverse leurs arbres à pain, déracine ou frappe de stérilité leurs cocotiers ; ils ont à subir les cruautés superstitieuses de leurs chefs. Le Tagal vit exempt de ces dangers à l'ombre de l'autorité européenne. Il paye d'un peu de soumission et d'un impôt, que quelques arbres plantés devant la porte de sa case lui permettent d'acquitter, la sécurité qu'on lui assure et la prévoyance que l'on a pour lui. Au moment où l'alcade de Bulacan nous accueillait avec une affabilité et une courtoisie dont les officiers de *la Bayonnaise* conservent encore le souvenir, les *gobernadorcillos* arrivaient de toutes parts chargés du produit de cette taxe indulgente. Le son argentin des piastres, que de nombreux employés étaient occupés à compter et à recevoir, s'alliait bien avec l'apparence opulente des villages que nous venions de traverser, avec l'aspect des montagnes que nous avions sous les yeux. Au delà de Bulacan et jusqu'au village de Malolos, la route n'est qu'un jardin. Vous voyagez sous une voûte de verdure. Le cocotier et l'aréquier marient leurs palmes au-dessus de votre tête, le bananier et l'oranger dominent de leur vert feuillage les haies d'hibiscus. Ce sont les Moluques, mais avec plus de bonheur, plus de gaieté répandus sur la physionomie de la population.

Il faut bien se l'avouer : le bonheur de l'Indien s'achètera toujours un peu aux dépens des profits de la métropole. Il existe cependant un moyen d'augmenter les revenus de l'État sans accroître les charges des peuples ; ce moyen, les bons gouvernements en ont seuls le secret. L'essor des Philippines n'eût point été paralysé par les ménagements excessifs dont on usait envers les indigènes, qu'il l'eût été par le défaut de contrôle de l'autorité centrale et par la mauvaise gestion des agents détachés dans les provinces. Heureusement, depuis qu'elle a su terminer sa guerre civile, l'Espagne a vu sensiblement s'améliorer ses mœurs administratives. La monarchie de Philippe V aspire à revivre, et chaque jour nous apporte un nouveau gage de sa renaissance. C'est là un des faits les plus considérables de notre époque, un fait dont la politique moderne ne semble pas tenir assez compte. Pour reprendre le rang qu'elle occupait jadis dans le monde, l'Espagne n'a pas, comme l'Italie, des miracles à demander à la Providence. Son unité politique est constituée ; elle possède avec d'immenses colonies encore inexploitées, une industrie naissante et des populations retrempées par dix années de guerre. Aucun élément de prospérité ne lui a été refusé. Qu'une administration probe et désintéressée lui vienne en aide, et l'Espagne sera bien vite à la hauteur de ses destinées nouvelles ; trop heureuse si elle rencontrait beaucoup de dévouements aussi intelligents et aussi purs que celui de l'homme éminent qui remplissait, pendant notre séjour à Manille, les fonctions de gouverneur général des Philippines.

Le général Claveria, sorti du corps de l'artillerie, avait fait partie de l'armée de Navarre. La grande guerre, pendant les derniers troubles, s'était concentrée dans le nord de l'Espagne : la réputation militaire du général Claveria ne se fonda point dans de sanglantes escarmouches, mais dans des batailles rangées et de savantes campagnes ; son renom, sans avoir l'éclat qui s'attachait ailleurs aux audacieuses entreprises des chefs christinos ou carlistes, fut celui d'un officier courageux et capable. C'était aux Philippines que l'attendait une gloire plus solide et plus durable. Des réformes importantes ont marqué le gouvernement qu'il exerça pendant une période de quatre années, de 1846 à 1850. Une expédition dirigée contre les pirates de Balanguinguy a couronné ses utiles travaux d'un beau trophée militaire. Le général Claveria eut, il est vrai, dans les derniers temps de son administration, un auxiliaire qui avait manqué à ses prédécesseurs. La vapeur vint favoriser ses projets de réforme et seconder son courage. Les courants qui règnent dans l'archipel, les brises faibles et inconstantes n'avaient point permis, avant 1848, d'établir des communications régulières entre les divers groupes des Philippines. Les alcades des Bisayas et de Mindanao ne recevaient qu'à de longs intervalles les ordres de Manille. On devine à combien d'abus cet isolement avait dû donner naissance. La piraterie, qui désolait les côtes, s perpétuait, comme la mauvaise gestion des alcades, l'abri de cette funeste impuissance des navires à voiles Les *pros* des Illanos trompaient aisément la poursuite de chaloupes canonnières, et, retranchés au centre des corau de Balanguinguy, les pirates, dont l'archipel de Soulo était le lieu de recel, avaient repoussé, en 1845, une expé dition considérable. En quelques mois, la vapeur a tranch toutes ces difficultés. Depuis l'arrivée du *Sebastian d Cano*, de *la Reine de Castille* et du *Magellan* sur les côte de Luçon, un courrier visite régulièrement les îles de Zéb et de Panay. Les alcades, surveillés de plus près, o perdu leur indépendance et secoué leur mollesse. En mêm temps, les féroces habitants de Balanguinguy ont vu l canon foudroyer leurs palissades et les échelles se dress contre des murs qu'ils croyaient imprenables. La pirater a été vaincue dans un de ces combats corps à corps q rappellent les prouesses des anciens chevaliers et les hau faits du *Romancero*. Même avant l'expédition récente Soulou, c'en était fait de l'existence des pirates dans l Philippines; leur premier échec avait été mortel. La rei

Isabelle a voulu ajouter au nom de Claveria le titre de comte de Manille. Jamais récompense ne fut mieux méritée. L'administration du général Claveria a inauguré une ère nouvelle dans les Philippines. Le général Urbistondo, pour assurer le bonheur et la sécurité des populations indigènes, n'a plus qu'à marcher sur les traces du comte de Manille. Il s'est déjà montré sur le champ de bataille le digne émule de son prédécesseur. Le combat de Soulou peut servir de pendant à celui de Balanguinguy. Dans cette affaire, où le général Urbistondo commandait en personne, ce n'est pas seulement la piraterie qui a reçu un dernier coup, ce sont les intrigues de l'Angleterre qui ont été frappées au cœur. La pensée politique qui avait présidé à l'occupation de Laboan entraînait comme conséquence le protectorat de Soulou. Les Anglais auraient eu, de cette façon, un pied dans les possessions espagnoles, et l'autre dans les Indes néerlandaises. C'est au général Urbistondo que revient l'honneur d'avoir prévenu, par son énergie, une fatale complication.

L'irritation et la défiance qu'inspirent au gouvernement de Manille les menées des agents anglais sont faciles à comprendre. Plus les Philippines ont acquis de prix aux yeux des Espagnols, plus ils craignent qu'on ne leur en dispute un jour la possession. Ces ombrages sont encore une des causes qui entravent dans ces colonies lointaines l'extension des relations commerciales. Le port de Manille est le seul dont l'accès soit permis aux navires étrangers; c'est sur ce marché que se concentre tout le commerce extérieur des Philippines. Le chiffre des échanges, importations et exportations réunies, n'y dépasse pas 36 millions de francs, et, malgré des droits assez élevés, les recettes de la douane présentent à peine, année moyenne, 1 200 000 ou 1 500 000 francs. C'est ailleurs qu'il faut chercher la principale source des revenus coloniaux. Une estimation modérée en porte le chiffre à près de 30 millions. Le monopole du tabac figure dans cette somme pour 19 millions ; le vin de coco pour 4 ; l'impôt direct et les fermes des jeux ne représentent pas, réunis, plus de 5 millions. Le budget colonial a été estimé, avec l'achat du tabac, à 16 millions. La métropole devrait donc recevoir, chaque année, des Philippines un excédant de 14 millions ; mais l'Espagne a escompté d'avance les bénéfices de son établissement. De nombreux salaires, des pensions considérables sont portées à la charge du trésor de Manille ; des traites, pour une valeur de 3 ou 4 millions, sont tirées de Madrid sur le crédit colonial. Les fabriques de la Péninsule reçoivent, chaque année, des Philippines 2 ou 3 millions de kilogrammes de tabac, qui représentent en Europe une somme de 5 ou 6 millions. Je ne sais si l'excédant net des recettes s'est jamais élevé à 3 ou 4 millions de francs. Ces questions de chiffres sont d'ailleurs secondaires ; ce sont moins les ressources présentes que l'avenir des Philippines qu'il s'agit de constater. Cet avenir s'ouvre à peine ; les progrès seront lents, mais on peut les tenir pour assurés. L'Espagne possède dans les mers de Chine plus qu'une colonie, elle possède une province espagnole. Sa domination a été fondée dans ces contrées lointaines par la prédication religieuse : elle s'y perpétue par des bienfaits. L'ambition de l'Angleterre ne prévaudra pas contre elle.

# CHAPITRE IV.

## Établissement de la domination hollandaise dans l'archipel Indien.

Notre long séjour sur les côtes de l'île de Luçon ne nous avait fait connaître qu'une des faces de la colonisation européenne dans l'archipel Indien : la transformation morale de la race malaise. Nous avions à observer encore cette action civilisatrice cherchant à se combiner avec les exigences d'une habile exploitation, et appuyant ses progrès sur le développement continu d'une admirable prospérité matérielle. C'est dans les possessions hollandaises que ce grand spectacle devait nous être offert ; c'est au milieu de ce groupe d'îles fécondes, réunies par le génie de la Hollande en un vaste faisceau, que *la Bayonnaise* allait passer une des périodes les mieux remplies de sa longue campagne.

Sur deux millions de kilomètres carrés et 23 millions d'habitants qu'une évaluation approximative attribue à la totalité de l'archipel Indien, la Hollande revendique la possession ou la suzeraineté de près de quinze cent mille kilomètres et de 16 millions de sujets. Au sud de l'équateur, elle ne reconnaît pour frontières que l'océan Austral et la mer Pacifique ; sa suprématie s'étend du 3e degré de latitude nord au 10e degré de latitude sud, du 95e au 133e degré de longitude orientale. Ce cadre immense embrasse près des trois quarts de Bornéo et des quatre cinquièmes de Sumatra ; il comprend la majeure partie de l'île Célèbes, presque aussi vaste que la monarchie prussienne; — Java, qui occupe sur la carte du monde plus d'espace que la Bavière et le Hanovre réunis; Timor, égale en étendue au royaume des Pays-Bas; Florès et Sumbawa, Banca et Sandalwood, moindres que la Sardaigne, plus grandes que la Corse; Bali et Lombok, dont la superficie représenterait cinq fois celle de l'île de Rhodes; les Moluques enfin, au milieu desquelles la plus importante des îles Baléares, Majorque, tiendrait à peine la place de Waigiou, de Batchian ou de Misole, et ne formerait que le tiers de Bourou, que la cinquième partie de Gilolo et de Céram. La plupart des îles que nous venons de nommer relient par un long soulèvement volcanique les rivages de l'Hindoustan à ceux de l'Australie, ou rattachent les côtes de la Nouvelle-Guinée au groupe des Philippines. Les autres, telles que Célèbes et Bornéo, se trouvent enclavées au milieu de cette partie de la mer des Indes, transformée en lac hollandais. Tel est, dans son ensemble, l'empire colonial dont les traités du 14 août 1814 et du 17 mars 1824, conclus entre l'Angleterre et le gouvernement des Pays-Bas, ont, à deux reprises différentes, réglé les limites.

Il ne faudrait point cependant se laisser éblouir par l'immense développement de ces possessions. Les îles de Java et de Banca, à l'entrée de la mer de Chine, celles de Banda et d'Amboine, dans la mer des Moluques, sont, encore aujourd'hui, les seules portions de ce vaste empire sur lesquelles s'exerce, dans toute sa plénitude, l'autorité de la métropole; les seules dont les revenus aient jusqu'ici excédé les dépenses. La domination de la Hollande est loin d'offrir l'unité politique qui distingue, dans ces parages, les possessions de l'Espagne. Rien n'est au contraire plus complexe que les liens qui rattachent l'un à l'autre les divers groupes des Indes néerlandaises. Pour comprendre de quelle façon s'est propagée d'île en île cette suprématie si variable dans ses formes et dans ses conditions, pour apprécier la réalité des droits et l'étendue des priviléges qu'elle confère, il faut se rappeler quelle était, sous le gouvernement des princes malais, l'organisation de l'archipel Indien : c'est l'histoire même de cet archipel, avant et depuis l'arrivée des Européens, qu'il faut interroger. On arrive ainsi à saisir le vrai caractère des relations établies entre la Hollande et ses populations coloniales; on embrasse, dans toute la diversité de ses combinaisons, la politique appelée à maintenir ou à étendre sur tous les points de ces lointaines contrées l'action vivifiante du génie hollandais. Cette étude du passé peut seule expliquer les tendances et les actes d'une administration qui n'a point toujours été bien comprise en Europe. Nous nous l'étions imposée avant de songer à pénétrer dans les colonies dont le spectacle avait provoqué des jugements si divers. Nous devons la faire servir d'introduction au récit de nos courses dans la partie hollandaise de l'archipel Indien, immense arène, qui s'ouvrait à nous éclairée et comme élargie par les grands enseignements de l'histoire.

Au début de ce qu'on pourrait appeler les annales de l'archipel Indien, nous trouvons deux forces en présence : d'une part la civilisation hindoue, de l'autre la civilisation musulmane. L'île de Sumatra, voisine de la presqu'île de Malacca, paraît avoir été le principal foyer de la propagande musulmane; la partie orientale de Java fut, au contraire, le centre où vinrent aboutir, de la côte de Coromandel, les dernières migrations des Hindous. Les brahmanes et les sectateurs de Bouddha ont laissé à Java de nombreux monuments de leur passage; ils y ont fondé des villes, élevé des temples, institué des souverains. L'empire de Modjopahit, qui, vers la fin du quatorzième siècle, étendait sa domination jusque sur la côte méridionale de Bornéo et la partie orientale de Sumatra, était un empire hindou. C'est à l'influence de ces migrations que les Javanais ont dû probablement leurs allures patientes et doucement résignées, leur goût pour les travaux agricoles. Il fallut plus d'un siècle à l'islamisme, qui venait d'envahir l'Hindoustan, pour triompher de cette antique civilisation. Enfin, en 1476, l'invasion mahométane remporta une victoire décisive. Les princes de Modjopahit s'enfuirent vers l'extrémité orientale de Java, ou cherchèrent un refuge dans l'île de Bali. La destruction de l'empire hindou se trouva consommée, et sur les débris de cet empire s'élevèrent deux dominations distinctes : les provinces de l'est appartinrent au sultan de Demak, celles de l'ouest au sultan de Cheribon. Ces deux États ne tardèrent pas eux-mêmes à se morceler, et Bantam, Jacatra eurent, ainsi que Grissé, Pajang et Mataram, leurs princes indépendants.

L'époque qui suivit la destruction de l'empire hindou fut la période d'expansion de la race malaise. Convertie à l'islamisme, dirigée par des prêtres ou des aventuriers arabes, elle porta le glaive et le Coran jusqu'aux îles Soulou et jusqu'aux bords lointains de Mindanao. Bornéo, Célèbes, les Moluques, les moindres îles de l'archipel Indien virent ces guerriers fanatiques inonder leurs rivages et y jeter les fondements de principautés belliqueuses. Le sultan d'Achem, au nord de Sumatra, celui de Ternate, au centre des Moluques, les princes de Boni et de Goa, dans l'île de Célèbes, balancèrent même pendant longtemps la puissance des sultans javanais; ils eurent des flottes et des armées, et cherchèrent à étendre leur prépondérance sur les autres îles de la Malaisie. Les Portugais se mêlèrent à ces querelles et s'en servirent pour hâter les progrès qui, avant l'apparition des Hollandais, avaient assis leur domination sur une partie de l'archipel Indien.

Ce fut en 1596 que le pavillon des Provinces-Unies se montra pour la première fois dans les mers où il était destiné à jouer bientôt le premier rôle; il trouva la société javanaise se défendant par la force de ses traditions contre les causes d'affaiblissement que lui créaient des agitations toujours renaissantes. L'empire de Mataram, consolidé après de longues luttes intérieures, remplaçait alors à Java l'empire hindou de Modjopahit. Malheureusement la suprématie que le souverain de Mataram, sous le nom de *sousouhounan,* exerçait sur les divers États du littoral, n'avait point délivré les Javanais du fléau des guerres intestines. Les sultans installés sur les autres points de l'île n'en donnaient pas moins un libre cours à leurs rivalités. Le culte des anciennes coutumes maintenait cependant une apparence d'ordre et un certain bien-être dans cette société si divisée. L'anarchie n'était qu'à la surface. Les princes se trahissaient, s'égorgeaient mutuellement; leur personne demeurait toujours sacrée pour le peuple. La société javanaise reposait alors sur cette base qui, après tant de siècles et d'événements, la supporte encore aujourd'hui : le respect superstitieux des masses pour tout homme dans les veines duquel coulait le sang des anciens chefs.

La noblesse javanaise ne ressemble en aucune façon à la noblesse européenne; celle-ci s'est constituée par la force des armes, en dépit des protestations tacites d'un peuple plus civilisé que ses vainqueurs; l'autre est moins une institution politique qu'un dogme religieux, elle a son origine dans la reconnaissance et l'étonnement des tribus primitives arrachées par leurs conquérants à la barbarie. Les honneurs héréditaires qu'elle a conférés furent, dans le principe, le premier pas de hordes sauvages vers la civilisation. Le Coran ne fit point disparaître ces inégalités sociales, il les compliqua. Les nombreux descendants des prêtres arabes qui vinrent prêcher l'islamisme à Java, formèrent, à côté de la noblesse princière, déjà multipliée à l'infini par une polygamie féconde, une sorte de noblesse hiératique. Les titres de *radin, radin mas, radin mas hario,* indiquaient, à des degrés divers, la parenté impériale. Les fils du *sousouhounan* étaient des *pangherans,* ses filles des *radin-hagous.* Les mésalliances étaient rares à Java; on n'y avait point cependant poussé le fanatisme nobiliaire au même point qu'à Bali, et le *sousouhounan* ne se croyait point obligé, comme le prince balinais de Klong-Kong, d'épouser une de ses sœurs pour perpétuer la pureté de sa race. La société javanaise n'avait rien non plus qui rappelât les castes de l'Inde; elle ignorait seulement les élévations subites et les brusques revirements de fortune. Le gouvernement des provinces, l'administration de la justice, le commandement des armées, n'appartenaient qu'aux hommes dont la vénération publique avait inscrit les titres de noblesse au livre d'or de la tradition. Depuis la fin du quinzième siècle, le Coran était devenu à Java la loi écrite, sans altérer en rien les rapports des diverses classes entre elles. La loi orale, l'*adat,* profondément empreinte du caractère immuable des coutumes hindoues, assignait encore à chacun des habitants la limite de ses droits et de ses devoirs. L'*adat* réglait, avec autant de minutie que le *Tchèou-li* des Chinois, les priviléges et les attributs de la souveraineté; il était à la fois un code judiciaire et un code d'étiquette. C'est grâce à lui que la constitution primitive de la société javanaise a survécu aux troubles intérieurs et aux invasions étrangères. Depuis le jour où elle a reçu de l'Inde les premiers éléments de la civilisation, l'île de Java n'a connu, pour ainsi dire, que des révolutions de palais. La hiérarchie sociale n'en a reçu nulle atteinte, et c'est encore elle qui préside aujourd'hui à l'organisation de la propriété.

D'après l'*adat*, la terre appartenait au souverain. Les communes ou *dessas* n'en avaient que l'usufruit. En vertu de son droit de propriétaire, le prince prélevait le cinquième épi de la moisson; en sa qualité de chef politique, il pouvait exiger que chacun de ses sujets employât un jour sur quatre à son service; mais le droit de propriété du souverain était fictif; celui des *dessas*, établi par les travaux d'irrigation et de défrichement exécutés en commun, était très-réel et très-sérieusement respecté. La propriété existait donc à Java; seulement, au lieu d'être individuelle, elle était collective. Le terrain arrosé, la *sawa*, était un terrain communal. La commune était divisée en groupes ou *tjatjas* de vingt-deux personnes, la *sawa* en parcelles. Il fallait être reconnu membre d'une commune, être un *orang-dessa*, pour pouvoir être compris dans la distribution des terres que le chef du village, le *kappoula-campong*, répartissait chaque année entre les *tjatjas*. Le cultivateur que son inconduite ou l'insuffisance du terrain communal obligeait à quitter la *dessa*, se trouvait, par le fait seul de cet exil, déclassé. Il cessait d'être un *orang-dessa* pour devenir un *orang-menoumpang*, véritable paria déshérité de sa part du territoire et condamné à errer de commune en commune pour offrir ses services aux usufruitiers privilégiés du sol. Au-dessous de la classe nobiliaire, on rencontrait donc à Java deux classes distinctes de cultivateurs : les uns, fermiers héréditaires, se trouvaient assujettis, en échange de leur privilége, au payement de l'impôt; les autres, simples journaliers, n'avaient d'obligations à remplir qu'envers le maître qui les admettait à cultiver son champ et qui se chargeait de leur fournir les instruments de travail. Le droit de commercer avec les étrangers était encore, dans l'archipel Indien, un des attributs de la souveraineté[1]. Le Javanais avait la libre disposition des produits destinés à sa subsistance; les épices, le poivre, les plantes coloniales étaient, comme aujourd'hui le coton en Égypte, le sucre en Cochinchine, l'objet d'un monopole.

Les premiers navires hollandais avaient été expédiés à Java par une société de marchands qui ne pouvait avoir d'autre but que le commerce. Toutefois, les transactions commerciales avaient toujours, dans l'Inde et dans la Malaisie, un caractère essentiellement politique. La compagnie néerlandaise fut entraînée sur la pente qui devait, dans des circonstances analogues, conduire les marchands anglais à la conquête de l'Hindoustan. Ce fut le monopole exercé par le souverain javanais qui substitua forcément à des opérations pacifiques des démonstrations militaires, à des échanges librement consentis les livraisons forcées et les contingents obligatoires. Après avoir fondé des factoreries à Bantam et à Jacatra, ce fut dans l'île d'Amboine, arrachée à la domination du sultan de Ternate et des Portugais, que les négociants des Provinces-Unies jetèrent les premiers fondements de leur puissance poli-

[1] Ce privilége, les princes musulmans l'exerçaient alors et l'exercent encore dans les îles qui ne sont pas soumises à la domination directe de la Hollande, par l'entremise d'un factotum connu sous le nom de *sabhandar ;* c'est en général un Chinois que l'on trouve, de nos jours, investi de ces fonctions.

tique. Bientôt cependant, mieux instruits de l'importance prépondérante de Java, ils cherchèrent un point de station plus rapproché de cette île que le port d'Amboine, situé à quatre cent cinquante lieues du détroit de la Sonde. Après de longues hésitations, ils firent choix de la factorerie de Jacatra, et, vers la fin de l'année 1618, ils entourèrent d'un fossé et d'un retranchement l'emplacement sur lequel s'élevaient leurs magasins.

Les Portugais, qu'il avait fallu vaincre avant de songer à commercer, ne s'étaient retirés des mers de l'Indo-Chine que pour faire place à des rivaux plus redoutables. Ce fut une flotte anglaise qui vint au secours des sultans de Bantam et de Jacatra, conjurés contre l'établissement hollandais. L'enceinte inachevée de la factorerie renfermait heureusement une garnison héroïque. Ces braves soldats défièrent pendant six mois les efforts des princes indigènes et de leurs alliés européens; ils furent délivrés par les secours qui leur arrivèrent des Moluques, aussitôt que la mousson d'est eut rouvert à l'escadre d'Amboine l'accès de la mer de Java. Sur l'emplacement de la ville de Jacatra livrée aux flammes, les Hollandais élevèrent la future capitale des Indes, la ville actuelle de Batavia. Cette célèbre cité ne grandit point sans combats. L'empereur de Mataram vint deux fois l'assiéger en personne; deux fois il laissa son armée sous les murs qu'il s'était flatté de détruire. Vingt-sept ans après la fondation de Batavia, ce même souverain acceptait l'alliance ou plutôt le joug impérieux de la compagnie.

Le trône de l'empereur de Mataram était sans cesse menacé par des insurrections ou par les attaques des chefs belliqueux de Célèbes. La compagnie entretint une armée pour défendre le prince qu'elle avait pris sous son patronage. Si elle avait eu des idées de conquête, elle eût livré l'île de Java à l'anarchie. Elle n'avait alors en vue que les bénéfices d'un commerce paisible; elle protégea donc de tout son pouvoir l'autorité légitime, comme la seule garantie de l'ordre et de la sécurité, sans lesquels ce commerce ne pouvait prospérer. C'est ainsi que chaque jour engagea davantage la compagnie dans les questions de gouvernement auxquelles son intérêt semblait lui commander de rester étrangère. En 1676, quand l'empereur, fuyant devant les rebelles, abandonnait sa capitale et allait mourir au milieu des forêts de l'intérieur, la compagnie plaçait sur le trône le fils du souverain vaincu, et, après de longs efforts, réussissait à l'y affermir. A la fin du dix-septième siècle, elle était déjà l'arbitre des querelles et des destinées de tous les princes javanais. C'était elle qui choisissait entre les membres de la famille impériale le successeur du *sousouhounan*. Les sultans de Bantam et de Cheribon, d'alliés incertains, étaient devenus ses feudataires; les princes de Madura commandaient les cohortes fidèles qui formaient le noyau de ses armées. Chaque révolte étendait sa souveraineté et grandissait sa puissance. Deux princes du sang de Mataram résistèrent cependant de 1741 à 1755 à cet ascendant victorieux. Plus d'une fois, ils mirent en péril le trône du *sousouhounan* et le pouvoir de la compagnie. Il fallut pactiser avec ces adversaires trop redoutables. Le *sousouhounan* conserva la dignité suprême et sa capitale Sourakarta; mais un des princes rebelles fut élevé à la dignité de sultan, et devint à Djokjokarta le chef d'une dynastie rivale de la souche antique des souverains de Mataram; le second prince obtint le titre de *pangheran* et un riche apanage, sous la condition de ne point quitter la cour de Sourakarta.

On peut regarder cette époque comme l'apogée du

pouvoir de la compagnie néerlandaise. Des traités successifs l'avaient substituée, sur la majeure partie du territoire, aux droits des souverains javanais, et la puissance politique était passée tout entière dans ses mains; mais cette puissance qu'elle avait conquise à regret, la compagnie n'en comprenait ni les avantages, ni les obligations. Contente d'avoir assuré par des contrats, trop empreints de l'esprit mercantile pour être équitables, les livraisons qui devaient annuellement remplir ses magasins, elle abandonnait entièrement à l'aristocratie indigène l'administration intérieure de ses possessions. Ce despotisme local ne tarda point à produire ses fruits. Livrée aux caprices des régents héréditaires, assujettie, dans la vaste province des Preangers, premier apanage de la compagnie, à la culture forcée du café, la population javanaise se dégoûta des travaux agricoles. Aussi la dernière moitié du dix-huitième siècle fut-elle une époque de décadence pour la prospérité de Java et pour les finances de la compagnie. On peut croire cependant que s'ils n'eussent possédé que l'île de Java, les négociants hollandais, malgré les fautes qu'ils avaient commises, auraient encore trouvé, dans les inépuisables ressources de ce sol fécond et de cette population laborieuse, le moyen de faire face à leurs embarras pécuniaires; mais les plus grandes entreprises ont leur fatalité, et celle de la compagnie des Indes, basée sur de fausses doctrines économiques, était condamnée à un développement illimité. Le commerce des épices, dont la compagnie voulait s'arroger le monopole, devait la conduire inévitablement à étendre sa suprématie sur la plupart des îles de l'archipel Indien. De cette prétention, conforme aux préjugés de l'époque, naquirent de longues guerres, des occupations dispendieuses, une domination politique, dont les bénéfices du commerce se trouvèrent impuissants à solder les frais. C'est cependant à ce principe erroné, qui précipita la ruine de la compagnie, que la génération actuelle doit le magnifique héritage sans lequel, avec ses 3 millions d'habitants et son territoire à peine égal à celui de cinq départements français, le royaume des Pays-Bas n'aurait guère plus d'importance en Europe que la Suisse ou qu'un des États secondaires de l'Allemagne. Les droits incontestés de la Hollande sur les immenses territoires de Célèbes, de Sumatra et de Bornéo sont le fruit d'une politique condamnée à juste titre par le philosophe et par l'homme d'État, mais presque légitimée aujourd'hui par ses admirables conséquences. Il importe donc d'indiquer ici rapidement par quel enchaînement de circonstances ces trois grandes îles, dont les princes malais ou les aventuriers arabes avaient successivement conquis le littoral, se trouvèrent bientôt enveloppées dans la sphère d'influence dont le centre s'était fixé à Batavia.

La partie septentrionale de l'île Célèbes reconnaissait la suzeraineté du sultan de Ternate; elle accepta sans résistance la domination de la compagnie, dès que la compagnie fut maîtresse aux Moluques. Le sud de l'île était divisé en deux États principaux : le royaume de Goa ou de Macassar, qui, depuis sa conversion à l'islamisme, était considéré comme le plus puissant gouvernement de la Malaisie, et le royaume de Boni, dont les sujets, sous le nom de *Bouguis*, sont encore aujourd'hui les plus intrépides navigateurs de l'archipel. Avec l'aide des Bouguis, la compagnie humilia le pouvoir du roi de Goa, et lui imposa un de ces traités d'alliance par lesquels elle préludait à une domination plus absolue : elle fonda, non loin de la capitale de ce sultan vaincu, le fort de Rotterdam et la ville de Vlardingen; puis, mettant de nouveau à profit les rivalités des princes indigènes, elle brisa l'orgueil des Bouguis avec le concours des populations mêmes que l'assistance du roi de Boni lui avait permis de dompter.

A Célèbes, aussi bien qu'à Ternate, c'était le monopole des épices que la compagnie poursuivait. Ses agents parcoururent les forêts du littoral pour en extirper les girofliers et les muscadiers, et des croisières actives s'occupèrent de mettre un terme au commerce interlope des bateaux indigènes. Dès que ce but fut atteint, les Hollandais refusèrent de pousser plus loin leurs avantages. A l'exception des districts de Maros, de Macassar et de Bonthain, qu'une longue guerre avait mis en leur pouvoir, ils laissèrent le reste de l'île sous l'autorité des chefs idolâtres, qui, avec les princes musulmans de Goa et de Boni, s'en partageaient la souveraineté.

Dans l'île de Sumatra, la compagnie avait à faire valoir les droits que le sultan de Bantam lui avait transmis sur le district des Lampongs, qui forme un des côtés du détroit de la Sonde, et ceux que les empereurs de Mataram s'attribuaient sur le royaume de Palembang, fondé par un des princes de la dynastie de Modjopahit à l'embouchure du fleuve qui se jette dans le détroit de Banca. Ces droits, d'une légitimité suspecte, n'assuraient à la compagnie qu'une autorité contestée, qu'elle exerçait depuis de longues années sans profit. Sur la côte occidentale de l'île que baigne la mer des Indes, son pouvoir était encore plus limité; car il se faisait à peine sentir à quelques milles des postes fortifiés, sous le canon desquels les navires hollandais venaient chercher, au commencement de la mousson favorable, le poivre dont le monopole avait jadis enrichi le roi d'Achem. Padang était le plus important de ces comptoirs; mais Padang, ville de cinq ou six mille âmes, avait à subir la rivalité de la factorerie anglaise de

Bencoulen, qui s'opposait par tous les moyens possibles à l'extension de la puissance hollandaise sur la côte occidentale de Sumatra.

Les négociants hollandais, qu'un intérêt purement commercial avait attirés dans les mers de l'Indo-Chine, semblèrent dirigés à cette époque par une sorte d'instinct providentiel. Ils n'eurent pas plutôt posé à Célèbes et à Sumatra les pierres d'attente sur lesquelles la métropole devait appuyer un jour sa domination, qu'ils se hâtèrent d'aborder un territoire plus important encore par son étendue, celui de Bornéo. Dans cette île, comme sur les autres points de l'archipel, les Hollandais avaient été précédés par les Portugais et par les Arabes. L'invasion musulmane y avait trouvé une population douce et inoffensive, les Dayaks, qu'elle avait refoulée dans l'intérieur. Ce peuple opprimé, auquel les Hindous et les Javanais avaient apporté les premiers éléments de la civilisation, conservait tous les signes extérieurs d'une origine mongole : le front large et aplati, l'angle externe des paupières relevé, les pommettes proéminentes, le teint jaune tirant plus ou moins sur le brun. Depuis que les chefs malais s'étaient partagé le littoral de Bornéo, la plupart des tribus indigènes avaient adopté une existence nomade. La chasse et la pêche leur tenaient lieu des travaux prévoyants de l'agriculture. Elles erraient, sans jamais se fixer nulle part, au milieu des terrains d'alluvion, qui occupent dans l'île de Bornéo de si vastes espaces, et qui rattachent l'un à l'autre les plateaux élevés de l'intérieur; terrains à demi submergés pendant la mousson d'ouest, mais entrecoupés en toute saison d'innombrables cours d'eau, sur les bords desquels se pressent des forêts impénétrables. C'était dans ces déserts marécageux qu'on rencontrait la population dépossédée par la race malaise.

Quant aux Malais eux-mêmes, ils s'écartaient peu du rivage de la mer. Ils occupaient en général l'embouchure des fleuves, vivant agglomérés dans de grands villages, dont les maisons, bâties sur pilotis, voyaient, à la marée montante, des *pros* et des pirogues circuler entre leurs longues rangées de pieux, comme les noires gondoles dans les canaux de Venise. Les Malais de Bornéo n'avaient rien perdu des instincts féroces de leur race; ils passaient à juste titre pour les plus audacieux forbans de l'archipel; leurs chefs n'avaient guère d'autres ressources que la part de butin et d'esclaves prélevée sur le produit d'expéditions qui tenaient en émoi toutes les côtes voisines.

Sous la protection équivoque de ces chefs musulmans, les Chinois du Fo-Kien étaient venus, vers le milieu du dix-huitième siècle, exploiter les richesses minérales que recèle en abondance le sol de Bornéo. Ces industrieux émigrants formaient, sur divers points de l'île, des communautés populaires, dans lesquelles chaque membre, lié par un serment mystérieux, acquérait un droit égal aux profits de l'entreprise, et se tenait prêt à courir aux armes dès que les chefs en donnaient le signal. Quelques-unes de ces communautés pouvaient compter jusqu'à cinq ou six mille combattants, et justifiaient par leur turbulence les inquiétudes qu'elles inspiraient aux souverains qui les avaient imprudemment accueillies.

Les frontières des principautés malaises de Bornéo n'avaient jamais été, on le comprendra sans peine, bien exactement définies. Sur le littoral, elles étaient quelquefois marquées par un cap avancé, colonnes d'Hercule que n'avait pu dépasser l'invasion; le plus souvent elles étaient fixées par la vaste et fangeuse embouchure d'un fleuve; mais, en s'avançant vers le centre de l'île, on eût vainement cherché la ligne de démarcation de ces États barbares. On n'eût pu recueillir à cet égard que de vagues et incohérentes traditions. Le sultan de Soulou, du fond de son nid de pirates, réclamait la possession de toute la partie septentrionale de Bornéo; le sultan de Bruni occupait, sur la côte du nord-ouest, une longue zone resserrée entre les montagnes et la mer. A l'ouest, et faisant face à la presqu'île de Malacca, s'étendaient les États des sultans de Sambas et l'empire javanais de Succadana; — au sud, non loin de l'entrée du détroit de Macassar, la principauté de Banjermassing. Livrés à de perpétuelles dissensions, inquiétés par les migrations indociles des Chinois, habitués d'ailleurs à la suprématie politique et religieuse des souverains javanais, les sultans de Sambas et de Banjermassing implorèrent plutôt qu'ils ne subirent la tutelle de la compagnie. La principauté de Pontianak, qu'un Arabe avait fondée, vers la fin du dix-huitième siècle, sur les ruines de l'empire de Succadana, se rangea également sous le joug protecteur. Tels furent les premiers titres de la Hollande à la possession d'une des plus vastes et des plus fertiles portions de la Malaisie. La plupart des colonies européennes, à l'est du cap de Bonne-Espérance, n'ont pas eu de fondements plus sérieux et plus respectables.

Bornéo, Célèbes et Sumatra, malgré les ressources naturelles de leur immense territoire, étaient loin sans doute d'avoir, aux yeux de la compagnie, la même importance que les Moluques : les îles à épices laissaient à Java le premier rang et ne cédaient le second à aucune des autres possessions néerlandaises. Néanmoins, quelque embarrassés que pussent être les marchands d'Amsterdam de l'étendue de leur domination, ils n'étaient plus libres de la restreindre. Le soin d'étouffer dans l'archipel toute concurrence commerciale et d'en éloigner toute influence européenne leur avait successivement commandé l'occupation de Timor, conquête inachevée qu'ils partageaient avec la couronne de Portugal; — de Banca, dépendance de l'État de Palembang, dont les mines d'étain commencèrent à être exploitées par les Chinois à peu près à la même époque que les mines d'or de Bornéo, — de Bintang et de Linga, situées en face de l'île alors déserte de Singapore.

Les princes de Sumbawa et de Florès, les sultans de Céram, les chefs indigènes de Bouton et de Salayer, se trouvaient également liés envers la compagnie par des traités dont le réseau flexible s'était insensiblement étendu jusqu'à eux. La seule île cependant dont la possession eût pu avoir un intérêt immédiat pour la sécurité des maîtres de Java, Bali, malgré l'apparente déférence de certains hommages, conservait en réalité la plus complète indépendance. Cette île n'est séparée que par un canal étroit de la province javanaise de Besouki. Avant de recueillir les fugitifs de Modjopahit, elle avait déjà subi l'influence de la civilisation hindoue; un prince javanais y avait fondé l'État de Klong-Kong. Les descendants de ce premier souverain exercent encore aujourd'hui une sorte de suprématie morale sur les chefs qui gouvernent les huit autres principautés. Le culte de Siwa et l'institution brahmanique des quatre castes se perpétuèrent à Bali, pendant que l'islamisme envahissait toutes les îles voisines. La densité de la population, ses mœurs belliqueuses, le dévouement fanatique qu'elle professait pour des chefs revêtus à ses yeux d'un caractère sacré, sauvèrent sa nationalité de l'irruption étrangère.

A l'exception de ce dernier vestige des royaumes hindous, le pouvoir de la compagnie embrassait donc, vers la fin du dix-huitième siècle, la portion de la Malaisie qui s'étend au sud de l'équateur. Il avait suivi pour ainsi dire pas à pas l'invasion musulmane et les progrès de la race malaise; il avait dû s'arrêter partout où ces singuliers pionniers de la civilisation ne lui avaient pas frayé le chemin. Il n'entre point dans notre plan d'énumérer toutes les causes qui finirent par amener, en 1795, la dissolution de cette célèbre compagnie. Depuis près d'un demi-siècle, ses affaires n'avaient fait que décliner, sans que son influence politique en eût souffert. Elle remit aux mains de l'État une colonie momentanément obérée et un empire dont les destinées devaient être désormais unies à celles de la nation néerlandaise.

Entraînée dans le tourbillon de la révolution qui venait de s'accomplir en France, la Hollande, pendant plusieurs années, ne put rien tenter pour améliorer le sort de ses possessions d'outre-mer. Vers la fin de 1807, le maréchal Daendels fut nommé au gouvernement de Java. Le génie de cet homme énergique eut à peine le temps de déposer dans l'île le germe des réformes salutaires qui devaient éclore plus tard. Les trois années pendant lesquelles il conserva le pouvoir inaugurèrent l'intervention de l'État dans les affaires des Indes. Ce fut une période de transition marquée par de grandes choses et par de regrettables excès. Les résultats que nous admirons aujourd'hui ont presque tous leur source dans cette vive impulsion d'une dictature que le relâchement de l'administration avait rendue nécessaire.

Le général Janssens venait de succéder, en 1811, au maréchal Daendels quand les Anglais débarquèrent à Java. Leurs efforts furent secondés par l'ébranlement moral qu'apportaient jusqu'au sein des colonies les événements accomplis en Europe. Ils ne rencontrèrent dans l'île qu'une insignifiante résistance. En moins d'un mois, les Javanais et leurs souverains passèrent sous un nouveau joug. S'il faut en croire des révélations récentes, le cabinet britannique ne s'était proposé de conquérir l'île de Java que pour l'abandonner au gouvernement des princes indigènes. Il reconnut heureusement lès funestes conséquences qu'entraînerait, pour la population même de Java, cet acte de vandalisme politique, et, mieux inspiré, il laissa ses agents raffermir par quelques mesures vigoureuses le prestige de l'autorité européenne qu'avaient singulièrement affaibli les dernières secousses. En 1816, la Hollande rentra en possession de ses colonies; une nouvelle ère s'ouvrit pour les peuples de l'archipel Indien.

# CHAPITRE V.

## Réorganisation des possessions hollandaises après la paix de 1815.

La domination anglaise ne s'était point substituée au pouvoir traditionnel de la Hollande, apportant avec un nouveau drapeau des idées nouvelles, une politique plus libérale et plus aventureuse, sans que cette révolution éveillât chez les peuples de la Malaisie quelques velléités d'indépendance. Le gouvernement de M. Van der Capellen, auquel le régime intérieur de la colonie dut, sous plus d'un rapport, d'importantes réformes, eut surtout pour mission de rétablir dans l'archipel la suprématie politique de Java, et de ressaisir de tous côtés les fils que la main négligente de l'Angleterre avait laissé échapper.

Les huit années que M. Van der Capellen passa dans les Indes, revêtu du titre de commissaire général ou de celui de gouverneur, furent remplies de séditions et de soulèvements. Les îles d'Amboine et de Saparoua dans les Moluques, la principauté de Boni à Célèbes, la résidence de Pontianak à Bornéo, furent successivement le théâtre des troubles les plus graves. L'énergie des autorités néerlandaises réprima sans peine ces désordres; mais dans l'île de Sumatra la lutte fut plus vive. L'appui secret de l'Angleterre encourageait sur ce point la résistance des indigènes. L'établissement anglais de Bencoulen était presque en guerre ouverte avec le comptoir hollandais de Padang. Vaincue en 1821 dans l'État de Palembang, où elle avait soutenu de ses vœux et de ses conseils le sultan révolté, la politique anglaise revint, en 1824, à des vues plus loyales. Le zèle des agents de Bencoulen fut désapprouvé par la métropole, et la pensée d'éviter de nouveaux contacts entre les deux dominations fut accueillie par le cabinet britannique. Les Hollandais durent se retirer de l'Inde continentale; les Anglais consentirent de leur côté à évacuer l'archipel Indien. L'île de Banca avait été le prix de l'établissement de Cochin, cédé par le gouvernement des Pays-Bas à celui de la Grande-Bretagne; la ville de Malacca fut livrée par la Hollande en échange de Bencoulen. Les Anglais n'imposèrent qu'une condition à leur retraite; ils voulurent demeurer garants de l'indépendance de l'État d'Achem, afin d'éloigner plus sûrement leurs rivaux des côtes de l'Hindoustan et du détroit de Malacca.

Le traité du 17 mars 1824 était la reconnaissance la plus éclatante, la consécration la moins équivoque des droits de la Hollande sur les anciennes possessions que s'était attribuées la compagnie des Indes. Si l'Angleterre se fût montrée aussi fidèle à l'esprit qu'à la lettre de ce traité, les côtes de Bornéo n'auraient jamais vu le pavillon de la Grande-Bretagne flotter sur l'île de Laboan, et un officier anglais arracher à la faiblesse du sultan de Bruni le titre de *rajah de Sarawak;* mais au moment même où le gouvernement des Pays-Bas s'applaudissait de l'heureuse issue de ces négociations, sa puissance coloniale était appelée à subir une nouvelle crise bien autrement grave que toutes celles qui l'avaient précédée. Cette fois, c'était la base même de l'édifice qui se trouvait menacée. L'administration anglaise, animée d'un sérieux esprit de bienveillance envers la population indigène, et toute préoccupée des réformes libérales par lesquelles elle voulait signaler son passage, s'était peu inquiétée de ménager les priviléges ou les moyens d'existence de l'aristocratie javanaise. Dans l'orgueil de sa force, elle avait considérablement restreint le pouvoir et les prérogatives des anciens souverains. Les Hollandais, remis en possession de Java, virent une nouvelle condition de sécurité dans cet abaissement des princes, et empiétèrent eux-mêmes hardiment sur leurs droits. Ils provoquèrent ainsi des mécontentements, qui trouvèrent bientôt un centre et un chef à la cour de Djokjokarta, où un prince enfant était confié à la tutelle de sa mère et de ses oncles. La révolte éclata sans que le résident hollandais préposé à la garde du jeune sultan eût pu la prévenir. Le chef de ce mouvement populaire était un des tuteurs du prince ; il s'appelait Dipo-Negoro, et cachait sous des mœurs austères une ambition effrénée. Sous sa direction, la révolte prit un caractère formidable. C'était une guerre de cinq années dont Dipo-Negoro avait donné le signal. La Hollande triompha enfin de cet audacieux adversaire, dont il fallut poursuivre de montagne en montagne les bandes insaisissables. Dipo-Negoro fut déporté à Amboine, puis à la forteresse de Rotterdam, dans l'île de Macassar. La victoire était restée à la métropole ; mais un instant d'erreur, — l'oubli des ménagements dus à la personne des princes et aux priviléges de l'aristocratie javanaise, — lui avait coûté quinze mille soldats, dont huit mille Européens, et cinquante-deux millions de francs.

Pour une administration aussi intelligente que celle de Batavia, la leçon ne fut pas perdue. Répudiant les conquêtes et les traditions de la domination anglaise, le gouvernement colonial se promit de prendre désormais pour base de sa politique les préjugés de la société indigène.

Le fanatisme religieux et le fanatisme nobiliaire avaient armé contre son pouvoir la population; il n'essaya point d'ébranler leur empire, mais tenta de les gagner à ses intérêts. L'*adat* et le Coran devinrent l'étude constante des employés hollandais, et tout progrès fut condamné à l'avance, s'il devait heurter par un point quelconque l'immobilité des coutumes javanaises. On redoubla d'égards envers les régents et les prêtres. Les plus simples réformes furent mises sous la protection de leur égoïsme; leurs revenus et ceux de l'État devinrent solidaires. Ce fut l'âge d'or de l'aristocratie et du clergé indigènes. Les écrivains qui ont jugé si sévèrement le système colonial de la Hollande ont peut-être méconnu combien, en réalité, ce système est conforme aux idées populaires des Javanais. Ce n'est point sans danger qu'on peut troubler dans leur foi grossière des masses ignorantes. Avertis par la lutte qu'ils venaient de soutenir, les Hollandais ont pensé que l'intervention étrangère pouvait, dans la poursuite de ses desseins les plus généreux, paraître tyrannique et devenir odieuse. L'état d'abaissement dans lequel vit encore le peuple de Java est donc l'effet de ses préjugés bien plus que de la volonté de ses vainqueurs; les misères auxquelles nous compatissons témoignent moins de l'âpreté du fisc que d'un respect exagéré pour la nationalité javanaise.

M. Van der Capellen et M. Dubus de Ghisignies, qui lui succéda en 1826, avaient eu, l'un à se défendre contre des troubles incessants, l'autre à consolider la domination hollandaise dans l'archipel Indien. Le comte Van den Bosch, nommé au gouvernement de Java en 1830, avait une autre tâche à remplir : il devait organiser l'exploitation d'une colonie qui, pendant de longues années, n'avait été qu'une charge ruineuse pour la métropole. Les revenus publics se composaient, dans l'île de Java, d'un impôt foncier prélevé en argent ou en nature, et d'un certain nombre de taxes indirectes, dont le produit était généralement affermé à des spéculateurs chinois. La totalité de ces revenus s'élevait à 53 ou 54 millions de francs. Dans les temps ordinaires, en l'absence de toute complication, de pareilles recettes étaient plus que suffisantes pour couvrir les dépenses des Indes néerlandaises; mais l'argent était rare à Java. Le gouvernement s'y était créé une funeste source de bénéfices par l'introduction d'une monnaie de papier et de cuivre. C'était cette monnaie coloniale, ou du riz impropre à l'exportation, que l'État recevait en recouvrement de l'impôt. L'excédant des recettes ne pouvait donc se consommer que dans la colonie. Pour venir en aide à la métropole, engagée dans de stériles projets contre la Belgique, il fallait se procurer, en échange de cet excédant, des produits recherchés sur les marchés de l'Europe. M. Van den Bosch ne désespéra point d'y parvenir.

Il existait à Java une vaste province, les Preangers, dont les habitants, depuis le temps de la compagnie, étaient astreints à la culture forcée du café. Chaque famille devait planter, récolter, entretenir cinq ou six cents arbres et en livrer, pour un prix très-modique, le produit total aux agents hollandais. Le gouvernement obtenait ainsi, annuellement, huit ou dix millions de kilogrammes de café, qui laissaient entre ses mains un bénéfice net d'environ 1,200,000 francs. Moyennant l'acquittement de cette redevance, l'habitant des Preangers n'avait à subir aucune taxe territoriale. Il cultivait librement ses rizières, sans avoir rien à démêler avec le trésor, et, de toutes les impositions indirectes, il ne subissait que la taxe du sel. La condition du cultivateur des Preangers était loin cependant d'être un objet d'envie pour les autres habitants de Java. On ne songea donc point à soumettre ces derniers au système des cultures forcées, mais on leur proposa — l'*adat* autorisait cet échange — de s'affranchir d'une partie de l'impôt foncier par une valeur équivalente de travail. La journée d'un ouvrier était évaluée à 20 centimes environ; l'impôt foncier, suivant la fertilité des terres, au cinquième ou au quart de la récolte. Dès que la contribution moyenne de la commune était connue, il était facile d'établir le nombre des journées de travail qui devaient exempter la *dessa* d'une fraction déterminée de l'impôt. Les chefs des fractions de commune appelées *tjatjas* acceptèrent sans répugnance cette combinaison; ils mirent à la disposition des agents hollandais une partie de leurs terrains et de leurs journaliers, ne gardant pour les besoins de la commune que le territoire et les travailleurs qui parurent strictement nécessaires. Le gouvernement se trouva ainsi en possession d'un certain nombre de bras qu'il pouvait utiliser à sa guise; il voulut les employer à doter l'île de Java de cultures encore plus profitables que celle du café : il y transporta la culture de la canne à sucre et celle de l'indigo.

Le moment était venu d'invoquer le concours de l'industrie européenne : des contractants se présentèrent; mais l'administration ne leur confia point le soin de diriger les nouvelles cultures. Il fallait, dans ces essais, une prudence, un tact politique, un caractère d'autorité qu'on ne pouvait attendre que d'agents officiels. Les employés hollandais et les fonctionnaires indigènes, également intéressés au succès du système qu'on venait de mettre en vigueur par des primes proportionnelles, furent chargés de la surveillance générale des plantations. Sur les hauteurs, on cultiva le café, le thé et le mûrier; dans les fonds arrosés, le sucre, l'indigo et le riz. 2 ou 3 millions de Javanais, dirigés par des conducteurs de travaux chinois, se trouvèrent ainsi destinés à produire du café; 1 million donna ses soins à la canne à sucre; 700 000 cultivèrent l'indigo; 25 000 le thé; 15 000 le mûrier, tous le riz. Quant au contrat passé avec les entrepreneurs européens, il fut étrangement simplifié. Le gouvernement ne demanda point à l'industrie privée d'apporter à Java des capitaux, il voulut lui en faire l'avance. Il s'engagea, en outre, à fournir aux contractants la canne à sucre et les bras dont ils auraient besoin pour faire marcher leur usine, bornant leur rôle comme leur responsabilité à la fabrication du sucre, et réservant pour lui seul les périls, les embarras de l'exploitation agricole. Pour prix de ses avances et de son concours, il stipula qu'il payerait 29 centimes le kilogramme de sucre qui en coûtait 25 au fabricant, et qui en valait communément 44 sur le marché d'Amsterdam.

L'adoption de ce système eut pour premier avantage de faire rentrer l'excédant annuel dans les magasins de l'État, sous une forme qui en permît l'envoi en Europe; mais ce fut la moindre conséquence de la transformation de l'impôt. La Hollande dut, en quelques années, à l'heureuse inspiration du général Van den Bosch, une augmentation considérable dans ses revenus coloniaux, et, ce qui n'était pas moins important, la création d'une marine et d'une industrie nationales. Java ne cessa point d'être le grenier d'abondance de l'archipel Indien, d'exporter chaque année soixante-trois ou soixante-quatre millions de kilogrammes de riz. Cette île produisit en outre presque autant de sucre que le Brésil et plus que l'Hindoustan. Elle devint le second marché de café du monde, balança la production d'indigo des États de l'Amérique centrale, exporta de la cochenille, du thé, du tabac, de la soie, — alimenta, grâce à la création d'une société de commerce privilégiée, la *Handel Maatschappy*, la navigation de cent soixante-dix navires hollandais du port moyen de huit cents tonneaux, — et versa enfin, chaque année, dans les caisses de l'État un bénéfice net de 43 millions de francs et 17 millions dans celles de la *Maatschappy*[1].

A Java, tout système qui ménage les intérêts de l'aristocratie et du clergé musulman a de grandes chances de réussite. L'habileté du gouvernement hollandais est d'avoir su en toute occasion s'effacer derrière les chefs indigènes. La population, exploitée au profit d'une domination étrangère, n'est jamais en contact qu'avec l'antique

[1] C'est à Java même qu'aidé par les communications les plus bienveillantes, j'essayai de pénétrer le secret de ce merveilleux *système des cultures*, car tel est le nom désormais consacré pour désigner l'œuvre du général Van den Bosch. Je dus naturellement remarquer, avec une certaine surprise, qu'en même temps que l'État recevait, dans ses magasins, du sucre, du café, de l'indigo, pour une valeur considérable, la récolte des rizières et le produit de l'impôt foncier, loin de diminuer, ne faisaient que s'accroître. Cette coïncidence semblait indiquer, au premier abord, le cumul des anciennes taxes et des nouvelles cultures, plutôt que la conversion de l'impôt en corvées personnelles; mais c'est ailleurs, si je ne me trompe, qu'il faut chercher l'explication du résultat que je viens de signaler. On la trouvera dans l'observation d'un des faits qui honorent le plus, et qui peuvent le mieux justifier, aux yeux de tout homme impartial, la domination hollandaise; je veux parler de la progression rapide qui s'est manifestée, depuis 1816, dans le chiffre de la population indigène. De 4600000 habitants, ce chiffre s'était élevé, en moins de vingt ans, à plus de 7 millions. Le bienfait de la vaccine, qu'une combinaison ingénieuse a su imposer au fanatisme javanais par les mains des prêtres musulmans; la prospérité matérielle qu'amène à sa suite la paix intérieure, ont soutenu cette progression remarquable; et la population javanaise est le double aujourd'hui de ce qu'elle était en 1816, le quadruple de ce qu'on l'évaluait en 1774.

aristocratie qu'elle est habituée à vénérer. Les souverains de Djokjokarta et de Sourakarta, humiliés par l'issue de la dernière guerre, avaient beaucoup perdu de leur influence sur l'esprit du peuple javanais; mais ils couronnaient le sommet d'un édifice social basé tout entier sur les traditions nobiliaires. Les Hollandais respectèrent en eux le sang des empereurs de Mataram. Ils se contentèrent de leur retrancher leurs meilleures provinces, et s'engagèrent à leur payer, à titre de pension, une somme égale au revenu net qu'ils en retiraient. Le prince qui réside à Sourakarta, le *sousouhounan*, garde aujourd'hui 400 000 sujets et une liste civile de 1 million de francs. La part du sultan de Djokjokarta est moins considérable ; on ne l'évalue qu'à 7 ou 800 000 francs et à 325 000 sujets. A l'exception de ces deux principautés et de certains districts, apanages de *pangherans* héréditaires, le domaine direct, dans l'île de Java, appartient tout entier au gouvernement des Pays-Bas.

Les possessions asiatiques de la Hollande sont partagées en trente-quatre provinces. L'île de Java seule en contient vingt-trois. Une *résidence* ou province hollandaise se compose de la réunion de plusieurs *régences*. Les régents ne sont point électifs. Le gouvernement les choisit dans les principales familles du pays. Bien qu'ils soient révocables, leurs fonctions sont en quelque sorte héréditaires. Il en est à peu près de même pour les chefs de district, dont le choix est laissé à l'intelligence du résident. Les chefs de villages empruntent seuls, comme les autorités tagales aux Philippines, leurs pouvoirs à l'élection. Ces fonctionnaires élus, qui président à la répartition de l'impôt et des corvées, sont en général assistés d'un conseil de notables. L'île de Java renferme dix-neuf mille de ces chefs subalternes. Tel est le mécanisme d'une administration qui, à tous ses degrés, est intéressée au progrès des cultures. Le prêtre musulman lui-même prélève sa dîme sur la plupart des récoltes : son influence s'unit donc à celle de l'aristocratie pour favoriser l'exploitation du sol. Grâce à ce concours de volontés puissantes, il ne reste plus d'autre soin au gouvernement hollandais que de modérer, dans l'intérêt du peuple, le zèle exagéré des chefs qu'il a pris à sa solde.

Dans l'administration même de la justice, la main de l'étranger apparaît à peine. Le Coran est le code suprême ; les juridictions inférieures sont indiennes. Le régent ou le chef du district, assisté du *djekso,* magistrat qui veille au maintien des lois, du *panghoulou,* premier prêtre mahométan, et de quelques *mantris,* hommes versés dans la connaissance de la langue, des institutions et des mœurs, — prononce en premier ressort sur les querelles légères, les discussions relatives aux irrigations, les différends dont la valeur n'excède point la somme de cent francs. Ces *tribunaux d'arrondissement* sont les justices de paix du pays. Au-dessus d'eux sont placés les *conseils de campagne,* qui tiennent leurs séances, une fois par semaine, au chef-lieu de la province. Devant cette cour de première instance, le *djekso* joue encore le rôle d'accusateur public ; le *panghoulou* est également chargé de l'interprétation du Coran ; mais le résident préside, et le secrétaire de la résidence remplit les fonctions de greffier. L'instruction est orale et sommaire. La garantie d'un jugement équitable est dans un procès-verbal dressé séance tenante pour servir en cas d'appel. Il existe à Java, sous le nom de *conseils de justice,* trois cours d'appel dont la composition est tout européenne, et dont la principale mission est de déléguer un de leurs membres, qui prend alors le titre de *juge de circuit*, pour présider les assises ou *tribunaux ambulatoires.*

Tous les trois mois, le juge de circuit se rend au chef-lieu de chaque résidence, y rassemble les chefs indigènes désignés par le gouverneur lui-même pour remplir ces importantes fonctions, et juge avec leur concours les crimes que la loi punit de la peine capitale. La haute cour de Batavia, tribunal suprême de la colonie, a seule le pouvoir de réformer les arrêts que ces tribunaux prononcent.

Quand on étudie de près cette grande machine administrative, quand on la voit fonctionner si régulièrement, avec si peu de bruit et d'efforts, ce n'est point seulement le génie pratique des Hollandais qu'on admire, c'est aussi ce besoin instinctif de discipline qui distingue les Javanais entre toutes les races orientales. Il ne faut point s'abuser cependant. Cette société mixte, qui semble graviter avec le calme des corps célestes dans leurs sphères, peut être jetée hors de son orbite par le moindre choc. Il existe dans ses éléments un défaut d'équilibre qui ne peut être racheté que par l'éloignement de toute cause perturbatrice. Ce n'est que par un commandement toujours grave, par un exercice ferme et mesuré de leur pouvoir, que quelques milliers d'Européens, disséminés sur un aussi vaste territoire que celui de Java, peuvent tenir en respect les masses qui les entourent. Il importait donc de prévenir, au sein de cette colonie florissante, tout prétexte d'agitation. Le bon sens du peuple hollandais a jugé le partage de l'autorité incompatible avec les nécessités d'une domination aussi exceptionnelle. Dans les Indes néerlandaises, l'administration repose tout entière sur ce principe vigoureux : le gouvernement d'un seul. Le conseil des Indes n'a, comme l'audience de Manille, que des attributions purement consultatives. C'est dans cette concentration de pouvoirs qu'il faut chercher l'explication des rapides progrès accomplis à Java de 1830 à 1838.

Après avoir administré la colonie pendant trois années consécutives, M. le comte Van den Bosch fut appelé dans les conseils de la couronne, et, de ce poste élevé, il continua de présider aux destinées de Java. Quand l'illustre général rentra dans la vie privée, sa tâche était remplie: il avait mis la dernière main à son œuvre. La place de M. le comte Van den Bosch est marquée dans l'histoire. Il prendra rang à côté des Clive et des Warren Hastings; mais, plus heureux que les fondateurs de l'empire indo-britannique, le gouverneur des Indes néerlandaises a pu jouir en paix de sa gloire. La faveur du chef de l'État a soutenu M. Van den Bosch au milieu des premières difficultés de son entreprise, et la reconnaissance publique a devancé le jugement de la postérité. M. Van den Bosch peut se présenter sans crainte devant ce grand tribunal : la postérité ratifiera l'opinion de ses contemporains. Comme eux, elle admirera les vues fécondes et les fermes desseins de cet esprit pratique; elle le louera d'avoir su résister aux clameurs d'une philanthropie envieuse, et d'avoir, en ouvrant au commerce de la métropole des perspectives jusqu'alors inconnues, préparé, par le travail, la transformation d'un peuple dont le fanatisme repousse avec la même obstination nos doctrines politiques et notre foi religieuse.

Le seul reproche qu'on ait pu adresser avec quelque apparence de raison à l'habile organisateur de Java, c'est de s'être consacré trop exclusivement à cette œuvre capitale. En négligeant d'assurer les droits de la Hollande sur les parties litigieuses de l'archipel Indien, le général Van den Bosch contribua peut-être, en effet, à encourager les empiétements que méditait déjà l'Angleterre. On ne saurait oublier cependant sans injustice que les progrès de la domination hollandaise dans l'île de Sumatra ont été accomplis sous sa direction et tiennent dans son gouvernement une place importante. La portion de Sumatra dont les Anglais ne contestent point la possession à la Hollande était loin sans doute d'être conquise et pacifiée quand le général Van den Bosch rentra en Europe, aujourd'hui même elle ne l'est point encore ; mais cet homme éminent fut le premier qui substitua une domination politique aux relations incertaines que les comptoirs de la côte entretenaient depuis longtemps avec les peuplades de l'intérieur. Sumatra est l'Algérie des Indes néerlandaises. Il y faut lutter contre les éléments épars d'un gouvernement fédéral, contre un peuple étranger à toute hiérarchie. La sédition, ameutée par le fanatisme et par de longues habitudes d'indépendance, y couve toujours quelque part. Aussi l'occupation de cette île a-t-elle donné lieu à une guerre incessante, dans laquelle se sont fondées presque toutes les réputations militaires de l'armée des Indes. En 1831, le général Van den Bosch eut l'honneur de terminer une guerre désastreuse. Le dernier retranchement des rebelles fut enlevé d'assaut vers la fin de 1833, mais ce ne fut qu'en 1840 que la prise de Baros et celle de Singkel, situé sur les confins de l'État d'Achem, vinrent compléter ce triomphe. L'île de Sumatra occupe aujourd'hui le second rang dans les possessions néerlandaises, et le port de Padang, sur la côte occidentale, est un des marchés les plus importants de l'archipel Indien.

## CHAPITRE VI.

### Expédition de Bali.

L'organisation agricole de Java et la pacification de Sumatra avaient rempli les quinze années qui s'étaient écoulées entre le départ de M. Dubus de Ghisignies et la mort du quatrième successeur de M. Van den Bosch, M. Merkus. Lorsqu'en 1845 M. Rochussen fut nommé au gouvernement de Batavia, la sollicitude de la Hollande pour ces deux parties importantes de son établissement colonial était déjà moins exclusive. La présence des Anglais sur la côte de Bornéo, leurs tentatives pour établir des relations commerciales avec les habitants de Bali, dont l'attitude altière semblait un défi permanent porté à l'influence hollandaise, les provocations réitérées de la presse britannique, commençaient à troubler la quiétude dont le gouvernement des Pays-Bas avait joui depuis 1830.

L'administration de M. Rochussen, si l'on étudie attentivement la portée de ses actes, ouvre une période nouvelle dans l'histoire des colonies néerlandaises. C'est l'époque où l'action gouvernementale se raffermit sur tous les points où elle s'était insensiblement relâchée. La Hollande semble alors réagir, par un secret travail d'expansion, contre les tendances envahissantes de l'Angleterre. M. Rochussen n'a point seulement à défendre la prospérité de Java contre les innovations irréfléchies qui la menacent : il lui faut aussi garder de toute atteinte la suprématie morale sur laquelle repose l'avenir de ce magnifique établissement. A l'énergie de ses mesures, les peuples de l'archipel Indien reconnaissent le bras de leurs anciens maîtres. C'est le dernier sceau apposé aux traités de 1814 et de 1824.

Il faut bien le reconnaître, les empiétements successifs qui ont arraché à la Hollande des plaintes si amères n'ont eu, en réalité, pour cause première que son défaut de prévoyance. Une politique plus active et plus vigilante eût certainement prévenu, en 1818, l'occupation de Singapore, et jamais les Anglais n'eussent songé à s'établir sur la côte septentrionale de Bornéo, si les possesseurs de Java eussent mis plus d'empressement à donner aux droits qu'ils tenaient de la compagnie des Indes toute l'extension dont ces droits étaient susceptibles ; mais le gouvernement néerlandais avait une entière confiance dans l'esprit qui semblait avoir dicté le traité de 1824. Il croyait les Anglais résolus à ne plus mêler dans l'archipel Indien les deux dominations, et trouvait plus d'avantage à consolider l'œuvre de M. Van den Bosch qu'à s'emparer de territoires déserts et improductifs. En un mot, la Hollande attendait flegmatiquement de meilleurs jours pour étendre sa domination sur Bornéo, ne doutant pas que cette île tout entière ne fût destinée à subir le sort des États de Sambas et de Banjermassing, puisque l'Angleterre n'avait point fait en faveur du sultan de Bruni les réserves qui protégeaient à Sumatra l'indépendance du sultan d'Achem. S'il n'eût fallu craindre que les projets du gouvernement britannique, cette confiance de la Hollande n'eût point été peut-être exagérée : le cabinet de Saint-James devait avoir, depuis 1830, d'autres préoccupations que de grossir le nombre de ses embarras et le chiffre de ses colonies ; mais l'Angleterre nourrit une race d'agents officieux, touristes enthousiastes, qui s'en vont sonder à leurs frais tous les coins du globe, et dont l'ardeur, secondée par les vœux jaloux du commerce britannique ou par la fougue du prosélytisme religieux, a souvent entraîné le gouvernement à sa suite. La première tentative qui vint alarmer la Hollande fut le fait d'un de ces esprits aventureux. En 1835, M. Erskine Murray débarqua en armes sur la côte orientale de Bornéo, à l'embouchure de la rivière Kouti. Cet officier fut tué par les indigènes, et son projet périt avec lui. Sur la côte opposée, une entreprise semblable rencontra un meilleur succès. M. Brooke était, comme M. Murray, capitaine au service de la compagnie des Indes. Riche et avide d'émotions, il parcourut, pendant plusieurs années, l'archipel Indien sur un yacht de plaisance. En visitant la partie indépendante de Bornéo, il reconnut dans cette île l'existence d'une race opprimée dont l'affranchissement pouvait servir de base à un plan de colonisation. Cette idée s'empara de son esprit. Il renonça au service militaire, vint s'établir dans les États du sultan de Bruni, et acheta sur les bords de la rivière de Sarawak, au prix d'une rente d'environ 20 000 fr., la propriété perpétuelle de quatre mille hectares de terre. Il ne s'en tint point là ; il voulut devenir rajah de Sarawak, et, au mois d'août 1842, l'intervention de la marine anglaise obligea la cour de Bruni à lui conférer cette dignité. Le misérable despote qui régnait à Bruni avait donné alors toute la mesure de sa faiblesse. On lui imposa la cession au gouvernement de la reine d'un îlot peu important en lui-même, puisqu'il n'avait qu'un mille de large et deux milles de long, mais qui commandait toute la baie de Bruni et la capitale-même du sultan. Au mois de juin 1846, l'amiral Cochrane prit possession à main armée de cet îlot, placé comme un bastion sur la route de Singapore à Hong-kong. On n'a point oublié les doléances qui accueillirent cette usurpation en Hollande, et l'ardente convoitise qu'éveillèrent en Angleterre les pompeux programmes de M. Brooke.

Au milieu de cette émotion, M. Rochussen courut au plus pressé. Il se hâta de définir, par un acte administratif, les territoires de Bornéo dont la Hollande, en vertu de traités formels, pouvait réclamer la suzeraineté ou la possession. Le dénombrement des districts entre lesquels furent divisées les résidences de Pontianak, de Sambas et de Banjermassing embrassa plus de cinq cent mille kilomètres carrés, et n'en laissa pas deux cent mille aux souverains indépendants. C'était restreindre à tout hasard la part qu'il faudrait peut-être un jour abandonner à une ambition rivale. L'intérieur de l'île fut en même temps exploré par des commissions scientifiques. La Hollande, qui, depuis 1816, s'était contentée vis-à-vis de Bornéo d'une suzeraineté dédaigneuse, ne parut avoir, depuis l'occupation de Laboan, aucune autre possession plus à cœur. Cette sollicitude, n'eût-elle été qu'apparente, eût encore eu ses avantages : la Hollande eût ainsi écarté le reproche de mettre en interdit, par ses prétentions, des territoires dont elle ne voulait ni ne pouvait tirer aucun parti ; mais le zèle de M. Rochussen en faveur de Bornéo était réel. Ce fut aux explorations qu'il encouragea que les Indes néerlandaises durent la découverte, ou, du moins, la première exploitation sérieuse des mines de houille de Banjermassing, ressource inestimable pour les progrès pacifiques et pour la défense militaire de la colonie. L'occupation de Laboan eut donc cet heureux effet d'obliger la Hollande à porter ses regards et son action administrative jusqu'aux extrémités les plus reculées de son immense empire. L'événement, du reste, ne justifia ni les craintes du peuple hollandais, ni les espérances de la presse britannique. Les Anglais ne trouvèrent point « dans Bornéo un marché insatiable pour consommer leurs produits et des richesses intarissables pour charger leurs navires[1]. » Les Hollandais ne furent point inquiétés dans leurs possessions, et le sultan de Bruni lui-même fut maintenu sur son trône. On vit alors le prestige qui avait un instant entouré M. Brooke et son entreprise pâlir insensiblement, puis enfin s'évanouir.

Ce fut surtout dans la question de Bali que M. Rochussen fit preuve à la fois de prudence et d'audace. Il n'ignorait ni les dépenses, ni les périls dans lesquels il allait s'engager : il se porta, sans hésitation, au-devant des difficultés de l'avenir. Sur un territoire dont la superficie est d'environ six mille kilomètres carrés, l'île de Bali, partagée en neuf principautés distinctes, renferme une population de 7 ou 800 000 âmes. Les Balinais appartiennent à la même race que les habitants de Java. Ils sont cependant plus forts et mieux conformés que les Javanais. Leur regard a plus de vivacité ; leur teint se rapproche davantage de celui des Hindous. On retrouve chez eux l'orgueil héréditaire des castes de l'Inde. Les *brahmanes* et les *wasias* de Bali paraissent descendre des premiers colons de la côte de Coromandel ; les *satrias* perpétuent la race du prince javanais qui, avant la chute de l'empire de Modjopahit, vint fonder à Bali l'État de Klong-Kong. Les *souddaras* occupent le dernier rang de la hiérarchie nobiliaire ; ils composent la classe des chefs de village. Les Balinais n'ont point la férocité des Maures de Soulou ; ils ont le point d'honneur, l'obéissance fanatique, le mépris de la mort qui distinguent encore aujourd'hui les

[1] *Times* du 2 octobre 1846.

habitants du Japon. L'influence sacerdotale est prédominante à Bali. La caste des brahmanes a le pas sur la caste des princes. Le roi de Klong-Kong, bien qu'il ne sorte point de cette famille hindoue, est cependant considéré par elle comme le chef héréditaire de la religion. Ce prince est à Bali ce que le Mikado était au sein de l'empire japonais, avant que le Taïkoun usurpât ses pouvoirs temporels. Les autres souverains reconnaissent sa suprématie et lui rendent un hommage superstitieux. L'île de Bali, comme l'a très-bien fait remarquer un écrivain hollandais, nous montre ce que fut l'île de Java au temps des princes hindous de Padjajaran et de Modjopahit.

Le territoire de Bali est montueux et accidenté. De nombreux ruisseaux descendant des montagnes favorisent dans cette île la fécondité naturelle du sol. Les rizières y donnent chaque année deux récoltes, et c'est le point de l'archipel indien où la culture du coton a le mieux réussi. Les femmes de Bali tissent elles-mêmes la plupart des étoffes qui se consomment dans l'île ; les hommes savent tremper et corroyer les lames de leurs kris. Ce n'est donc que pour les armes à feu et pour la poudre à canon que les Balinais sont demeurés les tributaires des fabriques indigènes de Benjermassing ou des importations européennes de Singapore. Les Chinois et les Bouguis, établis sur divers points de la côte, sont les principaux agents de ce commerce ; c'est par leur intervention que les Anglais cherchaient à nouer entre Bali et Singapore des relations plus suivies et plus étendues. Dès l'année 1840, le gouvernement néerlandais avait répondu aux tentatives du commerce britannique par l'établissement d'une factorerie dans l'île de Bali. La *Maatschappy*, par l'entremise d'un de ses agents, échangeait les étoffes hollandaises ou des produits javanais contre du riz, du coton, de l'écaille de tortue et de l'huile de coco. Les Balinais virent dans la présence de ce résident étranger sur leur territoire une première atteinte portée à leur indépendance. Le prince de Bleling, le plus puissant des rajahs de Bali, prit soin d'attiser les mécontentements populaires. Il multiplia ses achats d'armes et de munitions à Singapore, et se montra ouvertement hostile à l'influence hollandaise. Cette agitation prématurée obligea le gouverneur de Batavia à mieux préciser les rapports de la Hollande avec les princes de Bali. Le rajah de Bleling consentit à signer un traité, par lequel il se plaçait sous la protection du gouvernement des Pays-Bas; mais ses menées n'en furent que plus actives, et son attitude n'en devint que plus offensante. Il fallait mettre un terme à cet état de choses. La Hollande ne pouvait tolérer les allures hautaines des souverains de Bali, sans s'exposer à perdre la puissance morale qui maintient sous son joug 16 millions de sujets. M. Rochussen accepta la responsabilité d'une expédition qui pouvait tout compromettre, mais dont le succès devait aussi tout sauver.

Le 28 juin 1848, 3000 hommes de troupes régulières, sous les ordres du lieutenant-colonel Backer, furent débarqués à l'est du village de Bleling. Ils trouvèrent 30 000 Balinais retranchés derrière de grossières redoutes formées par deux rangées de troncs d'arbres, dont l'intervalle était rempli de pierres et de claies de bambous. Soixante canons de bronze occupaient les embrasures ménagées dans les retranchements épais de deux ou trois mètres, élevés de six ou sept au-dessus du niveau du sol. Ce ne fut point sans de grands sacrifices que les Hollandais réussirent à enlever cette première ligne de défense ; mais, une fois maîtres de la plage, ils n'éprouvèrent plus de résistance. Les Balinais s'enfuirent jusqu'à Singa-Radja, capitale de l'État de Bleling, située à trois milles dans les terres. Les Hollandais y entrèrent avec eux, et l'incendie dévora en quelques heures cette ville de bambous. Le rajah s'était enfui dans les montagnes ; il signa un nouveau traité, et contracta l'engagement de payer les frais de la guerre. Les autres princes reconnurent, comme lui, la souveraineté de la Hollande, et firent acte de soumission. Un fort armé de huit canons fut élevé sur la plage de Bleling, et le résident de Besouki fut chargé de remplir auprès des souverains de Bali le rôle de commissaire du gouvernement néerlandais.

Dix-huit mois s'étaient à peine écoulés, qu'une nouvelle expédition était devenue nécessaire. Les princes de Klong-Kong, de Karang-Assam et de Bleling, unis cette fois dans leurs projet de résistance, avaient soulevé contre les Hollandais toute la population balinaise. Le fanatisme religieux prêtait de nouvelles forces au sentiment de la nationalité. Les Balinais avaient détruit eux-mêmes le village de Bleling et la résidence de Singa-Radja. C'était au milieu de leurs montagnes, à Djaga-Raga, dans une position fortifiée avec le plus grand soin, qu'ils avaient résolu d'attendre l'armée hollandaise. Le 9 juin 1848, cette armée se mit en marche, sous le commandement du général Van der Wick. Arrivée sur le plateau de Djaga-Raga, elle reconnut tous les avantages de la position qu'avaient choisie les princes balinais. Un combat acharné s'engagea entre les Hollandais et les insulaires, retranchés au milieu de ravins presque inaccessibles. Les Hollandais durent enfin céder au nombre, surtout à la fatigue et à la soif dévorante qu'on n'avait aucun moyen d'étancher. L'armée hollandaise comptait deux cent quarante-six morts ou blessés, dont quatre officiers européens, quand le général Van der Wick donna le signal de la retraite.

M. Rochussen soutint avec fermeté ce fâcheux revers,

et sa contenance assurée en atténua l'effet. La saison était trop avancée pour qu'il pût donner immédiatement le signal d'une troisième campagne ; mais il en commença, sans perdre un instant, les préparatifs. Les Javanais savaient déjà que les Hollandais n'étaient point invincibles. Plus d'une fois sous leurs yeux, les habitants des provinces de Kedou et de Djokjokarta avaient surpris et dispersé les troupes envoyées contre Dipo-Negoro. Ce qu'ils n'avaient jamais vu, c'était un échec qui eût découragé la Hollande ; voilà ce qu'il importait de ne point leur montrer.

L'armée des Indes se composait de seize mille hommes environ, parmi lesquels on ne comptait que quatre mille Européens. Dans les circonstances ordinaires, sept mille hommes gardaient l'île de Java ; six mille étaient employés à contenir les populations turbulentes de Sumatra et de Banca ; le reste de l'armée était dispersé dans les autres possessions de l'archipel. En présence des complications que pouvaient amener les révolutions européennes de 1848, ces troupes étaient à peine suffisantes pour assurer la sécurité du vaste territoire qu'elles étaient chargées de défendre. Aussi, à la première nouvelle de l'échec de Bali, le gouvernement hollandais avait-il fait partir des renforts considérables pour les Indes. Vers la fin du mois de février 1849, une flotte de soixante voiles et de sept navires à vapeur, réunie à Batavia et à Samarang, était prête à conduire sur la côte de Bleling cinq mille soldats, trois mille *coulis* affectés au transport des vivres et des munitions, deux obusiers, huit mortiers et deux batteries de campagne ; il ne restait plus qu'à faire choix d'un général. L'armée des Indes ne manquait pas de braves officiers. Trente-trois années de guerre avaient fondé plus d'une renommée éclatante. Il en était une cependant devant laquelle toutes les autres semblaient disposées à s'incliner, et à laquelle l'opinion publique déférait d'avance le commandement. Le général Michiels était arrivé à Batavia en 1816. Depuis cette époque, il avait pris part à tous les combats qui s'étaient livrés dans les Indes, et avait conquis ses grades l'un après l'autre sur le champ de bataille. La guerre de Java l'avait fait major ; celle de Sumatra le fit général. Ce fut sur ce dernier théâtre que grandit sa réputation. Pendant plus de quinze ans, il avait à peine connu un instant de repos. Intrépide, aventureux, doué du double génie de la guerre et de l'organisation, il avait su entraîner à sa suite les gouverneurs généraux effrayés et la diplomatie hésitante. Les soldats l'adoraient, et les Malais, qui le trouvaient partout à la tête des troupes, soit qu'il fallût protéger les frontières des possessions hollandaises, ou forcer dans leurs dernières retraites les bandits de l'intérieur, les Malais lui avaient donné le surnom de *kornel madjang* (le colonel au cœur de tigre)[1]. M. Rochussen le fit venir de Padang, où il s'occupait d'organiser les provinces que son épée avait conquises, et lui confia le soin de venger l'honneur des armes néerlandaises.

Les huit États de Bali coalisés contre la Hollande pouvaient mettre sur pied quatre ou cinq mille fusils et plus de quatre-vingt mille lances ; mais, incertains du point sur lequel serait dirigée la première attaque, ils n'avaient rassemblé que quinze ou vingt mille hommes à Djaga-Raga. Ce fut là que le général Michiels résolut de porter les premiers coups. Cette position, devant laquelle avaient échoué l'année précédente tous les efforts des troupes hollandaises, avait été rendue, par les soins du chef de la

[1] En l'absence du lion, inconnu dans la Malaisie, le tigre est devenu, pour les populations de l'archipel Indien, l'emblème du courage, et non pas celui de la férocité.

ligue balinaise, le *gousti*[1] Dijlantik, régent de Bleling, plus redoutable encore. Des bastions et des retranchements percés de meurtrières, garnis de canons ou de pierriers, précédés de chausse-trapes, ou protégés par des haies de bambou épineux, s'étendaient, sur un développement de plus d'un kilomètre, entre deux ravins au fond desquels coulaient le Sangsit et le Bounkoulan. Le général Michiels partagea ses troupes en deux colonnes. Avec la colonne principale, il marcha droit à l'ennemi. Il chargea un brave officier, le lieutenant-colonel de Brauw, de tourner la position qu'il allait attaquer de front. Le 15 avril 1849, dès six heures du matin, les deux divisions de l'armée hollandaise se mettent en marche ; à sept heures elles s'étaient perdues de vue. Le général Michiels arrive, sans avoir été inquiété, en face des ouvrages ennemis ; il les fait canonner par ses pièces de campagne et harceler par un bataillon déployé en tirailleurs. Les Balinais répondent par un feu violent de toutes leurs pièces. L'armée hollandaise compte bientôt plus de cent hommes hors de combat ; elle se trouve en présence d'un ennemi invisible qu'elle ne peut atteindre qu'en jetant des obus ou des grenades par-dessus les retranchements derrière lesquels il se cache. Malgré ses pertes, elle gagne cependant du terrain ; ses batteries ne sont plus qu'à cent quatre-vingts mètres du bastion qu'elles foudroient. Malheureusement, les boulets s'enfoncent dans les boulevards de terre que soutient un double rang de troncs d'arbres, sans y pratiquer la moindre brèche. Le général Michiels hésite à donner le signal d'un assaut qui semble impraticable, quand vers midi une vive fusillade se fait entendre du côté de Djaga-Raga. Le colonel de Brauw

[1] *Gousti*, noble, d'origine princière.

vient d'aborder les positions de l'ennemi. Ce jeune et héroïque officier n'a pas craint, pour accomplir sa mission, d'engager la colonne qu'il commande dans le lit du Sangsit. Pendant deux heures et demie, les troupes hollandaises ont cheminé en silence au fond d'un précipice dont les parois taillées à pic atteignent une élévation de soixante-quinze mètres. Si l'ennemi eût découvert ce mouvement, il eût anéanti la division du colonel de Brauw à coups de pierres ; mais le succès a couronné une audace dont les fastes de la guerre offrent peu d'exemples. La colonne hollandaise escalade homme par homme le bord du ravin, et vient se ranger en bataille sur le plateau avant que les Balinais aient pu soupçonner sa présence. Ils aperçoivent enfin sur leurs derrières ce corps de troupes qui semble tombé du ciel. L'action s'engage : le colonel de Brauw fait enlever au pas de course les redoutes qui protégent la gauche de l'ennemi. Le général Michiels, de son côté, porte ses troupes en avant ; il trouve les abords des fortifications hérissés d'obstacles. Les Hollandais sont encore une fois repoussés avec perte. Ce succès momentané enflamme le courage des Balinais, qui veulent tenter une double sortie et reprendre les positions qu'ils ont perdues. Ils sont accueillis par des charges vigoureuses, et poussés, la baïonnette dans les reins, jusque dans leurs retranchements. Toutefois ils sont bloqués plutôt que vaincus, car on n'a pas pu réussir encore à entamer leur position, et déjà le général Michiels redoute les lenteurs d'un siége. Il comptait sans l'intimidation des Balinais, qui prennent le parti, dès la nuit close, de commencer leur mouvement de retraite. Le colonel de Brauw croit distinguer des masses confuses qui, défilant le long des lignes ennemies, se portent à travers champs du côté de Djaga-Raga. Il fait éveiller ses troupes, et marche sur les redoutes avant qu'elles aient été complétement évacuées. Attaqués à l'improviste, les Balinais se battent en désespérés; une centaine d'hommes sont passés au fil de l'épée. Au bruit de la fusillade, le corps du général Michiels s'est aussi porté contre les fortifications. L'ennemi fuit de toutes parts, et les premiers rayons du jour apprennent aux Hollandais que leur victoire est complète.

Avec les lignes formidables que l'armée hollandaise venait d'enlever, le *gousti* Djilantik voyait tomber le royaume de Bleling. Échappé au carnage, il avait pris pendant la nuit, avec le rajah de Karang-Assam, la route de cette dernière principauté, où il se flattait de trouver encore les moyens de prolonger la guerre ; mais la consternation était générale dans l'île : les soumissions arrivaient de toutes parts, et le succès n'était plus douteux pour les Hollandais. Il fallait cependant une nouvelle expédition pour briser la résistance des États de Karang-Assam et de Klong-Kong, dans lesquels Djilantik ne cessait d'attiser l'incendie. Le 8 mai, vingt-deux jours après la prise de Djaga-Raga, le général Michiels fit rembarquer ses troupes, et vint attaquer la partie orientale l'île. Affaibli par les pertes qu'il avait essuyées en secourant le rajah de Bleling, le rajah de Karang-Assam n'était plus en état d'arrêter la marche de l'armée victorieuse. Il se vit bientôt abandonné par ses troupes et fut massacré par ses propres sujets. Poursuivi dans les montagnes où il s'était hâté de chercher un refuge, le *gousti* Djilantik tomba également victime de la fureur populaire. En lui périssait le plus implacable ennemi que, depuis Dipo-Negoro, eût rencontré la domination hollandaise.

Gouverné par le chef spirituel de l'île, le *dewa-agoung*, l'État de Klong-Kong avait pris une part moins active à la défense de Djaga-Raga; ses forces étaient presque intactes, et son territoire avait, aux yeux de la population, un caractère sacré qui devait en rendre la défense plus opiniâtre. Le général Michiels savait que la soumission complète de Bali ne pouvait s'obtenir que sous les murs de Klong-Kong. Aussi transporta-t-il, sans perdre un instant, son armée, épuisée par deux mois de marches et de combats, sur ce nouveau théâtre d'opérations. Il fallut une lutte acharnée de trois heures pour s'emparer d'une hauteur qui dominait la baie, sur le bord de laquelle avaient campé les troupes. Les Balinais défendirent pied à pied cette position consacrée par la superstition publique ; ils opérèrent leur retraite en bon ordre, et l'armée hollandaise, accablée de fatigue, ne put songer à les poursuivre. Le général Michiels fit bivouaquer ses troupes sur le champ de bataille ; chaque soldat se coucha tout habillé, et se tint prêt à saisir ses armes au premier signal : cette précaution sauva l'armée. Vers trois heures du matin — au milieu d'une obscurité profonde, — des coups de feu et d'horribles hurlements se font entendre aux avant-postes. Les Hollandais forment leurs rangs en silence. Une troupe de furieux enivrés d'opium se ruent sur eux la lance en arrêt. Victimes populaires, ces premiers combattants sont destinés à mourir ; ils ne cherchent ni n'espèrent la victoire, ils crient *amok* (tue ! tue !) et n'ont d'autre but que d'ouvrir un passage aux masses compactes qui les suivent. Leur frénésie vient se briser contre les baïonnettes hollandaises ; ils tourbillonnent le long de ce mur d'airain, sans pouvoir en ébranler les assises. Ces fanatiques luttent en désespérés, l'écume à la bouche, jusqu'à ce qu'ils tombent sous les coups qu'on leur porte, ou qu'ils s'affaissent épuisés. Cependant le nombre des combattants grossit sans cesse ; l'artillerie européenne fait en vain de larges trouées dans cette cohue que les lueurs de l'incendie ont rendue visible. Au centre de la position occupée par l'armée hollandaise se tenait le général Michiels, avec deux bataillons formés en carrés et une batterie de campagne. Habitué à de pareils assauts, il ne se laissait émouvoir ni par les cris des assaillants, ni par les gémissements des blessés. On l'entendait donner ses ordres avec calme, et dominer par son énergie l'horreur de la mêlée. Sa voix claire et brève savait porter la confiance jusqu'au cœur du moindre soldat : il était l'âme de cette bande glorieuse, qui, depuis deux heures, opposait sa fermeté et sa discipline à la furie d'une troupe fanatisée. Tout à coup un corps de Balinais parvient, à la faveur des ténèbres, à se glisser au milieu des lignes hollandaises : une décharge à bout portant atteint le général Michiels, qui tombe, la cuisse droite fracassée par une balle. Le jour vient alors éclairer une scène de désolation et mettre les Balinais en fuite. Près de deux mille morts ou blessés jonchaient le champ de bataille. La perte des Hollandais eût été insignifiante sans le coup malheureux qui avait atteint leur général. Ils n'avaient à regretter que sept morts et vingt-huit blessés, tant le sang-froid et la discipline ont d'avantage sur le désordre d'un courage aveugle ! Il fallut amputer le général Michiels sur le champ de bataille ; il succomba le soir même aux suites de l'opération.

L'armée pleura ce soldat intrépide, mais ne songea point à le venger. La perte du général dans lequel elle avait mis sa confiance la laissait désormais sans ardeur. Elle comptait d'ailleurs de nombreux malades. Les moyens de transport manquaient, car la plupart des *coulis,* saisis d'effroi pendant la terrible nuit du 25 mai, avaient pris la fuite. Au lieu de marcher sur Klong-Kong, on se retira sur le territoire de Karang-Assam. Les pertes de l'ennemi avaient été heureusement trop sérieuses pour que cette retraite inopportune pût lui rendre son audace. Après quelques tergiversations, il accepta sans réserve les conditions du gouvernement hollandais. Les dynasties de Bleling et de Karang-Assam furent déclarées déchues du trône. Les autres princes conservèrent leur couronne et l'administration indépendante de leurs États, et cependant, malgré cet usage modéré de la victoire, le triomphe des armes hollandaises eut un immense retentissement dans tout l'archipel. Les velléités d'indépendance qu'auraient pu entretenir les déclamations perfides des journaux de Singapore s'éteignirent dans la terreur qui suivit la troisième expédition de Bali.

C'est en ce moment même qu'une chance inespérée ouvrait à notre corvette le chemin des Indes néerlandaises. Java dans tout l'éclat de sa prospérité, Célèbes dans la ferveur de ses espérances naissantes, l'armée hollandaise dans l'ivresse d'une victoire trop chèrement achetée, tels furent les souvenirs que nous conservâmes de notre passage au milieu de l'empire indo-néerlandais.

Nous venons de retracer l'histoire de cet empire depuis les premiers progrès de sa puissance jusqu'aux récentes tentatives que lui ont imposées d'inflexibles nécessités. Cette histoire nous indique la voie où tend à s'engager de plus en plus la politique coloniale de la Hollande. L'occupation restreinte vis-à-vis de peuples sauvages, il faut bien se l'avouer, n'est qu'un rêve. Les Hollandais dans la Malaisie, les Anglais sur le continent indien, comme au cap de Bonne-Espérance, les Français en Afrique, se sont vus également contraints d'étendre leurs conquêtes au delà de leurs désirs et de leur ambition. La domination européenne ne sera solidement assise dans l'archipel Indien, elle ne portera tous ses fruits bienfaisants que le jour où tant de royaumes divisés, tant de fragments d'autorité conquis par de misérables pirates qui ne vivent aujourd'hui que d'exactions et de rapines, auront disparu dans la grande unité politique dont Java est le centre. C'est vers ce but que la Hollande doit marcher et que tous nos vœux la convient. Sans l'influence du gouvernement néerlandais, sans son autorité active, sans l'organisation qui est son ouvrage, les peuples de Sumatra et de Célèbes retomberaient dans le chaos de leur anarchie. La Hollande, il est vrai, rassurée sur la possession de Java, ne croit point les autres parties de son empire si bien cimentées qu'une guerre maritime ne puisse les détacher de sa domination au profit d'une autre puissance. Elle se sentirait donc disposée à concentrer ses efforts à Java, comme, en cas de guerre, elle y concentrerait ses moyens de défense; mais cette politique timide, si elle pouvait un instant prévaloir, amènerait un jour ou l'autre de dangereuses complications. L'Europe, encombrée d'une population toujours croissante, trop à l'étroit dans ses anciennes limites, ne tarderait point à contester à la Hollande la possession d'un champ que cette puissance n'oserait défricher. L'audace, dans certains cas, peut donc être de la prudence; je ne crains point de la conseiller à l'Espagne et à la Hollande. L'héroïsme des siècles passés leur a ouvert un immense domaine. Qu'elles suivent d'un effort commun cette voie fructueuse! Leur intérêt est de s'entendre et de s'unir. J'ajouterai que le nôtre est de les défendre. Il faut prévoir le jour où la race anglo-saxonne, rapprochée par ses affinités secrètes, ne fera plus qu'un seul peuple sous deux gouvernements divers. Assises d'un côté sur la rive occidentale du nouveau monde, de l'autre sur les bords du continent indien, cette race envahissante régnerait sans partage dans les mers de l'extrême Orient, si la sagesse de l'Europe ne songeait à lui opposer comme barrière l'indépendance des Indes néerlandaises et celle des colonies espagnoles. Tout ce qui se rattache à l'avenir de ces riches possessions a donc un intérêt européen : c'est à l'Espagne et à la Hollande de juger de quel côté sont leurs alliés véritables et leurs protecteurs naturels.

## CHAPITRE VII.

Départ de *la Bayonnaise* pour Batavia. — Le détroit de Samboangan.

Le moment que nous n'avions cessé d'appeler de nos vœux était enfin arrivé. Le 3 mai 1849, *la Bayonnaise* appareillait de la rade de Macao et se dirigeait vers les colonies néerlandaises.

Nous avons déjà indiqué les grandes divisions politiques de l'archipel Indien : nous essayerons également de fixer par une rapide esquisse le contour général des mers que nous nous apprêtions à parcourir. A deux cents lieues environ des côtes que découpent le golfe de Tong-king et le golfe de Siam, le groupe des Philippines sépare la mer de Chine de l'océan Pacifique. Le méridien qui traverserait ces îles espagnoles rencontrerait non loin de l'équateur, la grande île Célèbes. A l'est de cette ligne idéale, on verrait se déployer l'archipel des Moluques. Plus à l'ouest s'étendraient Palawan et ses nombreux récifs, puis l'immense Bornéo, faisant face à la presqu'île de Malacca et aux côtes du Camboge. Si, venant de Macao, vous laissez Bornéo sur la gauche, vous suivrez pour gagner Batavia la voie la plus directe. Trois passages différents vous seront alors ouverts : le canal de Carimata, le détroit de Gaspar, ou celui de Banca. Si la mousson vous est contraire, il vous faudra probablement faire un plus long détour et aller chercher le vent favorable à l'est de Bornéo, souvent même à l'est de Célèbes. Le vent ne souffle point en effet de la même direction au nord et au sud de l'équateur. La mousson d'est règne dans la mer de Java et y ramène le beau temps et la sécheresse, quand la mousson du sud-ouest fait éclater ses orages dans la mer de Chine. L'époque où nous devions quitter Macao et le projet que nous avions formé de visiter les principaux ports de l'île Célèbes, Menado et Macassar, nous traçaient notre itinéraire. C'était à l'est de Célèbes et par la mer des Moluques que nous devions passer.

Le 10 mai 1849, sept jours après son départ de Macao, *la Bayonnaise* se trouvait à l'entrée de la baie de Manille. Sans nous arrêter cette fois sur les côtes de Luçon, nous laissâmes derrière nous la côte de Maribelès, et, comme au mois de mai 1848, nous nous engageâmes dans le long et sinueux détroit de San-Bernardino ; mais, au lieu de suivre ce détroit jusqu'au point où il débouche dans l'océan Pacifique, nous descendîmes brusquement vers le sud, dès que nous eûmes franchi le premier goulet, celui que forment en se rapprochant la côte de Mindoro et la pointe méridionale de l'île Verte. Longeant alors, à l'aide de brises variables, les îles de Panay, de Negros et de Mindanao, nous atteignîmes, après dix-huit jours de traversée, le mouillage de Samboangan.

Cet établissement européen a longtemps marqué la limite des possessions de l'Espagne dans les mers de Chine. Il fut fondé en 1635 par le gouverneur de Manille pour contenir la piraterie, dont l'archipel de Soulou fut pendant plusieurs siècles le foyer le plus redoutable. En regard de la forteresse espagnole se dressent les hauts sommets de l'île de Basilan. On sait les prétentions devant lesquelles nous nous arrêtâmes après avoir obtenu du sultan de Soulou, vers la fin de l'année 1845, la cession formelle de cette île. La France voulut respecter jusque dans leur exagération les droits d'une puissance alliée ; elle donna en cette circonstance à l'Angleterre, qui préparait déjà l'occupation de Laboan, un exemple de modération que l'Angleterre se garda bien de suivre. Le détroit formé par l'île de Basilan et la côte de Mindanao est un des passages les plus fréquentés par les navires qui se rendent en Chine à contre-mousson. La partie du canal qui longe le rivage de Samboangan est rétrécie par les îles basses de Santa-Cruz, et sillonnée par des courants rapides qui, soumis à l'influence périodique des marées, favorisent plutôt qu'ils n'entravent la navigation[1].

Samboangan fut jadis peuplé par des Indiens venus de Luçon; l'exemption de toute espèce de tribut les attira sur les côtes de Mindanao. Le nombre des habitants s'est peu accru depuis cette époque, il ne s'élève pas encore à sept ou huit mille âmes. La fusion des races s'est cependant opérée avec une facilité merveilleuse sur ce coin de terre isolé. Les métis forment à Samboangan la majorité de la population. Ils sont fiers de leur origine espagnole et parlent le castillan avec plus de pureté que la majeure partie des habitants de l'Espagne. Ils ont d'ailleurs les défauts

[1] La vitesse de la marée sur la rade de Samboangan est souvent de trois ou quatre milles à l'heure. Le jour même où nous mouillâmes devant le fort espagnol, une heure environ après le coucher du soleil, un jeune mousse tomba de dessus les bastingages à la mer. Les embarcations étaient hissées sur leurs porte-manteaux; l'obscurité était profonde. Il y avait mille chances contre une pour que le malheureux enfant disparût avant qu'on pût lui porter secours. Un de nos chirurgiens, M. Henri Lerond, noble et bon jeune homme qui n'en était point à son premier acte de dévouement, se trouvait heureusement sur la dunette. Il se jette à l'eau et atteint le mousse, que déjà le courant entraînait rapidement au large. Sans un canot qu'un hasard providentiel amena en ce moment le long du bord, M. Lerond eût été victime de sa généreuse imprudence. Quand il remonta sur le pont de la corvette avec le mousse qu'il avait sauvé, les matelots, bons juges en fait de noblesse et de courage, lui firent une véritable ovation.

et les qualités propres aux races créoles : la bravoure et l'indolence. Placés à proximité des côtes de Bornéo et des îles Soulou, menacés sur le flanc gauche par les Illanos, ils ont pris l'habitude de se protéger eux-mêmes. La plupart des habitants portent, outre leur mousquet, le fameux *campilan,* grand sabre à large lame et à lourde poignée, destiné à pourfendre les *Maures ;* tel est encore, dans les colonies espagnoles, le nom sous lequel les Indiens catholiques désignent les Indiens infidèles. Cette population guerrière a plus de goût pour le métier des armes que pour les travaux de l'agriculture. La partie cultivée de ses possessions se réduit à une étroite lisière de terrain défriché que bornent les eaux limpides de la Toumanga; au delà de cette zone restreinte, la forêt vierge couvre le flanc des montagnes.

Avant de pénétrer dans les colonies néerlandaises, il n'était point sans intérêt d'accorder au moins un coup d'œil à cette dernière empreinte de la domination espagnole. Un guide intelligent et actif, *el señor* Molina, nous avait offert ses services. Nous le chargeâmes de nous procurer des chevaux, et dès le lendemain de notre arrivée nous nous mîmes en route pour visiter les bords de la Toumanga. La nature tropicale a des heures magiques. Le disque du soleil venait à peine d'apparaître au-dessus de l'horizon quand nous atteignîmes le pont qui unit les deux rives du torrent. Au fond du ravin, sur un lit de galets bleuâtres, coulait la Toumanga. La brise du matin agitait doucement le feuillage des arbres ; mille oiseaux bourdonnaient autour des tubes de bambou dans lesquels se recueille la séve enivrante des palmiers. C'était l'heure du réveil pour les hôtes des bois, pour les bois eux-mêmes, dont le feuillage tout appesanti de rosée s'épanouissait aux premières clartés du jour.

Après avoir franchi au galop le pont, dont les madriers frémissent sur leurs trois piliers de lave, nous cheminons entre deux haies de ricins et de goyaviers. Tout à coup une large échappée paraît s'ouvrir devant nous. Nous faisons encore quelques pas; nous tournons un dernier buisson. Ce n'est plus la splendeur d'une nature étrangère que nous contemplons : ce sont les plus riants coteaux de l'Europe, les plus belles prairies de la France, dont les gracieuses ondulations viennent charmer nos regards. Des troupeaux, non pas de buffles stupides et fangeux, mais de fiers taureaux et de grasses génisses, errent au milieu de vastes pâturages. Que l'herbe paraît belle dans les contrées où l'on ne voit jamais que des arbres! Ce gazon, qui s'étend comme un tapis de Perse sur les flancs arrondis de la colline, sourit plus à nos yeux que la végétation opulente dont nous voyons les derniers efforts se perdre dans les nuages. Nous gravissons la pente du coteau : du sommet qui domine la plaine, nous apercevons un nouveau détour de la Toumanga, bouillonnant à nos pieds et se frayant un passage à travers de nombreux rochers de basalte. Au delà de cette capricieuse rivière, à l'entrée d'une gorge sauvage, une hutte de paille et de bambou annonce la présence de quelques bûcherons, timide et indolente avant-garde de la domination espagnole. Quel étrange et soudain contraste ! A deux lieues à peine de la mer, à quelques pas de la prairie féconde, la nature sauvage et la forêt vierge! Une affreuse misère se cache malheureusement sous le luxe déréglé de cette végétation. On a vu quelquefois arriver jusqu'à Samboangan de malheureux avortons décharnés, tout couverts de plaies, au visage aplati, au crâne déprimé, — des brutes à face humaine : ce sont là les enfants de cette riche nature, ceux pour lesquels elle a suspendu le coco à la cime du palmier et fait

Tome II, page 129.

descendre le ruisseau murmurant du sommet des montagnes, ceux qu'elle berce au chant des tourterelles et caresse des tièdes haleines de la nuit. Ce sont les derniers débris des tribus indépendantes de l'archipel Indien, les *Negritos* de Luçon et de Mindanao.

A côté de ces misérables créatures, voyez l'homme ennobli et enrichi par le travail. Le feu a purgé la terre des végétaux qui la dévorent. Au milieu de l'espace dont il s'est rendu maître, l'Indien se hâte d'élever sa modeste cabane. Il entoure d'une enceinte le terrain qu'il veut défricher. L'igname, le taro, la patate, le maïs, la canne à sucre, le riz, qui nourrit à lui seul près de la moitié des habitants de la terre, lui assure d'abondantes récoltes. Sa famille possède un abri contre les intempéries des saisons, et, mollement balancée dans le hamac en fil d'abaca suspendu aux parois de sa case, sa femme tisse en se jouant la chemise de *piña* ou de *nipis*. On ne peut séjourner quelque temps sous les tropiques sans se sentir saisi d'une admiration toute nouvelle pour le travail, et sans reconnaître dans ce divin précepte la grande loi et le premier devoir de l'humanité.

Rentrés dans le village avant que le soleil de midi eût rendu la température intolérable, nous passâmes le reste de la journée sous le toit hospitalier de notre guide Molina. Ce fut alors qu'il nous montra ses armes et nous entretint de ses exploits. Quand le général Claveria dirigea, au mois de février 1848, une expédition contre le grand repaire des pirates, — l'île à demi noyée de Balanguingui, — trois cents volontaires de Samboangan lui offrirent leurs services. Sans eux, assurait Molina, l'expédition eût échoué. Le canon des navires à vapeur foudroyait vainement depuis vingt-quatre heures des remparts formés d'une triple enceinte de troncs de cocotiers et de pierres madréporiques. Il fallut dresser des échelles contre ces murs, dans lesquels on désespérait de faire brèche. Les soldats de Manille n'avaient jamais vu le feu. Les officiers qui s'étaient portés à la tête de la colonne venaient d'être tués à bout portant. L'armée s'ébranlait déjà, et la journée semblait perdue, quand, à la voix du général, on vit s'avancer les volontaires de Samboangan. Couverts de leur écu, serrant la poignée du *campilan* de leur main droite, ils relèvent les échelles renversées et gagnent sous une pluie de balles la plate-forme du rempart. Les Maures se jettent alors dans le réduit où ils ont enfermé leurs femmes et leurs enfants ; ils égorgent leur famille pour lui épargner la honte de tomber au pouvoir des chrétiens. Avant que les Espagnols aient pu forcer l'entrée du réduit, la boucherie est complète. « Nous n'avons plus devant nous, s'écriait Molina, dont la verve échauffée trouvait des accents poétiques, qu'un monceau de cadavres et qu'une mare de sang. Du milieu des mourants, un *desesperado* s'élance vers moi pour me frapper de son kris : d'un revers de mon campilan je l'étends à terre. Le cri des *Samboangueños* était : Point de quartier aux Maures ! Bien peu de ces infidèles obtinrent d'avoir la vie sauve ; on recueillit pourtant quelques enfants qui avaient par miracle échappé au carnage. Cette fille au teint brun que vous avez pu remarquer à la porte de ma case fut ma part de butin. C'est du sang de pirate qui coule dans ses veines ; elle n'en sera pas moins un jour une honnête fille et une bonne catholique. »

Feliciana, — tel était le nom de la jeune Moresque, — avait alors dix ou douze ans à peine. Ses grands yeux noirs, sa peau brune et luisante, ne permettaient pas de la confondre avec les pâles rejetons du métis espagnol. Au milieu de ce paisible bercail, elle me rappelait involontairement un jeune loup apprivoisé. Je l'observais pendant que Molina nous débitait d'une haleine infatigable ses rodomontades et nous faisait toucher du doigt la rouille sanglante de son campilan. Je ne sais quel éclair brillait alors dans le regard de la fille de Balanguingui, et semblait indiquer qu'à la première occasion, l'instinct d'une nature sauvage reprendrait le dessus. J'espère cependant que mon imagination n'aura point eu raison contre les pronostics plus favorables de notre guide, et que Feliciana n'a point cessé de faire l'orgueil de la famille Molina[1] et l'édification de la paroisse.

[1] Quinze années s'étaient écoulées depuis mon passage à Samboangan; au moment où je préparais la seconde édition du voyage de *la Bayonnaise*, voici la lettre qui m'arriva par une voie inconnue. Puisse la publicité donnée à ce souvenir attirer l'intérêt sur mon pauvre ami Florentino Molina!

| | |
|---|---|
| Zamboanga, 31 de agosto de 1863. | Samboangan, 31 août 1863. |
| Exmo. Señor general, comandante que ha sido de la fragata de guerra *Bayoné*. | A Son Excellence le général ex-commandant de la frégate de guerre *la Bayonnaise* : |
| Exmo. Sr. Despues de tributarle la mas completa enhorabuena por el ascendo de V. E. paso á decirle de cuanta alegria se encuentra rebosado mi corazon desde el momento en que el Señor comandante del vapor de guerra *Circe* oficiosamente me envió un recado para verme con él, quien me dijó que V. E. le ha recomendado para que se informase de mi y del estado en que me veo. Ah Exmo. Señor! cuan agradecido estoy a los buenos sentimientos que le animan, de los cuales V. E. me ha dado yá pruebas nada equivocas cuando | Excellence,<br>Après vous avoir adressé toutes mes félicitations sur votre avancement, je dois vous dire de quelle allégresse mon cœur s'est senti gonflé lorsque M. le commandant du bâtiment de guerre à vapeur *la Circé* m'a envoyé chercher pour m'apprendre que Votre Excellence lui avait recommandé de s'informer de moi et de ma situation.<br>Ah ! Excellence, combien je suis reconnaissant des bons sentiments qui vous animent, sentiments dont vous m'aviez déjà donné des preuves non équivo- |

Samboangan nous eût arrêtés trop longtemps si nous n'eussions écouté que nos désirs. La douce musique d'une langue qu'on ne peut entendre sans un charme secret, les allures chevaleresques d'une population qui défend encore ses rivages contre les Maures, ce parfum de poésie que la race espagnole laisse partout où elle passe, il n'en

estubó en Zamboanga y a pesar de la distancia, y el tiempo trascurrido, no se ha descuidado V. E. en acordarse de un infelíz inutil arrinconado en el barrio de Lamalamo, que es pueblo nombrado Tetuan, de Zamboanga : repito mis agradecimientos, Exmo. Señor, por la fina atencion de V. E. ; como asi mismo mis pobres hijas que con la efusion de sus corazones repiten los recuerdos que han tenido de V. E., y todos rogamos al Todopoderoso por su felicidad.

Yá que V. E. se ha dignado querer saber de mí y de mi pobre familia, ademas de haber manifestado al Señor comandante del vapor *Circe*, le digo a V. E. que yo sigo con una completa inutilidad por la herida que recibí en los ataques de Balanguingui y Sipac, pueblos de los piratas moros, sin poder trabajar para mi subsistencia y la de mis hijos. Hice algunos recursos paraque me asignaran alguna pension para aliviarme de la indigencia en que me encuentro con la larga familia, y nada he conseguido. En éste mismo año elevé otro recurso con el mismo fin, el cual se llevó el capitan de navio de la armada española Don José Mal-

ques, lors de votre passage à Samboangan. Malgré la distance, malgré le temps écoulé, vous n'avez pas oublié un malheureux inutile, relégué dans la paroisse de Lamalama, au bourg de Tetuan, district de Samboangan. Je vous renouvelle mes remercîments pour cette délicate attention ; mes pauvres enfants, dans l'effusion de leur cœur, ont aussi gardé le souvenir de Votre Excellence, et tous ensemble nous implorons le Tout-Puissant pour votre félicité.

Puisque vous avez daigné vous enquérir de moi et de ma pauvre famille, outre les détails que j'ai donnés à ce sujet au commandant de *la Circé*, je puis annoncer à Votre Excellence que je continue à mener une existence inutile à cause de la blessure que j'ai reçue aux attaques de Balanguingui et de Sipac, villages occupés par les pirates maures. Je ne puis travailler pour subvenir à ma subsistance et à celle de mes enfants. J'ai fait quelques démarches pour obtenir une pension qui soulageât ma misère et celle de ma nombreuse famille. Jusqu'ici, je n'ai rien obtenu. Cette année même, j'ai remis une nouvelle requête au capi-

fallait point davantage pour captiver des gens lassés d'une longue station sur les côtes de la Chine. Un intérêt plus sérieux nous appelait au sud de l'équateur. Samboangan, avec ses terrains vierges, nous avait fait comprendre la nécessité du travail ; Célèbes et Java allaient nous en montrer les œuvres.

campo y Monge quien en la actualidad se encuentra en Madrid ó en Cadix, y hasta esta fecha espero su resultado. Ah Exmo. Señor ! si V. E. comodamente pudiera ver por mi infeliz, el cielo le recompensaria esta benefica cuanto caritativa accion : me perdonara V. E. la franqueza y libertad que me tomo, pues la pobreza y suma infelicidad en que me veo con mis hijos, me obligan hasta quizás abusar con esta libertad sus beneficos sentimientos.

Mi hijo Pedro Molina, el que siempre iba en su compañia y a quien V. E. mandó sambrar unos cocos, murió el año de 1860 ; asi mismo mi esposa Romana Montinola murió el año de 1851 : Feliciana esta cazada y tene dos chiquillos.

Vuelvo à repetir à V. E. nuestros agradecimientos por la honra que me hace, y no dudo que V. E. me hara otra contestandome.

Supuestos nuestros votos al supremo señor de todo lo criado por la felicidad de V. E., tengo el honor de quedarme de V. E. atento servido, q. b. s. m.

FLORENTINO DE MOLINA.

taine de vaisseau de la marine espagnole, don José Malcampo y Monge, qui doit se trouver actuellement à Madrid ou à Cadix. J'attends encore le résultat de ma demande. Ah ! Excellence, si vous pouviez me venir en aide dans cette occurrence, le ciel vous tiendrait compte d'une action aussi charitable. Pardonnez-moi ma franchise et la liberté que je prends. Mais la pauvreté et la gêne dans laquelle je vois ma famille m'obligent à abuser ainsi de vos bienveillantes dispositions.

Mon fils, Pedro Molina, celui qui vous accompagnait toujours et à qui Votre Excellence fit planter quelques cocos, est mort en 1860. Mon épouse Romana Montinola était morte en 1851. Feliciana est mariée et a deux petits enfants.

Je renouvelle à Votre Excellence mes remercîments pour l'honneur qu'Elle m'a fait, et j'espère qu'Elle m'en fera un autre en me répondant.

En adressant nos vœux au maître souverain de toutes les créatures, j'ai l'honneur d'être, de Votre Excellence, le dévoué serviteur, qui lui baise les mains.

FLORENTINO DE MOLINA.

## CHAPITRE VIII.

### La résidence de Menado dans l'île Célèbes.

Le 25 mai, favorisée par la marée et la brise, *la Bayonnaise* faisait route vers la pointe septentrionale de Célèbes. Le 4 juin, elle mouillait au pied du fort hollandais de Menado. On trouverait difficilement un plus dangereux mouillage. Au fond d'une vaste baie, entre deux ruisseaux qui se jettent à la mer, un talus rapide de gravier volcanique vous permet de jeter l'ancre par quarante brasses, à 200 mètres environ de la plage. Plus au large, on ne trouverait qu'un abîme sans fond. Pendant la mousson de sud-est qui règne assez régulièrement dans la mer de Célèbes depuis les premiers jours de mai jusqu'à la fin d'octobre, on peut séjourner sans trop d'inquiétude sur cette rade foraine; mais dès que les vents du nord-ouest sont à craindre, il faut aller chercher un refuge de l'autre côté du cap Coffin, dans la baie mieux abritée de Kema.

La résidence de Menado, quoique située sur le territoire de Célèbes, dépend du gouvernement des Moluques. Elle se compose des districts de Menado et de Tondano, possédés en toute souveraineté par la Hollande, et du district de Gorontalo, où un sultan vassal conserve encore, pour le malheur des plus misérables habitants de l'archipel, toutes les prérogatives d'une autorité tyrannique. Les derniers recensements attribuent à la résidence de Menado, dont le cercle administratif embrasse le groupe des îles

Sanguir, une population d'environ 200 000 âmes[1]. Ce chiffre n'est point en rapport avec l'importance des possessions néerlandaises dans le nord de Célèbes. Le développement naturel de la population ne peut tarder à le grossir, quand bien même de nombreux colons ne seraient point attirés un jour ou l'autre à Menado par la salubrité du climat. Nulle part d'ailleurs ces colons ne rencontreraient un sol plus fertile. Le feu souterrain qui a donné naissance au mont Klobath, au Sepoutang, au Roumengan, à l'Empong, dont les cimes s'élèvent à cinq ou six mille pieds au-dessus du niveau de la mer, semble activer encore la fougueuse vigueur d'une végétation que baigne incessamment la rosée des nuits ou qu'inondent de leur déluge périodique les pluies équatoriales.

Mouillés à portée de voix du rivage, près duquel notre poupe était retenue par un câble fixé à deux piliers solidement enfoncés dans le sable, nous mesurions d'un regard étonné la hauteur du Klobath, dont l'ombre se projetait au loin sur la mer. Cette masse noirâtre, assise au bord de la baie comme un géant pétrifié, semblait menacer de son cratère béant encore la ville aux toits de palmiers, qui, presque inaperçue du mouillage, occupe la base même du volcan. Une heure environ après le coucher du soleil, nous pûmes descendre à terre ; notre premier soin fut de nous diriger vers la demeure du résident. La lune versait alors

[1] La population de la résidence de Menado était ainsi divisée en 1849 :

| | | |
|---|---|---|
| Européens ou métis.......... | 1 111 | âmes. |
| Chrétiens indigènes........... | 9 242 | |
| Idolâtres ou mahométans de nom. | 199 057 | |
| Mahométans zélés............. | 2 091 | |
| Chinois...................... | 1 040 | |
| Esclaves..................... | 416 | |
| Total......... | 212 947 | âmes. |

ses lueurs discrètes sur la campagne, et embellissait le gracieux paysage qui se déroulait devant nous. Nous avions laissé sur la droite les remparts de la citadelle de Menado, simple bastion carré destiné à servir de logement à la garnison plutôt que de défense à la ville ; à notre gauche s'étendaient le *campong* des Chinois et le quartier malais, borné par la rivière.

Deux haies d'hibiscus, taillées au ciseau, bordaient les détours d'un sentier où le sable criait joyeusement sous nos pas ; la brise de terre apportait une douce fraîcheur des sommets nuageux du Klobath, et répandait sur la ville tous les parfums qui dorment pendant le jour au sein de la forêt. Notre surprise et notre ravissement s'augmentèrent sans doute de la sensation de bien-être que nous apportait cette heure tiède et sereine. Nous n'avions cru trouver dans Menado qu'un chétif village de Malais : nous retrouvions encore une fois les chemins de Ternate et d'Amboine, non plus alignés, il est vrai, comme les rues d'une ville, mais capricieusement contournés comme les allées d'un parc. Après quinze ou vingt minutes de marche, nous arrivâmes à l'entrée du parterre qui précédait l'habitation du résident. Ce modeste palais, au fond duquel veillait la flamme vacillante des bougies enfermées dans leurs globes de verre, était soutenu par de frêles colonnettes et couronné d'un toit de chaume qui s'avançait au-dessus d'une longue galerie aérienne. C'était moins un kiosque oriental qu'un chalet transporté par un coup de baguette des campagnes de la Suisse sous le ciel des tropiques. Dominé par le front sourcilleux du Klobath au lieu de l'être par les cimes neigeuses des Alpes, entourée de manguiers et de rimas aux vastes ombres au lieu d'être cachée sous un noir rideau de sapins, cette architecture pittoresque ne semblait pas déplacée sous les feux de l'équateur. Elle offrait un abri non moins sûr contre les ardeurs dévorantes du soleil que contre les intempéries des hivers.

Nous arrivions à Menado chargés d'une sorte de mission agricole. Peu de temps après la révolution de février, l'attention du ministre de l'agriculture et du commerce avait été appelée sur une espèce particulière de riz de montagne dont l'acclimatement pouvait être tenté, disait-on, avec quelque espoir de succès dans le midi de la France. Le signalement de ce riz, connu à Sumatra et à Célèbes, ajoutait la circulaire officielle, sous le nom de *riz noir,* — noir en effet, — nous avait été envoyé par M. le ministre de la marine avec l'indication de lui en adresser le plus tôt possible des semences. Nous n'avions toutefois emporté de Macao qu'un faible espoir de répondre aux désirs du ministre. Les personnes que nous avions interrogées, et dont quelques-unes avaient longtemps habité les îles de la Malaisie, connaissaient je ne sais combien de qualités différentes de riz arrosé ou de riz de montagne : du riz blanc, du riz gris, voire du riz rouge; aucune d'elles n'avait entendu parler de riz noir. Par un heureux hasard, le gouverneur espagnol de Samboangan, auquel je faisais part un jour de mes perplexités, se souvint d'avoir entrevu ce riz fabuleux, dont le nom n'était déjà plus accueilli que par un sourire d'incrédulité à bord de *la Bayonnaise.* Les Negritos de Mindanao cultivaient le riz noir dans les gorges de leurs montagnes, et nous parvînmes, après bien des recherches, à nous en procurer quelques livres. Nous étions munis de ce précieux échantillon quand nous nous présentâmes chez le résident de Menado, avec l'intention de renouveler nos instances pour obtenir des indications sur le riz noir. Cette précaution ne fut point inutile, car à Menado même le riz noir était depuis longtemps sorti du domaine de la réalité. Jamais on ne le voyait entrer dans les magasins du gouvernement ou s'étaler sur les échoppes du *campong* chinois. Si la culture s'en perpétuait, ce n'était que dans les districts les plus reculés de la résidence. M. Van Olpen nous promit cependant que nous n'aurions point vainement sollicité son intervention. Nous emporterions de Menado du riz noir, et, ce qui valait mieux suivant lui, sept ou huit autres variétés du riz blanc de montagne.

Ce n'était point assez cependant d'avoir conquis ces utiles semences : il fallait surprendre encore les secrets de la culture dont on nous avait confié le soin de doter la France. Les Parmentier ne sont immortels qu'à ce prix. M. Van Olpen, dont l'aimable obligeance devançait nos désirs, nous offrit gracieusement de nous mettre en rapport avec un chef de village, un *kapoula-balak,* que la voix publique désignait comme un des plus habiles agriculteurs du pays. Le lendemain même de notre arrivée, pendant que quelques-uns des officiers de la corvette allaient visiter le district de Tondano, où règne, à quelques milliers de pieds au-dessus du niveau de la mer, un printemps éternel, une cavalcade plus paisible poursuivait, sous la conduite de M. Van Olpen, des recherches fort étrangères aux occupations habituelles d'un officier de marine. Deux ou trois heures après le lever du soleil, nous avions atteint les premières pentes du Klobath, et nous gravissions, par un chemin tournant, la croupe accidentée de la montagne. La végétation des Moluques est sobre et contenue, si on la compare à celle de la résidence de Menado. Jamais nous n'avions vu la nature déployer cette puissance de production. Ce n'était plus le spectacle d'une fécondité luxuriante, c'était le désordre d'une orgie. La route, hardiment tracée à travers les précipices, nous montrait à chaque pas des forêts suspendues aux parois des abîmes, des gouffres à demi comblés par des avalanches de verdure, des palmiers séculaires étouffés sous les mille replis des lianes ou fléchissant sous le poids d'innombrables corbeilles de plantes parasites. Du point culminant que M. Van Olpen avait marqué d'avance pour le terme de notre course, nous pûmes embrasser l'ensemble de ces magnifiques horreurs, et la calme beauté de l'immense horizon qui se déroulait jusqu'à la mer. Nous redescendîmes alors vers le village où le *kappoula-balak* attendait avec impatience ses illustres hôtes.

Les habitants de la résidence de Menado se rapprocheraient plutôt des naturels de la Polynésie, des Harfours de Bourou et des Dayaks de Bornéo, que des Malais de Sumatra ou des pirates cuivrés de Soulou. Il suffit d'un coup d'œil pour reconnaître qu'ils n'appartiennent pas à la dernière invasion qui, vers le milieu du quinzième siècle, vint occuper les côtes de l'archipel d'Asie. J'hésiterais à croire cependant qu'il fallût chercher aux Harfours de Menado et à la race malaise une origine distincte. Ces tribus dispersées ont subi l'influence de climats divers et de dogmes différents ; mais elles ont fait partie de la même famille humaine. Les Harfours de Menado, retranchés au centre de montagnes inaccessibles, n'ont été ni conquis ni fanatisés par les prêtres arabes. Ils composent encore la population la plus douce et la plus respectueuse de l'archipel, la plus aveuglément soumise aux chefs dont le résident hollandais confirme chaque année le pouvoir. La plupart des chefs indigènes ont embrassé le christianisme et semblent avoir perdu jusqu'aux dernières traditions de la vie sauvage. Le *kappoula-balak* que nous honorions de notre visite était vêtu comme les chrétiens d'Amboine, d'un pantalon de couleur foncée et d'un habit noir. Sans la face osseuse et brune qu'encadrait la haute bordure d'un col de percale, nous n'eussions jamais reconnu dans ce vénérable *gentleman* le chef d'une tribu indienne : j'aurais cru voir une apparition du vicaire de Wakefield. La maison même dans laquelle nous fûmes introduits avait quelque chose de la modeste élégance d'un presbytère. Un ameublement simple, mais de bon goût, une table couverte des mille superflùités du luxe européen, voilà ce que nous trouvâmes sous le toit de cet homme, dont les ancêtres, au lieu de nous réserver un semblable accueil, n'auraient probablement songé qu'à se faire un sanglant trophée de nos dépouilles.

Ce ne fut qu'après le déjeuner que nous pûmes expliquer au *kappoula-balak* le but de notre visite. Le fonctionnaire indien, enchanté de pouvoir donner des leçons à son tour, fit immédiatement apporter devant nous divers instruments aratoires, le *peda benkok*, couteau recourbé avec lequel on abat les arbres, le *patjol*, espèce de houe qui sert à défoncer la terre, et voici ce que nous écrivîmes presque sous sa dictée. — Quand un terrain a été choisi pour y cultiver le riz de montagne, on commence par abattre à la hache tous les arbres qui le couvrent. Il suffit de quinze jours de soleil pour dessécher ces arbres abattus. On y met le feu, et quand tous les tronçons, toutes les branches ont été consumées, à l'aide de la pioche on défonce le sol pour y mêler les cendres. On brûle alors une dernière fois les herbes et les racines qui ont résisté à un premier incendie ; on aplanit le terrain et on se dispose à l'ensemencer. Pour mieux assurer leur subsistance, les indigènes font en général marcher de front la culture du riz et celle du maïs. Le défrichement et la préparation du sol ont été achevés en septembre : au mois d'octobre, commencement de la saison pluvieuse, on sème le maïs.

Des trous de quatre pouces de profondeur, pratiqués à deux mètres de distance les uns des autres, reçoivent chacun cinq ou six grains de maïs que l'on recouvre ensuite de terre. Au bout de trois mois, vers la fin de décembre, on s'occupe de semer le riz. Les uns le sèment à pleines mains; d'autres, plus soigneux, en mettent dix ou douze grains dans des trous d'un pouce de profondeur. Deux mois après, en février, on arrache les jeunes pousses de riz et on les plante par petites touffes séparées, à une distance d'environ huit pouces l'une de l'autre et dans les intervalles laissés entre les tiges du maïs. Le riz peut avoir acquis alors une hauteur d'un pied à un pied et demi. On a soin pendant tout ce temps de sarcler et de nettoyer le champ pour que les jeunes épis ne soient pas étouffés. L'espace ménagé entre les touffes de riz permet aux femmes chargées de cette opération de l'exécuter sans froisser les tiges. Quatre ou cinq mois après qu'on a semé le maïs, en mars généralement, cette première récolte est parvenue à la maturité. Semé en décembre, le riz est rarement mûr avant le mois de juin. On le cueille alors à la main, épi par épi, et on le foule aux pieds sur une aire de bambou pour en détacher les grains. Malgré l'extrême fertilité du sol, on ne demande jamais au même champ deux récoltes de riz successives. Après la première récolte, le terrain se repose souvent pendant cinq années, ou, si on lui demande de nouveaux produits, ce ne sont que des haricots, des fèves ou des plantes moins exigeantes encore.

Pendant que le kappoula-balak nous initiait ainsi aux plus minutieux procédés de la culture indienne, le sommet du Klobath s'était couvert de nuages qui s'étendaient insensiblement sur la voûte du ciel. Les roulements du tonnerre, répétés par toutes les gorges de la montagne, annoncèrent bientôt que la crise approchait. En quelques instants l'orage fut au-dessus de nos têtes; le ciel sembla s'ouvrir, et un véritable déluge inonda la campagne. Aux éclats de la foudre, au petillement de la pluie tombant sur le feuillage, on entendait se mêler je ne sais quel bruit sourd qu'on eût pu comparer au lointain mugissement de la mer. C'était la voix du torrent qui, grossi par cette inondation soudaine, grondait au fond du ravin, emportant dans son cours des branches d'arbres et des fragments de rochers. En moins d'une heure, l'orage eut épuisé sa furie, et, bien que le ciel hésitât encore à reprendre sa sérénité, nous pûmes nous acheminer sans crainte vers la ville de Menado. Il est peu de jours parmi les plus beaux qui soient exempts de ces déluges temporaires. C'est ainsi que l'atmosphère se dégage et se purifie des vapeurs dont elle est incessamment saturée. Voilà donc les conditions que le riz de Célèbes rencontre sur sa terre natale : d'épaisses couches d'humus toutes chargées de sucs nourriciers, de constantes intermittences de pluie et de soleil, une température qui varie, — dans la plaine de 26 à 31 degrés centigrades, de 18 à 26 degrés sur les hauteurs! On comprend que le riz, sous un pareil climat, puisse aisément se passer du secours des irrigations; mais en France, sous le ciel presque toujours voilé de Paris ou sous le ciel pétrifié de la Provence, je crains bien que le *wench rousiep*, — tel est le nom sous lequel les Harfours désignent le riz noir, — ne trahisse insolemment notre attente[1].

[1] Mes prévisions n'ont été que trop bien confirmées. Le 8 juin 1850, M. le ministre de l'agriculture fit parvenir à l'institut agricole de Versailles diverses variétés de riz de montagne, — riz blanc et riz noir, — que je m'étais empressé d'expédier à Nantes et au Havre par deux navires français que je rencontrai, le premier à Singapore, le second à Macao. Malgré la saison avancée, l'expérience fut tentée dès le 13 juin. Ce semis tardif ne permit point à la plante d'arriver à maturité. Elle végéta pendant toute la belle sai-

A Menado même, le riz de montagne, dont on compte près de trente espèces différentes, ne produit, année commune, que vingt à quarante fois la semence, tandis que le riz arrosé ne rapporte jamais moins de cinquante à soixante grains pour un. Une partie de la récolte, — 1 500 000 ou 1 600 000 kilogrammes, — est livrée aux autorités hollandaises à raison de 3 fr. 8 cent. le *picol*[1], un peu moins de 5 centimes le kilogramme. Le dixième environ du produit de cet impôt foncier est expédié à Ternate pour les besoins de la garnison ; le reste est vendu aux indigènes à raison de 5 fr. 63 cent. les 6 kil. Le gouvernement réalise ainsi un bénéfice de 50 000 fr., qui sert à couvrir une partie des frais d'occupation, sans élever au delà de 12 ou 13 fr. le prix des 137 kilogrammes de riz que chaque Indien consomme annuellement pour sa subsistance.

Le riz n'est point d'ailleurs le seul produit agricole de la résidence. On récolte chaque année à Menado près de 6 000 kilogrammes de café, et 70 000 kilogrammes de cacao. L'exportation du café est le monopole du gouvernement, qui en paye le kilogramme 43 centimes aux indigènes pour le revendre quelquefois le triple de cette somme sur le marché d'Amsterdam. Le cacao est, au contraire, abandonné sans restriction au commerce libre :

son, et, malgré les châssis dont les plants avaient été couverts pour favoriser la maturation, lorsque les froids survinrent, tout jaunit et cessa de croître. L'année suivante, on sema le riz le 12 avril ; cette fois, malgré toutes les précautions prises, *les grains n'ont pas même germé !* Le climat de l'Algérie eût probablement mieux convenu à ces essais que celui de Versailles ; mais avant de doter la terre d'Afrique du riz de Célèbes, que ne lui apporte-t-on le bambou !

[1] Le *picol*, qui forme la trentième partie du *coyang* et se divise en 100 *cattis*, équivaut à peu près à 62 kilogrammes.

des navires espagnols viennent en chercher la récolte, qu'ils tranportent à Manille, où on le préfère au cacao du Pérou. On ne saurait se figurer un plus gracieux coup d'œil que celui des jardins de cacaotiers qu'on rencontre à quelque distance de la ville de Menado. Aussi loin que la vue peut s'étendre, on voit fuir de verdoyants quinconces dont le tronc pyramidal chargé d'un clair feuillage laisse pendre de longs fruits à l'enveloppe charnue, que le soleil a dorés de tons jaunes ou vermeils. Si vous ouvrez cette écorce rugueuse, au milieu de la pulpe blanchâtre vous trouverez répandues les graines qui contiennent la précieuse amande. Le cacao se vend communément à Menado 1 franc 73 centimes le kilogramme. Cette culture avait contribué à répandre une certaine aisance parmi les habitants de Menado. Quelques jardins comptaient plus d'un million d'arbres, et la récolte annuelle s'élevait à 93 000 kilogrammes, mais depuis le tremblement de terre du 8 février 1845, qui détruisit un grand nombre d'habitations, les cacaotiers de Menado ont été atteints d'une maladie qui paraît menacer sérieusement l'avenir de ces plantations florissantes. Nous avons vu des parcs immenses où les trois quarts de la récolte se trouvaient avariés : sous une enveloppe en apparence intacte se cachait le fungus rongeur. On eût cru voir ces fruits décevants dont parle l'Écriture, qui ne sont à l'intérieur que cendres et poussière.

A ces trois produits principaux, le riz, le cacao et le café, on pourrait joindre le *gomoutou,* espèce de cordage fabriqué avec les fibres ligneuses du palmier *areng* et expédié à Java pour le service de la flotte coloniale : mais une source de revenu bien autrement importante, c'est l'or que l'on extrait du district de Gorontalo. Cet or, répandu en paillettes presque imperceptibles dans une roche calcaire, se recueille dans quatre-vingt-trois mines. Le sultan, qui nourrit ses malheureux sujets avec deux ou trois bananes par jour, s'était engagé à livrer annuellement au gouvernement hollandais plus de 3 000 onces d'or, à raison de 34 fr. l'once. Il est loin cependant de remplir exactement les conditions de ce contrat. Les *pros bouguis* transportent chaque année à Singapore quatre fois plus d'or que n'en reçoivent les autorités de Menado.

Les Bouguis ont été de tout temps, par leurs habitudes de contrebande, les ennemis déclarés du fisc hollandais. Les habitants de Menado ne se sont point laissé tenter par leur exemple. Sur toute la côte septentrionale de Célèbes on ne verrait pas un seul *pro,* pas même une embarcation de pêcheur. La crainte que leur inspiraient les pirates de Soulou paraît avoir à jamais dégoûté les Harfours de la navigation. Ce sont les habitants des îles Sanguir, moins étrangers par nécessité au métier de la mer, qui construisent et manœuvrent la flottille avec laquelle le résident de Menado parcourt solennellement le littoral de la province à certaines époques de l'année. Les navires de commerce qui visiteront la rade de Menado ne devront compter que sur leurs propres moyens pour embarquer ou pour porter à terre leur cargaison.

Avant les récentes mesures qui ont ouvert trois des ports de l'île Célèbes au libre commerce, Menado, faisant partie du gouvernement des Moluques, vivait sous les mêmes lois et les mêmes restrictions que les îles d'Amboine et de Ternate. Le monopole des importations appartenait à la *Maatschappy,* cette grande association dont le roi Guillaume fut le fondateur, et dont l'intervention pouvait seule soustraire à la navigation et à l'industrie britanniques l'exploitation commerciale des Indes néerlandaises. La contrebande faisait au privilége de la *Maat-*

*schappy* une terrible concurrence. Les ventes opérées par cette société dans la résidence de Menado ne dépassaient pas, année moyenne, la somme de 200 000 francs, tandis qu'il était avéré que le total des importations ne s'élevait pas à moins d'un million. Des bâtiments espagnols venant de Manille empruntaient le pavillon des îles Soulou pour commercer librement avec Menado, et, sous le titre de manufactures indigènes, ils importaient dans ce port des marchandises anglaises qui ne payaient plus dès lors qu'un droit de 6 pour 100. Les baleiniers se livraient aussi de leur côté à une contrebande très-active. Sous prétexte de se procurer des provisions et d'user du privilége qui leur était accordé d'en solder le prix en marchandises, ces commerçants déguisés emportèrent de Kema, en 1849, plus de 200 000 francs en échange des armes, de la poudre et des étoffes de coton qu'ils avaient livrées. L'abandon d'un monopole si facilement éludé a donc été une des plus sages mesures conseillées par M. Rochussen. La *Maatschappy* a conservé le transport et l'achat exclusif des denrées dont le gouvernement se réserve la culture; mais le port de Menado offre déjà au commerce privé divers produits que recherchent avidement les marchés des Philippines et ceux du Céleste Empire[1].

[1] Voici quelle était, au mois de juin 1849, l'évaluation générale des produits de la résidence de Menado. Cette évaluation comprenait le commerce interlope dont les pros bouguis se sont faits les commissionnaires.

| PRODUITS. | VALEURS. |
|---|---|
| 5 900 onces d'or. . . . . | 517 623 fr. |
| 558 000 kilog. de café. . . | 481 500 |
| 62 000 kilog. de cacao. . | 107 000 |
| 1 448 000 kilog. de riz. . . . | 205 440 |
| Écaille de tortue. . . . . . | 4 822 |

Ce n'est point cependant un entrepôt commercial que l'on parviendra jamais à créer dans la province de Menado. Le véritable intérêt qui s'attache à la partie septentrionale de Célèbes tient à un ordre d'idées tout différent. Depuis longtemps, les Hollandais ont songé à trouver dans l'archipel Indien l'écoulement de leur population exubérante. Quelques économistes auraient voulu organiser à Java même la colonisation européenne. On craint néanmoins qu'à Java le prestige inhérent à la qualité d'Européen ne souffre de l'introduction dans la colonie de ces nouveaux travailleurs. Dans la résidence de Menado, cet inconvénient disparaît. On n'y rencontre qu'une population indigène peu considérable, disposée à écouter les leçons des missionnaires protestants, et qu'on pourrait sans crainte associer aux priviléges des cultivateurs hollandais. Le gouvernement des Pays-Bas n'a point de parti pris dans les questions coloniales. Nul mieux que lui ne sait plier sa politique aux circonstances. Il peut faire dans le nord de Célèbes ce que l'Espagne a fait aux Philippines, appuyer sa domination non plus sur les abus séculaires du pays, mais sur la prédication religieuse et sur la fusion des races. Cette œuvre honorable, nous ne doutons point qu'il ne l'accomplisse un jour, et c'est dans cet avenir que réside à nos yeux l'importance de la province de Menado.

On connaît la configuration bizarre de l'île Célèbes, divisée par les golfes de Gorontalo, de Tolo et de Boni en

| | |
|---|---|
| Gomoutou. . . . . . . . . . | 14 744 |
| Nids d'hirondelle. . . . . . . | 1 070 |
| Tripang. . . . . . . . . . . . | 6 676 |
| 496 kilog. de cire. . . . . . | 1 712 |
| Ailerons de requins. . . . . . | 684 |
| Total. . . . . . . | 1 341 371 |

quatre péninsules distinctes ; on dirait au premier abord je ne sais quelle araignée monstrueuse étendue sur la carte. Grâce à sa forme irrégulière, Célèbes n'a peut-être aucun point de sa vaste surface qui se trouve à plus de cinquante milles de la mer. La péninsule septentrionale, celle qui nous avait attirés d'abord, est la plus étroite de toutes. Sa largeur moyenne est de trente-cinq ou quarante milles. On comprend tout l'avantage d'une pareille disposition pour l'exploitation des immenses forêts qui couvrent encore la majeure partie du sol de la résidence. C'est dans ces forêts qu'on rencontre l'ébène, dont nous avons vu d'énormes madriers de trois ou quatre pieds de largeur; le *lingoa* ou bois d'Amboine, qui fournit d'admirables meubles; le bois de fer, dont le tronc atteint parfois plus de huit pieds de diamètre ; le bois de *gofaffa* et le bois de *bintanger,* qui offrent des matériaux plus appropriés à la construction des navires. De belles routes bien entretenues, et chacune d'un développement d'environ trente milles, gravissent déjà les pentes des montagnes et relient aux ports de Menado et de Kema le fertile district de Tondano. Une route semblable établit entre ces deux ports une communication facile. Malheureusement ce n'est point la dixième partie de la résidence qui se trouve ainsi ouverte par des travaux qui seraient partout ailleurs imposés aux colons. Il y aurait encore près de cent cinquante lieues de route à percer à travers les montagnes de la baie de Palos au port franc de Kema. Dès que la soumission, aujourd'hui incomplète, de cette longue péninsule serait achevée, l'industrie européenne, favorisée par la température modérée des plateaux sur lesquels elle devrait s'établir, n'aurait plus qu'à se mettre à l'œuvre. La résidence compterait alors quatre districts placés dans des conditions également favorables : le Minahassa ou province de Menado, qui comprend un territoire d'environ cinq mille kilomètres carrés; l'État de Magondo et tous les petits royaumes limitrophes du district de Tondano; les possessions du sultan de Gorontalo et celles du sultan de Bewool, les alentours de la baie de Palos et le petit État de Tontoli. L'emploi de quelques *steamers* et d'un millier de soldats assurerait promptement la pacification de la province : les colons hollandais et les subsides du gouvernement feraient le reste.

## CHAPITRE IX.

### Les Hollandais à Bonthain et à Macassar.

Pour nous rendre vers un autre point de l'île Célèbes, le district de Macassar, nous avions une assez longue navigation à faire. Le 9 juin 1849, nous quittâmes dès la pointe du jour le mouillage de Menado, et nous nous dirigeâmes, en passant entre les îles Sanguir et le cap Coffin, vers la mer des Moluques. Nous revîmes encore une fois les sommets de Tidore et de Ternate, l'île déserte d'Oby et Lissa Matula, de fastidieuse mémoire. Il nous fallut louvoyer pendant plusieurs jours avec un temps constamment pluvieux et des brises inégales pour atteindre le large passage qui s'ouvre entre les îles Xulla et la côte septentrionale de Bourou. Dès que cette dernière île fut dépassée, le temps s'éclaircit, et la mousson d'est nous conduisit rapidement par les détroits de Wangi-Wangi et de Salayer, au fond de la baie de Bonthain, où nous devions faire une courte station avant de reprendre notre route vers Macassar.

Les districts contigus de Boule-Comba et de Bonthain comprennent une population de 29000 âmes sur une étendue d'environ 260 lieues carrées ; c'est la population la plus fière et la plus belliqueuse de l'île, on peut même ajouter de l'archipel Indien ; aussi ne saurait-on assez admirer l'ascendant moral par lequel deux ou trois Européens gouvernent cette race indomptable. Il existe à

Bonthain une sorte de forteresse aux boulevards de gazon et de terre garnis de quelques pièces d'artillerie. C'est dans cette enceinte qu'est logée la garnison javanaise. L'employé hollandais qui remplit sur ce point isolé les fonctions de résident habite à quelques pas de la plage une vaste habitation dont le palmier a fourni la charpente, le toit et les cloisons. Les Espagnols transportent avec eux sur tous les points du globe leur sobriété insouciante et leur dédain des superfluités de la vie. Il n'est plage si déserte, établissement si sauvage où l'on ne trouve le Hollandais entouré d'un bien-être qu'il aime à partager avec le voyageur. L'hospitalité de M. Scholten eût fait honneur à un vice-roi : sa gaieté, la libre et charmante effusion de son entretien auraient pu donner du prix au brouet noir. Nous ne pûmes accorder cependant qu'un jour à ses instances ; mais cette journée, nous la passâmes presque tout entière à table ou à cheval.

On rencontre à chaque pas dans les Indes néerlandaises des cours d'eau qui se précipitent tout échevelés du sommet des montagnes au fond des précipices. Ces cascades servent ordinairement de but aux promenades des touristes. Je n'en connais point d'aussi imposante que celle de Bonthain. M. Scholten ne voulut céder à personne le plaisir de nous montrer cette merveille ; mais il fallut quelque temps pour rassembler les chevaux qu'exigeait une troupe aussi nombreuse que la nôtre. Le résident hollandais avait cependant près de lui un homme auquel rien n'était impossible. C'était un chef indigène spécialement attaché à sa personne, — un capitaine des gardes, dont le premier devoir était de veiller à la sûreté du résident, qui ne le quittait point d'un pas, et le suivait partout avec la tendresse et le dévouement d'un séide. Ce vieux guerrier, dont les vêtements entr'ouverts laissaient apercevoir de nombreuses cicatrices, avait jadis conduit les troupes du général Van Geen vers la capitale du roi de Boni. Il passait pour l'homme le plus brave du district, et la sécurité du résident au milieu des hordes féroces dont il était entouré s'expliquait un peu par la présence tutélaire de son ange gardien. On ne saurait toutefois méconnaître l'influence en quelque sorte magnétique qu'exerce sur ces hommes violents la calme fermeté de la race hollandaise. Quelques jours avant notre arrivée, deux hommes de noble extraction avaient échangé quelques propos railleurs. L'un d'eux se croit insulté, il marche droit à son adversaire et le frappe de sa sagaie ; l'autre, quoique blessé, riposte, puis tous deux, par un mouvement simultané, abandonnent leurs javelines. Ils se saisissent au corps, et, s'embrassant d'une main, de l'autre ils se plongent à coups redoublés leurs kris dans la poitrine. Le moins vigoureux des champions s'affaisse enfin sur lui-même. Le résident accourt. Le vainqueur, dont le sang fuit par vingt blessures, cède sans résistance au regard de l'Européen. Il remet lui-même entre les mains du résident l'arme qu'un bataillon d'indigènes n'eût pu lui arracher, et se laisse, sans oser proférer une plainte ou une menace, entraîner vers la prison.

Pendant que nous examinions avec un intérêt curieux et un secret frisson le fer des deux javelines, les lames veinées et flamboyantes des deux kris, pièces de conviction où la rouille se mêlait déjà au sang fraîchement coagulé, notre imagination ne pouvait s'empêcher d'évoquer tous les détails de cette scène cruelle. Il nous semblait voir ces deux tigres cramponnés l'un à l'autre et prêts à se dévorer. Les Malais de Célèbes sont mahométans, mais leur première loi est un barbare point d'honneur. Leur férocité est le résultat infaillible de leur éducation. Il eût fallu voir de quel éclat sauvage brillèrent les yeux d'un jeune enfant de huit à dix ans à peine, quand nous lui demandâmes s'il serait heureux de pouvoir à son tour porter un kris à sa ceinture. La prunelle d'un chat-tigre n'a pas de feux plus livides. Ce misérable enfant semblait avoir l'instinct du meurtre : il n'en avait peut-être que l'admiration dépravée.

Les chevaux cependant piaffaient à la porte de la résidence. Nous partons, et nous nous trouvons, à peine sortis, sur la place du marché du village de Bonthain. On eût cru pénétrer au milieu d'un camp. A côté des bestiaux qu'ils avaient amenés de la montagne veillaient de nombreux cavaliers fièrement appuyés sur la hampe de leurs sagaies. Avant qu'on ait pu assujettir aux patients travaux de l'agriculture ces pasteurs au regard hautain, il se passera sans doute bien des années ; mais le temps n'est rien pour les Hollandais : ils n'ont ni la *furia* des Français ni le *fogosidad* des Espagnols, ils marchent à leur but avec persévérance ; aussi ces collines incultes que nous traversions au milieu des hautes herbes des jungles, la génération qui nous suit les verra probablement couvertes de blonds épis ou de féconds roseaux. Ces jungles, entrecoupés de fourrés épais, de bois de nipa et d'areng, servent de retraite à de nombreux troupeaux d'axis. On sait que cette espèce de cerfs est moins grande et moins vigoureuse que celle qui peuple nos forêts : elle se laisse aisément atteindre par les chevaux de l'île Célèbes. Accroupi sur sa selle, le cavalier malais, dès que le cerf est lancé, ne le perd pas de vue ; il franchit à sa suite les ravins et les fossés, jusqu'au moment où il peut lui jeter autour des cornes un nœud coulant fixé au bout de sa javeline.

Nous atteignîmes sans accident les bords du ruisseau dont il faut remonter le cours pour arriver au pied de la cascade. Ce ruisseau n'a pas de rives ; il coule entre deux murailles de basalte sur lesquelles un chamois ne trouverait pas à poser le pied. Si l'on veut contempler la nappe d'eau dont on entend au loin la chute assourdissante, il faut suivre le lit même de la rivière, franchir sur la pente arrondie des rochers ou sur l'arête aiguë de quelque bloc de lave des bassins dans lesquels un des grenadiers de Catherine II aurait disparu jusqu'au cou ; il faut, en un mot, se résigner à un bain froid et à un certain nombre de chutes. Mais quel glorieux spectacle devient le prix de tant de peines ! C'est un fleuve qui s'échappe d'une urne gigantesque et déploie avec fracas le volume majestueux de son onde. Il ne manque à ce magnifique jet d'eau qu'un belvéder d'où l'on puisse l'admirer à l'aise. Debout au centre du bassin où l'on nous avait placés, éblouis par la poussière liquide que la cascade en tombant soulevait tout autour de nous, nous ne tardâmes point à battre en retraite. Avant le milieu du jour, nous avions regagné le village de Bonthain, et dès le lendemain, reprenant, comme Ahasvérus, notre bâton de voyageur, nous faisions voile vers Macassar.

De la baie de Bonthain à la rade de Macassar, notre traversée put s'accomplir sans peine dans l'espace d'une journée. La brise, d'abord très-faible, ne tarda point à fraîchir, et le soleil était à peine depuis une demi-heure sous l'horizon, quand nous atteignîmes ce nouveau mouillage. Macassar est le chef-lieu des établissements hollandais sur la côte méridionale de l'île Célèbes. Une excellente rade, protégée contre la mousson-d'ouest par deux bancs de sable à fleur d'eau, attira sur ce point, dès l'année 1538, les Portugais commandés par Antonio Galvano. En 1545, Martin Souza y établit un poste militaire, et, pour la première fois, en 1607, les Hollandais y apparurent sous la conduite de Cornelis Matelief. En 1665, l'amiral Spielman battit les indigènes, et prit possession du fort Ondjong Pandang (le Point de Vue), qui fut agrandi et reçut le nom de fort Rotterdam. La ville actuelle de Vlaardingen ne fut bâtie qu'en 1708. On lui donna pour armes un cocotier traversé d'un glaive, en mémoire de l'amiral Spielman. Vainqueur du sultan de Goa, l'amiral, à qui la nature avait donné le courage d'Achille et la force d'Hercule, passa, dit-on, son épée à travers le tronc d'un des arbres qui croissaient alors sur la plage. « Vous doutiez, dit-il aux indigènes rassemblés autour de lui, que mon bras eût la force de percer cet arbre ; eh bien ! ne doutez pas que la Hollande n'ait le pouvoir de vous réduire, car, aussi vrai que je puis d'un seul coup traverser le tronc d'un cocotier, la Hollande, quand elle le voudra, pourra soumettre votre île. » L'avenir n'a pas démenti cette prophétie, et le cocotier de l'amiral Spielman peut figurer, à plus juste titre que bien des emblèmes adoptés par un blason menteur, au centre de l'écusson de la ville de Vlaardingen.

Le fort de Rotterdam et la ville de Vlaardingen ont un nom commun : Macassar. C'est sous ce nom, qui désigne l'ensemble de l'établissement hollandais, que le chef-lieu de la côte méridionale de Célèbes est connu dans les Indes. Habitués à séjourner sur les rades de Macao et de Manille, où *la Bayonnaise* devait s'arrêter à trois ou quatre milles de terre, nous éprouvions une certaine douceur à nous trouver mouillés à 150 mètres à peine de la plage, au centre d'un étang dont la brise pouvait rider, mais non gonfler la surface. Quelques navires de commerce, deux bricks-goëlettes de guerre, *l'Amboine* et *le Hussard*, commandés par les capitaines Dibbetz et Wipff, animaient, avec une foule de pros indigènes ou de bateaux-pêcheurs, ce paisible canal, dans lequel une flotte eût trouvé assez d'espace et assez de profondeur pour jeter l'ancre. Je ne sais quel peut être l'aspect de la rade de Macassar quand la mousson d'ouest roule jusqu'à Célèbes les lourdes vapeurs de l'océan Austral ; mais sous le ciel bleu et limpide de la mousson d'est, ce paysage présentait, le 26 juin 1847, quelques instants après le lever du soleil, un des spectacles les plus ravissants qu'on puisse imaginer.

De la rade de Macassar, on aperçoit encore, à demi effacées, il est vrai, par la distance, les montagnes dont le versant méridional descend brusquement vers la mer pour former la baie de Boule-Comba et de Bonthain. Une plaine immense, entrecoupée de mille bouquets d'arbres, se déploie jusqu'au pied de ce lointain amphithéâtre. Sur la droite, ombragé par un long rideau de cocotiers, s'étend un des quartiers de la ville malaise. Le fort de Rotterdam domine la rade de ses hauts parapets et développe parallèlement au rivage ses murailles d'une éclatante blancheur. La ville européenne est resserrée entre la forteresse et le *campong* bouguis assis à l'autre extrémité de la baie sur ses pilotis de palmier sauvage. Si l'on porte ses regards vers un autre point de l'horizon, si l'on cherche au-dessus de la ligne sablonneuse à laquelle la rade doit sa tranquillité, l'étendue infinie de l'Océan, ce n'est pas l'espace désert et morne que l'on rencontre, c'est la mer égayée par de nombreux îlots, verdoyantes oasis au milieu desquelles circule un bleu méandre. C'est surtout au nord de Macassar, sur une largeur de cinquante milles environ, que, du sein de leurs grottes sous-marines, les zoophytes se sont plu à faire surgir d'innombrables écueils aujourd'hui couronnés de verdure. Sous le nom d'archipel de Spermonde, ces îlots forment un des labyrinthes les plus inextricables dans lesquels le navigateur puisse jamais se trouver engagé.

Ce riant tableau ne tarda point à perdre une partie de ses charmes. Des teintes vives et dures, un éclat uniforme, remplacèrent bientôt les fraîches couleurs et les nuances délicates du matin. Le gouverneur de Célèbes, M. Bik, avait eu l'aimable attention d'envoyer à notre rencontre deux voitures, dans lesquelles nous trouvâmes un refuge lorsque, vers dix heures, nous mîmes le pied sur le débarcadère. Il nous avait suffi toutefois d'affronter pendant quelques minutes la morsure d'un soleil féroce pour juger de ce que nous eussions souffert, s'il nous eût fallu à pareille heure traverser à pied la ville de Macassar. Une belle allée de tamariniers nous eût conduits jusqu'à la résidence du gouverneur ; mais, à deux pas de cette voie ombragée, en face de l'hôtel du gouvernement, s'étendait, sahara redoutable, une vaste place quadrangulaire destinée aux exercices de la garnison. Le fort de Rotterdam occupe un des côtés de ce champ de manœuvres, et à l'angle le plus rapproché de la route s'élève probablement aujourd'hui un temple protestant dont, au moment de notre passage, on posait la toiture.

La résidence du gouverneur de Célèbes n'est pas un palais comme le massif édifice qu'habite à Manille le capitaine général des Philippines. Dans les moindres détails on retrouve le contraste des deux peuples qui se sont partagé l'archipel indien. La modeste habitation dans laquelle nous fûmes introduits n'affichait nulle prétention à l'ampleur fastueuse d'une résidence ; elle promettait néanmoins plus de *comfort* que n'en a jamais abrité le toit d'un hidalgo. Au fond d'une longue cour était assis le corps de logis principal, précédé d'un portique ouvert à toutes les brises qui pouvaient rafraîchir l'atmosphère. Deux ailes ajoutées à cet édifice renfermaient une salle de bain et trois ou quatre chambres toujours prêtes à recevoir les commandants des navires de guerre hollandais ou quelque voyageur étranger. Les capitaines de *l'Amboine* et du *Hussard* étaient en ce moment les hôtes du gouverneur. M. Bik me pressa si vivement de partager son hospitalité avec eux, que je me laissai vaincre par tant de grâce et de courtoisie. Une heure à peine après cette première visite, je revenais prendre possession de l'appartement qui m'avait été destiné.

En pénétrant pour la seconde fois dans la cour de l'hôtel du gouverneur, je crus m'être mépris ; les domestiques, les gardes, tout avait disparu. Pas une âme vivante sous le péristyle, pas une voix qui vînt répondre à mon inquiet monologue. Midi avait secoué son mystique rameau sur la résidence. C'était pour quelques heures un palais enchanté. Dès le lendemain, j'avais compris les coutumes de cette vie régulière, et pendant le peu de jours que je passai à Macassar j'éprouvai un grand charme à m'y conformer. Au lever du soleil, il fallait être prêt à monter à cheval. On parcourait alors les environs de la ville ou le *campong* bouguis animé par les étalages des armuriers et des marchands indigènes. Vers huit heures on battait en retraite devant les rayons du soleil. Onze heures réunissait tous les hôtes de la résidence dans la salle à manger. Midi les dispersait de nouveau. Vers trois heures et demie, le charme léthargique commençait à se dissiper. On voyait de blancs fantômes enveloppés du *sarong* et de la *cabaya* des Malais se glisser vers la salle de bain pour en sortir au bout de quelques minutes. Chacun prenait à son tour le chemin de la fontaine de Jouvence. Quelques ablutions d'une eau glacée qu'on puisait à l'aide d'un gobelet de ferblanc dans une vaste cuve rétablissaient la circulation du sang et raffermissaient la fibre. On s'habillait alors à la hâte, car les voitures étaient déjà prêtes. Un fringant attelage de quatre chevaux isabelle emportait le gouverneur vers la campagne. Debout derrière la voiture, le chef des gardes déployait le *payong*, ce parasol doré qui annonce aux populations le représentant du *touan-besar* (le *grand monsieur*)[1]. La soirée appartenait tout entière au plaisir. Le bal succédait au banquet, et jamais plus de gaieté, plus de grâce, plus de fraîcheur n'avaient défié les feux énervants des tropiques.

Si Batavia n'existait point, Macassar serait le seul endroit de la Malaisie où je pourrais me résigner à vivre ; mais Macassar aurait-il à mes yeux les mêmes attraits, si je n'y retrouvais plus le cercle aimable au milieu duquel nous avons passé les plus heureux moments de notre campagne ? Sur ce sol mouvant des colonies, la société européenne se renouvelle sans cesse. M. Schaap, l'assistant-résident, un des hommes les plus distingués dont je doive la connaissance à mon rapide passage à travers les Indes néerlandaises, M. Schaap est aujourd'hui résident de Batavia. J'ai perdu la trace des officiers de l'*Amboine* et du *Hussard*, du capitaine Dibbetz, qui, envoyé à Macassar afin d'y rétablir une santé altérée par de longues fatigues, oubliait ses souffrances pour nous entourer des soins les plus délicats ; du capitaine Wipff, qui n'avait été notre prisonnier, à la suite de l'expédition d'Anvers, que pour apprendre à mieux aimer la France. Il est peu de pays qui aient eu plus à se plaindre des oscillations de notre politique que la Hollande, et je ne crois pas qu'on en puisse trouver dans l'Europe entière qui soit attiré vers nous par une plus sérieuse sympathie. Ce que je ne pouvais voir surtout sans une secrète émotion, sans un plaisir presque patriotique, c'étaient les représentants de

[1] Tel est le titre du gouverneur général des Indes néerlandaises.

cette belle armée qui, depuis 1816, a pour ainsi dire conquis une seconde fois les Indes néerlandaises. Chez eux, je retrouvais l'esprit chevaleresque, le dévouement au drapeau, la piété militaire, qui font l'honneur de notre armée d'Afrique. Si ce n'étaient point là des officiers français, c'étaient assurément les émules qui pouvaient le mieux nous les rappeler. Le commandant militaire de Macassar, le major Kroll, avait longtemps servi à Sumatra sous les ordres du général Michiels. Ce fut lui qui le premier nous révéla l'existence de cette Algérie des Indes où tant d'héroïsme s'est dépensé à l'insu de l'Europe, théâtre obscur arrosé de flots de sang, et sur lequel dix années de combats ont formé des bataillons que Java pourrait opposer sans crainte aux Cipayes de l'Inde anglaise.

Malgré la voluptueuse mollesse de ma nouvelle existence, le temps que je passais à Macassar n'était pas entièrement perdu. Avec le major Kroll, j'apprenais à connaître le parti que de bons officiers peuvent tirer des recrues indigènes. M. Schaap, revêtu du double caractère de sous-préfet et de magistrat, me montrait comment un résident hollandais, le Coran à la main, peut rendre la justice aussi sommairement que saint Louis sous son chêne. M. Bik me faisait assister à l'investiture des *orang-kayas*, chefs subalternes qui remplissent à Célèbes le rôle des *gobernadorcillos* de l'île Luçon. Là, je vis des chefs de village ne recevoir l'emblème de leurs fonctions qu'après avoir paru comprendre les obligations qu'ils allaient contracter. En ma présence, on leur exposa longuement les devoirs de leur charge : puis on leur fit jurer, la main étendue sur le livre du prophète, de demeurer fidèles à la Hollande, de maintenir la paix et le bon ordre dans leurs communes. Le gouverneur lui-même présidait cette séance, et ce fut lui qui reçut les serments des *orang-*

*kayas*. Aucun sourire ne troubla la cérémonie. Jusqu'au dernier moment, on mit à la consécration de ces officiers municipaux un appareil de sérieux et de gravité qui devait nous frapper d'autant plus que nous avions été à Luçon les témoins inattendus d'une investiture semblable. La mise en scène était à peu près la même, mais l'effet nous en avait paru légèrement compromis par la verve moqueuse et la pétulance des compatriotes de Michel Cervantes. Les Hollandais ont plus d'empire sur eux-mêmes. Le spectacle ridicule de demi-sauvages transformés en fonctionnaires européens ne parvient pas à triompher de leur sang-froid. Ces hommes du Nord ont des nerfs inébranlables : ils feraient, sans dérider leur front, endosser l'habit noir à tous les maires et à tous les adjoints de la Nouvelle-Guinée. Il est fort heureux, après tout, que les maîtres de l'île Célèbes ne soient pas nés plus railleurs, car une gaieté intempestive ne serait point sans danger avec les Macassars. Ce peuple, bien que soumis, sort d'une race fière et chatouilleuse. Il n'eût jamais été subjugué par une poignée d'étrangers, si avec sa bravoure il eût possédé ce qui fait la force des nations, — l'union et la discipline. A Macassar comme à Bonthain, l'arme favorite des indigènes est le kris, poignard à manche d'ivoire et à lame flamboyante, que l'homme du peuple et le noble portent également à la ceinture. Outre cette arme, souvent frottée d'un mélange d'arsenic et de jus de citron, les guerriers de Célèbes se servent de lances et de boucliers ; l'usage seul du sabre leur est inconnu.

On compte environ dix-sept mille âmes dans la ville de Macassar, dix mille dans les îles environnantes. La pêche est la grande ressource de cette population. Les eaux de la baie sont si poissonneuses, le riz et les fruits de toute espèce sont à si bas prix, que chaque habitant subvient sans peine à sa subsistance. On rencontrerait même une certaine aisance parmi les pêcheurs d'holothuries et de tortues, si la passion du jeu et celle de l'opium ne venaient épuiser en quelques heures les économies amassées pendant un long voyage. Macassar présente donc ce qu'on chercherait vainement sous un autre ciel que celui des tropiques, le singulier spectacle d'une population que la paresse, le jeu et le sensualisme le plus grossier n'ont point jetée dans l'abjection et dans la misère. Il y a plus : si vous parcouriez l'archipel Indien, vous ne trouveriez nulle part chez les nobles une apparence aussi générale de bien-être ; chez le peuple, des haillons portés avec plus de fierté. Il n'y a point de pauvres ni de mendiants à Macassar. Qui pourrait tendre la main, quand il suffit de lever le bras pour recevoir l'aumône de la nature ? Il y a des lépreux : le gouvernement les recueille, et, grâce à sa bienfaisance, ces malheureux n'encombrent jamais la voie publique. On éprouve donc un plaisir sans mélange à parcourir les rues ou les environs du chef-lieu méridional de l'île Célèbes. Le bon ordre n'y a pas le cachet de la servitude ; la liberté n'y a pas engendré la famine. L'impôt des loyers et la ferme du bétel sont les plus lourdes charges qui pèsent sur la population indigène. Ces deux contributions, calquées sur celles que les Anglais ont imposées aux habitants de Singapore, doivent tenir lieu à l'État des droits de douane qu'il a sacrifiés. Il eût été plus généreux et plus politique de renoncer à de pareils dédommagements. Il faut dans toute l'étendue de l'archipel Indien, mais dans l'île Célèbes surtout où les dominations sont mélangées, que le sort des populations qui vivent sous la loi hollandaise soit un objet d'envie pour celles qui subissent encore le joug capricieux de leurs chefs.

Les Hollandais ne possèdent en toute souveraineté,

dans la partie méridionale de Célèbes, que quelques districts peu considérables. Le reste de l'île appartient à des princes vassaux ou à des rois alliés. Plus libre ici, plus dégagé de toute influence extérieure qu'à Sumatra ou à Bornéo, le gouvernement des Pays-Bas n'accepte point cet état de choses comme définitif. Les peuplades idolâtres qui vivent sous le régime de la tribu, il espère les convertir et les amener à la civilisation par l'Évangile. Les populations musulmanes, il se propose de les soumettre ou tout au moins de resserrer par de nouveaux traités les liens qui les rattachent à la Hollande. Les sultans de Goa et de Boni, les deux principaux souverains de l'île, n'ont pas, comme le sultan d'Achem, de protecteurs étrangers. Leur première imprudence sera sans doute le signal d'une transformation politique que nous pouvons dès aujourd'hui considérer comme accomplie, tant elle est devenue inévitable.

C'est dans les États du sultan de Goa que se trouve enclavé le district de Macassar. Ce royaume allié comprend une étendue d'environ 300 lieues carrées et une population de 65000 âmes. Le royaume de Boni, sur un territoire de 600 lieues carrées, ne compte pas moins de 200000 âmes, dont 40000 hommes capables de porter les armes. Ce sont les habitants de ce royaume de Boni, connus sous le nom de Bouguis ou Bouguinais, qui traversent l'archipel Indien dans leurs frêles embarcations et se rendent jusque sur les côtes de l'Australie pour y pêcher le tripang, que l'on exporte ensuite de Singapore sur les côtes du Céleste Empire. La population insulaire directement soumise à l'autorité hollandaise ne dépasse guère le chiffre de 300000 âmes. 7 ou 800000 indigènes, un million peut-être, échappent au contrôle de cette autorité, et par l'intermédiaire des pros bouguis entretiennent avec Singapore des relations commerciales dont l'importance a été évaluée, année moyenne, à 2 700 000 fr. Ce fut dans l'espoir de reconquérir cette clientèle, qui, avant la création de Singapore, appartenait tout entière à Java, que les Hollandais décrétèrent la franchise du port de Macassar.

Grâce au laisser-aller de la police anglaise, Singapore doit avoir de grandes séductions pour les navigateurs malais. C'est dans ce port que viennent s'approvisionner d'armes et de munitions tous les pirates de l'archipel Indien. On peut espérer cependant que, lorsqu'il s'agira de se procurer des articles moins suspects, les pros du golfe de Boni trouveront plus simple de se rendre à Macassar que d'entreprendre un voyage de quatre cents lieues, aujourd'hui que ce voyage ne pourrait plus offrir, en compensation des fatigues et des périls qu'il entraîne, un bénéfice sur les marchandises de retour de 30 ou 50 pour 100. La franchise du port de Macassar date de 1847, et dans cette même année, les importations s'accrurent de plus de 3 millions de francs, les exportations de 2 millions. Depuis lors, il s'est fait annuellement à Macassar pour 10 ou 11 millions d'affaires. Outre sa situation unique à l'embranchement de la mer de Java, de la mer des Moluques et d'un large détroit qui remonte vers le nord, Macassar peut citer avec un légitime orgueil la salubrité de son climat, la sûreté de son ancrage, les facilités que présente sa rade pour le chargement et le déchargement des navires. Il est impossible de ne pas voir dans ce port le futur entrepôt des produits de Timor, de Céram, des Moluques et de la Nouvelle-Guinée. L'industrie européenne y trouvera l'immense avantage de pouvoir associer à ses opérations une population essentiellement commerçante, la seule parmi les peuples soumis à la domination hollandaise que n'effrayent point les hasards de la mer, la seule aussi qui promette quelques garanties de probité commerciale. Des marchands arabes, protégés par leur qualité de compatriotes du prophète, pénètrent quelquefois dans l'intérieur de l'île, demeuré inaccessible aux Hollandais. Ces voyageurs ont cru reconnaître sur leur route la trace de richesses minérales dont l'exploitation, bien qu'elle ne doive passer qu'après celle du sol, pourra devenir un jour un nouvel appât pour les émigrants chinois et pour les capitaux européens. L'avenir de l'île Célèbes ne nous semble donc pas douteux, et ce qui ajoute à l'intérêt que le port de Macassar en particulier doit nous inspirer, c'est que la France peut avoir sa part dans l'approvisionnement et dans les bénéfices de ce nouveau marché. L'Angleterre se gardera bien de favoriser par des expéditions suivies une place qui s'est posée comme la rivale de Singapore. Le commerce français, au contraire, a tout intérêt à se présenter sur un point où il ne doit pas trouver la concurrence écrasante des produits de l'industrie britannique. Il est rare que nos bâtiments de commerce, quand ils se rendent dans les mers de Chine, puissent compléter leur cargaison dans un seul port. Tel navire qui doit embarquer du thé à Canton s'arrête d'abord à Java pour y prendre du café, à Manille pour y charger des joncs et du bois de sapan. Macassar pourrait être une relâche plus avantageuse que Batavia pendant une moitié de l'année.

Le détroit de Macassar, dont la reconnaissance sera bientôt achevée par les soins de la marine hollandaise, offre, pour gagner les côtes du Céleste Empire à contre-mousson, une route moins périlleuse que le passage de Palawan. De la poudre grossière et du fer en barre, des mouchoirs, des *sarongs* à grandes fleurs, des indiennes de Mulhouse pour les Malais, peut-être même quelques soieries brochées d'or, ou des draps écarlates, de bons vins de Bordeaux et quelques articles de mode pour la population chrétienne, voilà ce que trois ou quatre navires français pourraient apporter chaque année à Macassar. Ils y prendraient en retour, pour l'Europe, du café, de la nacre de perle, de l'écaille de tortue et de la poudre d'or ; pour la Chine, du riz, des rotins, de l'huile de coco et surtout du tripang. Ce qu'il m'est permis d'affirmer, c'est que, nulle part au monde, les bâtiments couverts du pavillon français ne rencontreront un accueil plus cordial et plus empressé que celui qui les attend dans les nouveaux ports francs de Menado et de Macassar.

## CHAPITRE X.

### Batavia.

Le 2 juillet 1849, nous quittâmes le port de Macassar, et nous tournâmes notre proue vagabonde vers la baie de Batavia. Lorsqu'au mois d'avril 1847, j'avais quitté la France pour me rendre dans les mers de Chine, je ne m'étais point promis de plus grand dédommagement d'une longue absence et d'un lointain voyage que le plaisir de visiter la capitale des Indes néerlandaises. Mon père avait fait, sous les ordres de M. d'Entrecasteaux, la campagne qu'accomplirent, de 1791 à 1795, dans l'océan Pacifique et dans l'archipel Indien, les deux corvettes envoyées par le roi Louis XVI à la recherche des navires de la Pérouse. Après la mort des deux chefs de l'expédition, M. d'Oribeau conduisit les corvettes françaises dans le port de Sourabaya, et mon père, alors enseigne de vaisseau, se vit contraint d'attendre pendant plus d'une année, sur les côtes de Java, l'occasion de rentrer en Europe.

Les colonies hollandaises étaient à cette époque sur leur déclin. Cependant, après cinquante-trois ans passés à parcourir le monde, l'ancien officier de d'Entrecasteaux affirmait encore que l'île de Java et les Moluques étaient ce qu'il avait vu de plus beau sur la terre. Je m'étais pénétré des impressions paternelles, et je ne pouvais songer sans émotion au bonheur que j'éprouverais à visiter moi-même ces merveilleuses contrées. Une circonstance imprévue était venue d'ailleurs, peu d'années avant mon départ, raviver ces souvenirs de famille, et avait contribué à enfoncer plus avant encore dans mon cœur l'aiguillon de la curiosité. Nous avions rencontré à Paris un naturaliste allemand, le docteur Burger, qui avait suivi M. Van der Capellen à Java et M. Siebold dans l'intérieur du Japon. Le docteur Burger n'était point seulement un savant botaniste et un philosophe doué d'un profond esprit d'observation, il avait en outre le don si rare de rendre ses récits attachants. Sa jeunesse avait été laborieuse ; mais, comme le Beppo de Byron, il avait fini par amasser, au prix de mille périls, une fortune honorable et d'intéressants souvenirs.

> Whatever his youth had suffer'd, his old age
> With wealth and talking made him some amends.

Je ne me lassais point de suivre en esprit l'aimable et bon docteur à travers les rues de Jeddo ou d'errer avec lui au milieu des forêts vierges des tropiques. Les entretiens d'un pareil conteur auraient décidé ma vocation de marin, si j'avais encore eu le choix d'une carrière à faire. Réunis par les mêmes goûts et par une secrète sympathie, au bout de quelque temps, le docteur Burger et moi nous étions devenus inséparables. Pendant tout un hiver, nous courûmes ensemble, comme deux écoliers, des bancs de la Sorbonne aux amphithéâtres du Jardin des Plantes. Quelques mois encore, et l'histoire naturelle comptait un adepte de plus. Le docteur Burger dut malheureusement retourner à Batavia, il emporta tout mon zèle avec lui. En me quittant, il voulut conserver l'espoir de me revoir un jour dans cette belle île de Java dont si souvent il m'avait vanté les charmes. Un singulier enchaînement de circonstances allait réaliser, après quatre années d'attente, ce vœu amical.

Dès que l'écueil du *Brill* fut dépassé, la mousson nous fit franchir en cinq jours les 250 lieues qui séparent les côtes de Célèbes de la rade de Batavia. Déjà les îlots d'Edam et d'Alkmaar se montraient à l'horizon, et nous nous flattions de gagner le mouillage avant le coucher du soleil, quand le calme vint nous surprendre. Nous parvînmes cependant à nous traîner, avec un dernier souffle de brise, jusqu'à la hauteur de la pointe de Krawang, qui servit longtemps de limite aux possessions de la Compagnie. Nous laissâmes alors tomber l'ancre ; vers huit heures du matin, nous déployâmes de nouveau nos voiles. La brise du large ne tarda point à s'élever, marquant d'un cercle noir une partie de l'horizon, et jetant de toutes parts sur la surface jusqu'alors immobile de la baie les empreintes d'une griffe invisible.

La baie de Batavia ne ressemble point à la mer intérieure qui baigne la plage de Manille ; elle ne rappelle ni la rade foraine de Menado, ni le calme étang de Macassar ; elle offre un coup d'œil qu'on chercherait vainement sur un autre point de l'archipel Indien. Dans le lointain se dressent les hauts sommets du Salak et du Guédé, qui s'élèvent à 2 et 3000 mètres au-dessus du niveau de la mer. Ce n'est point cependant la majesté de ces grandes lignes qui attire les regards, c'est sur la baie, émaillée comme un pré de bouquets de verdure, que l'œil fasciné s'arrête et se repose ; mais dès qu'on a dépassé les îlots boisés entre lesquels s'égare la mer limpide et bleue, dès qu'on n'a plus devant soi que les écueils de la rade, une teinte de deuil et de tristesse vient s'étendre sur ce gracieux paysage. L'atmosphère a perdu sa transparence, le sommet des montagnes commence à disparaître sous un dôme de vapeurs. Les terres basses qui forment le fond de la baie montent au niveau de l'horizon par un mouvement presque insensible. Au-dessus de ces plages marécageuses, on croirait voir planer un air lourd et pestilentiel. C'est bien là le mélancolique aspect que l'imagination prêtait d'avance à la plaine de Batavia, à cette terre qu'un enfant égaré des îles de l'Océanie appelait, dans son poétique langage, *Enoua maté,* la terre qui tue. Heureusement, non loin des marais fétides s'étend une plaine assainie par de nombreuses tranchées, et dont la pente, légèrement inclinée vers la mer, procure un écoulement facile aux eaux stagnantes. Les terrains d'alluvion qui bordent le [illegible] n'en sont pas moins encore aujourd'hui, comme au[illegible] les plus funestes de Batavia, un foyer de miasmes délétères.

Si de sombres pensées traversèrent alors notre esprit, l'attention que nous devions donner à la manœuvre de la corvette vint bientôt nous en distraire. Nous entrions dans la rade poussés par une brise aussi fraîche que l'*embat* qui souffle aux beaux jours de l'été dans le golfe de Smyrne. Au milieu des nombreux navires qui occupaient déjà le mouillage, il semblait qu'il ne restât pas une place libre pour *la Bayonnaise.* Sur divers points de cette masse confuse, on distinguait de loin ou la croix de Saint-George ou les blanches étoiles des États-Unis. Les trois couleurs de la Hollande flottaient dans toutes les parties de la rade. A côté des bricks de Java, montés par des subrécargues arabes, se montraient les grandes frégates marchandes de la *Maatschappy,* et sur le premier plan, la flotte de guerre qui revenait victorieuse de Bali. Trois frégates de 40 et 50 canons, trois corvettes, un brick, huit goëlettes et huit navires à vapeur témoignaient de la renaissance d'une marine qui fut jadis la seconde de l'Europe. A peine *la Bayonnaise* eut-elle jeté l'ancre à une demi-encablure de la magnifique frégate qui portait le pavillon du vice-amiral Machielsen, que de chaque navire hollandais nous vîmes se détacher une embarcation qui venait nous porter des compliments de bienvenue et des offres de service. Nous ne voulûmes point rester en arrière d'une aussi aimable prévenance, et dans la journée même, nous visitâmes l'un après l'autre les nombreux bâtiments de l'escadre hollandaise; nous ne rentrâmes à bord qu'une heure après le coucher du soleil. Nous ne songions plus dès lors qu'à nous reposer des fatigues d'un long pèlerinage, quand nous apprîmes que le gouverneur général, M. Rochussen, avait bien voulu exprimer le désir de nous recevoir dans la soirée. Nous reprîmes donc nos sabres, nos grands chapeaux rougis par l'air salin, nos lourds habits de drap, plus pesants sous les tropiques que la cotte de mailles d'un chevalier, et nous nous dirigeâmes, au milieu des ténèbres, vers l'entrée du port.

L'ancienne ville de Batavia avait été bâtie sur le bord de la mer. Des atterrissements successifs l'en ont éloignée de près d'un mille. Une rivière qui recevait autrefois les bateaux indigènes et jusqu'aux plus grandes jonques de la Chine, mais dont un courant affaibli par d'imprudentes saignées ne pouvait plus dégager l'embouchure, le Tji-Liwong, a été détournée vers l'ouest pour faire place à un canal contenu entre deux digues qui s'avancent à plus d'un kilomètre de la plage. Notre premier soin fut de chercher des yeux le fanal qui devait nous signaler l'extrémité de ces longues jetées. Nous parvînmes, non sans peine, à le découvrir, et en moins d'une heure nous atteignîmes le débarcadère de la douane. Le succès de notre voyage ne fut cependant assuré que lorsque nous eûmes réussi à nous procurer une voiture. Un cocher malais monté sur le siége attendait nos ordres ; un autre Malais demi-nu agitait la torche flamboyante qui devait projeter sa lumière sur la route. Nous donnâmes le signal du départ ; nos coursiers javanais, lancés à fond de train, dévorèrent l'espace.

De hautes maisons bordaient chaque côté du chemin. Éclairées un instant par les reflets de la résine ardente, les grandes façades de ces édifices rentraient l'une après l'autre dans l'obscurité de la nuit. Ce n'était pas une cité vivante que nous traversions, c'était le fantôme d'une ville qui s'enfuyait en silence derrière nous. Nul bruit, nulle clarté ne sortait des palais déserts ; on eût dit que ces sombres masses de briques et de lave n'étaient plus habitées que par les âmes des générations que pendant deux siècles le climat de Batavia avait dévorées. Qui sait si à l'heure de minuit les conseillers des Indes n'errent pas encore au milieu de cette nécropole, si les gouverneurs généraux, précédés de leurs gardes du corps et de leurs trompettes, ne parcourent pas en carrosse les rues solitaires ! Les dragons, vêtus d'habits de drap écarlate et tout galonnés d'or, suivent à cheval leur voiture ; les cavaliers qui les rencontrent mettent pied à terre quand ils passent. Des ombres en justaucorps de velours d'Utrecht ou en pourpoint de soie se rangent le long des murs pour ne pas encombrer la chaussée. Combien de milliers d'Européens sont venus chercher la mort dans cette enceinte ? S'ils sortaient tous à la fois de leurs tombeaux, la vieille ville de Batavia ne serait pas assez grande pour les contenir !

L'atmosphère cependant était devenue plus limpide et moins épaisse ; la nuit paraissait moins noire. Nous n'étions plus tentés de peupler de spectres et d'apparitions funèbres la longue avenue dans laquelle nous venions d'entrer. La route était bien encore silencieuse et déserte ; mais c'était la solitude des campagnes, ce n'était plus celle d'une ville abandonnée. Depuis près d'un quart

Tome II, page 173.

Une maison ho[…]ndaise à Batavia

d'heure nous roulions ainsi entre deux rangées de grands arbres. A notre gauche, un canal aux flots assoupis baignait sans murmure ses talus de gazon, et dans le lointain, sur la droite, des lumières scintillaient à travers le feuillage. Tout à coup la clarté devient plus vive, et, comme des profondeurs d'un bois sacré, se dégagent, à mesure que nous avançons, de blanches colonnades et de frais péristyles. Des lampes versent sous les portiques une douce clarté. Mollement étendues dans de grands fauteuils de rotin ou groupées autour d'une table à ouvrage, des femmes en robes de mousseline ou de gaze, les bras nus, les épaules découvertes, apparaissent à nos yeux éblouis comme les déités plutôt que comme les prêtresses de ces temples. On se figurera difficilement notre émotion. Chacun de nous demeurait immobile et muet, le regard attaché sur ce tableau féerique comme sur un miroir que l'on craint de ternir, comme sur une image qu'un souffle peut faire disparaître. C'est ainsi que l'esprit du mal se plaisait, dit-on, à troubler les saintes pensées des ermites de la Thébaïde. Rassurons-nous ; ce n'est point l'œuvre du démon que nous venons de contempler. Nous voici arrêtés devant un de ces péristyles : les colonnes ne s'enfoncent pas dans le sol ; les murailles ne s'abîment pas l'une sur l'autre comme les débris d'un château de cartes ; nos pieds mêmes ont foulé ces parvis de marbre sans que la terre ait frémi sous nos pas, sans que le gouffre se soit entr'ouvert. Nous ne sommes donc le jouet ni d'une hallucination ni d'un rêve, et notre enchantement n'aura pas de réveil.

Le résident de Batavia, M. Van Rees, avait bien voulu se charger de nous introduire auprès du gouverneur général, et c'était à son hôtel que nous avions commandé à notre cocher de nous conduire. Malgré notre activité, nous nous étions fait attendre. M. Van Rees s'avança gracieusement à notre rencontre et nous offrit de monter dans la calèche découverte qu'il avait eu soin de faire atteler à l'avance. Pendant le temps que le cocher mit à se ranger devant le perron, nous pûmes jeter un regard autour de nous. Un goût délicat avait présidé à l'architecture et à l'ameublement de cette délicieuse demeure. L'éclat du stuc qui couvrait les murailles, la blancheur des colonnes, la fraîcheur des grandes dalles, la paraient mieux que n'auraient pu le faire les lourdes draperies et les lambris dorés de nos salons. Ce n'était qu'une miniature de palais, mais les ouvriers de l'Ionie avaient dû, aux plus beaux jours de la Grèce, en élever de semblables. Point de porte à ouvrir pour passer du vestibule dans le salon ou du salon dans la galerie intérieure. La brise errait librement d'une pièce à l'autre sans avoir à soulever une tenture. Des meubles de laque et de rotin, des vases d'albâtre, des globes de cristal, voilà les seuls objets que nos yeux rencontraient dans ces appartements. Tout à coup, d'un des angles du salon nous vîmes s'élancer, avec un jappement joyeux, la plus ravissante petite créature qui ait jamais mérité de dormir sur les genoux d'une marquise : c'était un chien du Japon à la robe noire et soyeuse marbrée de raies blanches et de taches de feu, un chien de la grosseur d'un rat, doué de la vivacité d'un écureuil. Il y avait une noblesse dans sa petite tête, une intelligence dans son regard, qui l'élevaient au-dessus de la classe ordinaire des roquets. Les caniches lilliputiens de Manille, les bassets de Peking avec leurs jambes torses et leurs gros yeux à fleur de tête, auraient eu l'air de Calibans auprès de lui. M. Van Rees l'avait payé un prix fabuleux ; ne fallait-il pas cet Ariel pour garder ce palais enchanté ?

Dès que la voiture de M. Van Rees fut avancée, nous partîmes pour nous rendre chez M. Rochussen, et, au bout de quelques minutes, nous montions les degrés de l'hôtel du gouvernement. Le vice-roi des Indes néerlandaises ne saurait être entouré de trop de splendeur. Il faut que les populations se prosternent devant le faste qui l'environne. Nulle somptuosité de mauvais goût ne dépare pourtant la demeure qu'il habite. On a su donner à cet édifice un cachet de grandeur sans rien sacrifier de la simplicité qui convient aux palais de l'Orient. Des salles vastes et nues, froides comme une statue qui vient de sortir d'un bloc de Carrare, des plafonds supportés par des piliers doriques, des siéges rangés en demi-cercle au milieu d'une immense galerie, je ne sais quelle gravité imposante, qui semblait avoir passé des lignes de cette architecture dans les habitudes de cette enceinte, rembrunirent nos fronts et imprimèrent soudain à notre démarche une roideur officielle. A l'entrée du vestibule, nous trouvâmes un aide de camp qui nous conduisit auprès du gouverneur général. M. Rochussen portait l'uniforme de maréchal, symbole des vastes pouvoirs qui lui étaient conférés. De nombreux officiers en grande tenue entouraient le gouverneur, et semblaient composer sa maison militaire. Je ne sais si le palais du roi Guillaume eût présenté un aspect plus royal ; j'avais sûrement vu pour ma part plus d'une tête couronnée qu'environnaient moins d'éclat et moins d'étiquette. Avant de nous faire asseoir, M. Rochussen voulut nous présenter lui-même à M. le duc Bernard de Saxe-Weimar, lieutenant-gouverneur et commandant de l'armée des Indes. Tous les étrangers qui ont eu l'honneur d'être reçus à Batavia par M. Rochussen savent quelle aménité et quelle grâce bienveillante tempéraient chez cet homme d'État la réserve et la dignité dont ses hautes fonctions lui faisaient un devoir. Le duc Bernard est à bon droit cité comme l'un des hommes les plus aimables et les plus spirituels qu'aient produits ces maisons princières de l'Allemagne unies par tant de liens intimes à la plupart des souverains de l'Europe. Nous ne prolongeâmes point cette première visite ; mais, quand nous quittâmes le gouverneur général de Batavia nous avions appris une fois de plus que la véritable courtoisie peut ne rien perdre de son charme aux formes solennelles dont une étiquette rigoureuse l'entoure.

M. Van Rees voulut nous ramener à son hôtel ; il m'y réservait une aimable surprise : la première personne qui s'offrit à mes regards, quand je descendis de voiture, ce fut le docteur Burger. Instruit de mon arrivée par le résident, il accourait pour m'enlever au passage. Ce n'eût point été de la discrétion, c'eût été de l'ingratitude, que de vouloir me soustraire aux empressements d'une amitié qui avait si bien résisté à quatre années d'absence. Le docteur triompha donc aisément des objections que j'essayai d'opposer à ses instances. Dès cette nuit même, je devins son hôte. Les émotions de la journée ne m'empêchèrent pas de goûter un sommeil paisible. Lorsque j'ouvris les yeux, le globe du soleil se montrait déjà comme un météore enflammé au-dessus de l'horizon. Le docteur était levé depuis plus d'une heure. Selon son habitude, il s'était empressé de quitter sa chambre pour venir s'asseoir sous le péristyle. Vêtu de la *cabaya* malaise et d'un large pantalon d'indienne qu'un cordon de soie serrait autour de sa taille, étendu dans un grand fauteuil à dossier renversé, les pieds posés sur les barreaux d'une chaise, le coude appuyé sur un guéridon, il aspirait en rêvant la fraîcheur du matin. Je me hâtai de m'habiller et d'aller prendre place à côté de lui. La rencontre d'un ami est toujours une bonne fortune ; mais, quand cette rencontre a lieu sur la terre étrangère, quand elle transforme une ville indifférente en un lieu de refuge où le cœur longtemps comprimé ne craint plus de s'ouvrir, il faut remercier le ciel d'une double faveur. Jamais je ne m'étais senti mieux disposé à admirer les beautés de la nature. La température en ce moment était délicieuse. La brise de terre qui avait régné toute la nuit avait rafraîchi l'atmosphère, et les premiers rayons du soleil venaient de condenser cette humidité pénétrante qui tombe incessamment du ciel bleu des tropiques. La maison de M. Burger était bâtie sur le bord du canal que nous avions entrevu la veille. On n'avait que quelques pas à faire pour se plonger au sortir du lit dans un large bassin d'eau courante. Des cloisons et un toit de bambou cachaient les baigneurs aux regards des passants. Les massifs d'un parterre, où brillaient toutes les richesses de la flore javanaise, s'étendaient entre la façade de la maison et la grille du jardin. Là croissaient au milieu des ébéniers, des cassiers et des mimosas, le *sapan* aux longues étamines, le *gebang* dont les palmes rigides se développent comme un éventail, le *dadap* aux grappes de corail, le *kayou-pouti* au tronc argenté, le *warou* aux fleurs jaunes ou aux corolles écarlates, mille autres plantes dont le nom m'est resté inconnu, et dont je crois encore voir frémir le feuillage. D'élégantes voitures se croisaient déjà sur la route et passaient devant nous avec la rapidité d'une flèche. D'infatigables piétons portaient suspendus aux deux extrémités d'une perche flexible des paniers remplis de volailles ou de fruits, et s'en allaient d'un pas cadencé offrir de maison en maison les produits de leurs basses-cours ou ceux de leurs vergers. C'était une scène de singulière activité dont l'aspect changeait à chaque instant, comme si une main complaisante eût voulu faire passer sous mes yeux toute une galerie de tableaux.

Cette belle et tiède matinée me rendait cependant un peu honteux de mon inaction. Il me semblait que la promenade eût été à pareille heure un exercice éminemment salutaire. Tel n'était pas l'avis du docteur Burger. « Tout effort, disait-il, est funeste sous un ciel qui énerve. Sortez en voiture, si cela vous convient ; montez même à cheval, je n'y vois point d'inconvénients ; mais, dans l'intérêt de votre santé, ne marchez jamais. » Bien peu de personnes s'écartent, à Batavia, des règles de cette hygiène. La plupart des Européens ne s'y servent de leurs jambes que pour passer d'un appartement dans l'autre. C'est assurément le pays où un paralytique sentirait le moins le malheur de sa condition. Docile au vœu du docteur, je ne me permis de toute la matinée d'autre effort que de jeter au vent la fumée de quatre ou cinq cigares. Nulle part, si ce n'est à Smyrne, je n'avais fumé d'une façon plus orientale. Assis sur les moelleux coussins du café des Roses, je n'avais qu'à prononcer d'une voix gutturale : *verbana bir tchibouk!* et *verbana alesch!* pour qu'Ismaël m'apportât à la fois une longue pipe et du feu. Sous le portique hospitalier du docteur Burger, j'avais encore moins de frais à faire. La langue malaise est si douce et si musicale ! *Sapada!* disais-je sans m'érailler le gosier comme aux jours où j'essayais de parler le turc. — *Ia touan!* répondait un jeune Javanais qui se tenait accroupi dans un coin de la verandah, une mèche en bourre de cocotier à la main. *Cassi api!* apporte-moi du feu ! Je prenais un cigare sur le guéridon placé près de moi, et sans avoir eu la peine de détourner la tête, je continuais à suivre les mille créations de ma fantaisie au milieu des blanches spirales qui s'échappaient de mes lèvres.

Vers onze heures, le déjeuner vint m'enlever aux douceurs de la vie contemplative. Je fus surpris de l'étonnante profusion qui régnait sur la table du docteur, profusion d'autant plus inutile que sous les tropiques on ne se sent guère disposé à faire honneur à de tels festins. Le regard se détourne avec dégoût des viandes fumantes et des mets substantiels que l'estomac répudie. L'appétit émoussé ne se ranime un instant que sous l'influence excitante des épices. Le docteur Burger possédait encore à ce sujet de précieux aphorismes. « Le poivre est échauffant, disait-il, le piment rafraîchit. » Le fait est qu'au bout de quinze jours le docteur m'avait guéri d'une irritation d'entrailles par un usage judicieux du *karrick à l'indienne*. Un partisan aussi décidé de la médecine tonique devait naturellement s'élever contre l'abus des fruits. L'ananas, la pamplemousse, le litchi, le sursak, avec leur saveur acide et sucrée, lui semblaient encore plus dangereux que le poivre. Il n'exceptait guère de la proscription générale que la figue banane et le roi des fruits, le mangoustan, semblable à une orange renfermée dans la peau d'une grenade, dont la pulpe fondante et blanche ne saurait être mieux comparée qu'à un sorbet à la pêche.

Quand à Batavia on a perdu sa matinée, il faut savoir faire trêve à ses projets, et chercher dans le sommeil l'oubli d'une curiosité impatiente. Je me décidai sans peine à remettre au lendemain le plaisir de parcourir la vieille ville et la ville neuve; mais avant d'endosser la *cabaya* et de revêtir le pantalon moresque, indispensable préliminaire d'une sieste javanaise, je voulus faire plus ample connaissance avec la maison de M. Burger. La salle à manger donnait sur une vaste cour intérieure. Un figuier aux rameaux étendus et aux racines multipliantes, le *waringin*, si cher aux Javanais et aux Chinois, s'élevait au centre de cette cour et couvrait de son ombre tout un village indigène. Chacun des nombreux serviteurs de M. Burger avait là son toit de chaume. C'était un phalanstère où rien n'était en commun, si ce n'est la providence du docteur. Aussi la paix et l'abondance régnaient-elles au sein de cette heureuse peuplade. Les femmes n'avaient d'autre soin que d'allaiter leurs enfants, de piler le *paddy*[1] ou de tisser le *sarong* conjugal; les jeunes filles allaient dès le matin suspendre aux rameaux du figuier la cage où la tourterelle roucoulait jusqu'au soir son long gémissement d'amour. Une foule de petits êtres à la peau cuivrée rampaient dans la poussière ou demeuraient assis sur le seuil de la case, promenant autour d'eux des regards solennels. Tout cela vivait sans effort, sans souci du passé, sans inquiétude de l'avenir, attendant le *paddy* quotidien du docteur comme l'herbe des champs attend la rosée des nuits, comme les grands arbres se confient pour alimenter leur séve aux sucs nourriciers de la terre. C'était le bonheur insouciant du sauvage abrité sous l'aile d'une philosophie bienfaisante.

La chaleur cependant était devenue accablante. Il fallait se rendre aux douceurs énervantes du climat. Européens et Javanais m'en donnaient l'exemple. Je me décidai à me jeter sur mon lit; je n'y trouvai qu'un sommeil agité. Vers quatre heures, l'orage qui grondait depuis quelque temps dans les gorges profondes du Guédé s'abattit sur le jardin comme une avalanche. La foudre dardait de tous les points du ciel ses langues fourchues, le vent soulevait des nuages de poussière, et la maison ébranlée tremblait sur ses fondements. Cette convulsion violente ne dura que quelques minutes. Réveillé par l'orage, je me hâtai de

[1] *Paddy* à Java, *palay* à Manille : c'est le riz avant qu'il soit dépouillé de son enveloppe.

Tome II, page 180

Les serviteurs du docteur Burger à Batavia.

m'habiller, car un nouveau repas m'attendait. Entre le déjeuner et le dîner, on n'avait mis que l'intervalle de la sieste. N'allez point croire à ce trait que les Hollandais aient apporté dans les Indes l'appétit de Pantagruel. Mon Dieu! non : une foule de plats couvrent, il est vrai, la table ; mais ces plats n'obtiendront des convives qu'un sourire dédaigneux. Le dîner, à tout prendre, n'est à Batavia qu'une coutume importune. Si l'on en avance l'heure, je croirais volontiers que c'est pour en être débarrassé plus tôt. La soirée est au contraire le moment où la gaieté renaît, où les amis se visitent, où les causeries de tous côtés s'éveillent. La température pendant la journée s'élève souvent jusqu'à 32 degrés centigrades ; elle redescend aux approches de la nuit à 22 et 23 degrés. Le voyageur qui n'aurait visité Batavia que pendant le jour n'envierait point, à coup sûr, le sort de ses habitants. Celui qui pourrait y arriver après les premières ombres du soir pour en sortir une heure après le lever du soleil, s'imaginerait avoir traversé ces champs délicieux que les Grecs n'avaient osé placer que sur l'autre rive du Styx.

J'aurais pu, sans sortir de chez le docteur Burger, étudier dans ses moindres détails la vie intime des colons hollandais, de ceux du moins dont la fortune est faite, et pour lesquels l'île de Java est devenue une seconde patrie. En se retirant des affaires, ces heureux créoles ont songé pour la plupart à fixer leur résidence en Europe ; lorsque l'hiver est arrivé avec ses frimas, ils se sont pris à regretter leur beau paradis des Indes, leur existence somptueuse et facile, et ils sont revenus à Batavia, non plus pour y demander un salaire au gouvernement ou tenter d'y grossir leur fortune, mais pour y passer la vie plus doucement qu'ailleurs. L'entretien d'une maison entraîne cependant à Batavia des frais considérables. Le budget d'un modeste ménage y dépasse souvent le chiffre des appointements attribués en France à un lieutenant général : trente mille livres de rente constituent à peine dans cet Eldorado une honorable aisance. Ce qui serait luxe en Europe est besoin impérieux ou rigoureuse convenance à Java. A moins de marcher sous un dais à l'instar des Chinois, qui se font souvent suivre d'un esclave portant au-dessus de leur tête un immense parasol[1], vous ne pourrez vous transporter à vingt pas de votre demeure sans monter en voiture. L'intérêt de votre santé et votre réputation de *gentleman* l'exigent. Il vous faudra aussi habiter à vous seul une maison tout entière. Vous y rassemblerez, en dépit de tous vos projets de réforme, une armée de domestiques, car, semblables aux *coulis* de l'Inde, les domestiques javanais n'exercent qu'une fonction et ne souffrent guère qu'on les détourne de leur emploi spécial. Vous aurez deux voitures au moins, et dans votre écurie trois ou quatre attelages. Je ne parle point des dîners, du théâtre et des fêtes. Si vous ne dépensez pour vous tenir au niveau de la classe moyenne que 2000 francs par mois, vous serez économe; mais aussi vous aurez été servi, traîné comme un nabab; vous aurez savouré les plus molles délices que puisse procurer la richesse.

Deux mille francs par mois sont aux Indes le traitement

[1] On compte dans l'île de Java 4751 esclaves ; mais nous avons pu voir, de nos propres yeux, pendant notre séjour à Macassar, de quelle sollicitude le gouvernement hollandais entourait cette classe trop nombreuse encore. Le propriétaire qui maltraite un de ses esclaves est à l'instant frappé d'une amende. Cette intervention du magistrat dans le moindre conflit domestique a rendu la possession de l'esclave une chose si onéreuse et souvent même si irritante, qu'un affranchissement général ne peut tarder à effacer des possessions hollandaises dans les Indes la dernière trace de l'esclavage.

d'un colonel ou d'un conseiller de la haute cour de justice. C'est le moins qu'on puisse allouer aux employés supérieurs de la colonie, si l'on veut leur fournir les moyens de faire honneur à leur rang et de ne pas déchoir de leur position sociale. L'existence d'un fonctionnaire ou d'un négociant hollandais à Java ne ressemble guère à celle du créole indépendant qui n'a d'autre souci que de mettre d'accord ses goûts avec ses revenus. Dans les sphères actives de la société, on retrouve à Batavia comme partout ailleurs le zèle persévérant, l'assiduité au travail qui distinguent la race hollandaise. Ce n'est ni un des employés du gouvernement, ni un des commis de la *Maatschappy* que l'on prendra jamais pour Renaud au milieu des jardins d'Armide. Dès dix heures du matin, chacun court à son bureau et n'en sort qu'à quatre ou cinq heures du soir. Le docteur Burger devait la douceur de ses loisirs à de longues années de cette vie laborieuse. Il avait acquis péniblement le droit de philosopher à son aise. Si chère que lui fût la rêverie, il n'en pouvait cependan goûter le charme que lorsqu'il n'y avait pour lui aucun bien à faire ni aucun ami à obliger. A l'occasion, il redevenait l'homme infatigable dont toute la colonie avait pu admirer le zèle dans la triple situation de fonctionnaire, de négociant ou de planteur. Il savait combien j'étais désireux de mettre à profit les trop courts instants que je devais passer à Java, et il se promettait d'avance de jouir de mes émotions. Aussi fut-il le premier, dès le lendemain de mon arrivée, à me proposer de parcourir la vieille ville et les nouveaux quartiers de Batavia.

J'allais donc voir cette fastueuse rivale de Calcutta et de Bombay, cette ville dont mon père m'avait tant de fois entretenu et qu'il avait visitée plus d'un demi-siècle avant moi. Mais n'eût-il pas mis en doute la fidélité de ses souvenirs à la vue des changements qui s'étaient accomplis sur ces rivages, non moins funestes à l'expédition de M. d'Entrecasteaux qu'aux équipages du capitaine Cook et du capitaine Bougainville[1] ? Les enfants de Japhet ont porté jusque dans l'extrême Orient la mobilité de leurs goûts et l'audace de leur esprit novateur. Une ville nouvelle a tué l'antique capitale des Indes. La citadelle de Batavia a disparu ; les palais de l'ancienne régence jonchent la terre, ou sont convertis en bureaux et en magasins. Les fondateurs de Batavia, comme ceux de Manille, n'avaient songé qu'à élever une place forte. Ils donnèrent à cette ville la forme d'un rectangle entouré de murs et de

[1] Il ne sera peut-être point sans intérêt de reproduire ici les lignes suivantes, que j'extrais, sans y rien changer, des journaux que m'a laissés mon père : « Notre arrivée devant Batavia, écrivait-il en 1795, nous donna une haute idée de la richesse de cette ville. Un nombre considérable de bâtiments étaient à l'ancre, et, parmi eux, on pouvait compter plusieurs vaisseaux de 64 et de 50 canons. La rade est vaste et abritée des vents du large par plusieurs petites îles sur lesquelles on a élevé des forteresses et des établissements pour le radoub des navires, ou des magasins pour y déposer leurs cargaisons. Le mouillage est un peu éloigné de l'embouchure de la rivière qui conduit à la ville. Les eaux de ce canal sont sales et bourbeuses. Les rives en sont couvertes, à marée basse, d'une vase liquide qui, échauffée par un soleil ardent, donne naissance à des émanations fétides qui pourraient à elles seules expliquer l'insalubrité du climat. Nous ne tardâmes pas à en ressentir la funeste influence. Deux de nos lieutenants de vaisseau ainsi que plusieurs de nos marins furent atteints, dès les premiers jours, de fièvres pernicieuses auxquelles ils succombèrent. Pendant notre séjour à Batavia, la Compagnie hollandaise éprouva dans ses états-majors des pertes cruelles. Elle essaya de recruter, parmi les jeunes gens de notre expédition, qui venait de se dissoudre, des capitaines et des officiers pour ses vaisseaux. Bien que je n'eusse pas encore dix-neuf ans, on me proposa le grade de capitaine et le commandement d'un vaisseau de 50 canons. Cette offre était séduisante. Deux ou trois voyages aux Moluques pouvaient m'assurer une belle fortune. Je refusai cependant. Il fallait renoncer à mon pays, prendre la cocarde orange, changer de pavillon. Cette pensée me révoltait. »

bastions, dont la face septentrionale était occupée par une vaste citadelle. Le Tji-Liwong traversait Batavia dans toute sa longueur. Une infinité de canaux la sillonnaient dans tous les sens. Des quais plantés d'arbres, des rues spacieuses et se coupant à angle droit, des maisons à plusieurs étages donnaient alors à la capitale des Indes un caractère de grandeur qui répondait à sa richesse et à son importance. Malheureusement l'air circulait à peine à l'abri de ces hautes murailles et au milieu de ces maisons contiguës. Les canaux à demi comblés laissaient échapper des miasmes infects. Le climat faisait chaque année des milliers de victimes. Le général Daendels conçut, en 1808, un projet qu'il accomplit avec la rare énergie de son caractère. Décidé à couper le mal dans sa racine, il fit raser les murs et la citadelle de Batavia : il ne se contenta point d'assainir ainsi l'ancienne ville, il voulut en fonder une nouvelle. A trois milles environ du rivage, sur un terrain déjà élevé de 30 pieds au dessus du niveau de la mer, il fit construire de vastes casernes, d'élégantes habitations pour les officiers, et un immense édifice destiné à devenir le palais du gouverneur général, mais dans lequel M. Van der Cappellen, effrayé des proportions de ce monument disgracieux, établit pendant son gouvernement les bureaux de l'administration. Cette cité militaire reçut le nom de *Weltevreden*. Dès l'année 1816, elle menaçait d'un entier abandon la vieille ville. Les employés avaient donné le signal de l'émigration. Les négociants les suivirent. De charmantes villas se groupèrent de toutes parts autour du nouveau quartier fondé par le général Daendels, et la ville maritime ne fut plus visitée par les Européens que pendant les heures destinées aux affaires. Batavia aujourd'hui a en partie disparu ; un grand nombre de maisons tombaient en ruines, on s'est hâté de les démolir. On n'a respecté que les rues principales, où de vastes hôtels serrés l'un contre l'autre élèvent encore dans l'air un double et triple étage. En pénétrant sous ces voûtes épaisses depuis longtemps dépouillées de leur magnificence, en gravissant les larges escaliers de pierre qui me conduisaient d'un comptoir à une chambre encombrée de barriques de sucre ou de sacs de café, je m'étonnais du caractère de solidité et de durée qu'avaient osé imprimer à leurs demeures les premiers colons hollandais. Il fallait que l'esprit de ce siècle fût bien empreint des idées de grandeur héréditaire pour que les fondateurs de Batavia songeassent à ériger de pareils monuments sur un sol où la vie humaine était pour les Européens si précaire et si courte[1].

De la vieille ville de la Compagnie, il ne subsiste plus

[1] Je retrouve encore dans les Mémoires inédits de mon père le souvenir du faste que déployaient à cette époque dans leurs gouvernements les employés supérieurs de la Compagnie des Indes. « Nous étions depuis très-peu de jours à Sourabaya, lorsque le gouverneur de cette partie de l'île fut appelé à Batavia pour y siéger au conseil de la haute régence. Son remplaçant, M. Hogendorp, homme d'esprit et de cœur, parlant toutes les langues vivantes, et joignant à une instruction profonde une physionomie des plus gracieuses, avait à nos yeux le mérite de beaucoup aimer les Français. Nous n'eûmes donc qu'à nous louer de ses procédés affables. Il ne donnait pas une fête que nous n'y fussions invités. Son hôtel nous était tous les jours ouvert, et chaque soir, nous y étions accueillis avec l'urbanité la plus flatteuse. M. Hogendorp étalait dans son gouvernement un faste asiatique. Sa garde était composée de cavaliers vêtus d'un élégant uniforme. M. Hogendorp ne sortait qu'en voiture à six chevaux, et suivi toujours d'une nombreuse escorte. Dans les fêtes auxquelles nous étions conviés, deux esclaves jeunes et belles étaient affectées au service de chaque convive, et une excellente musique se faisait entendre pendant toute la durée du repas. » Par une singulière coïncidence, j'ai eu le plaisir de rencontrer à Batavia le fils du général Hogendorp, devenu lui-même conseiller des Indes, après avoir été l'un des plus braves officiers de l'armée française.

aujourd'hui dans son intégrité que le *campong* chinois. Ce quartier, habité par une population de 33 000 âmes, est situé près du bord de la mer, à l'ouest du canal qui traverse la ville européenne. C'est un des faubourgs de Canton transporté sous ce ciel étranger, avec ses ruelles étroites et ses carrefours, avec ses magasins et ses échoppes, avec ses enseignes et ses lanternes. La colonie chinoise a menacé plus d'une fois la sécurité de l'établissement hollandais. En 1660, elle soutint les prétentions d'un prince de la famille de Mataram, qui reçut des Javanais le surnom dérisoire d'empereur des Chinois. En 1740, elle tenta de s'emparer de Batavia. Des rassemblements se formèrent dans la campagne et se portèrent en armes sous les murs de la ville. Il ne fallut qu'une démonstration vigoureuse pour les disperser. Craignant cependant que l'insurrection vaincue ne comptât de nombreux complices parmi les étrangers qui n'y avaient point pris une part active, ou voulant par un grand coup effrayer à jamais les rebelles, le gouverneur hollandais osa, dit-on, ameuter contre les Chinois les instincts féroces de la populace javanaise. Des troupes de furieux se ruèrent, la torche en main, sur le *campong*, et le livrèrent aux flammes. Dix mille victimes furent égorgées dans un seul jour. C'est le souvenir le plus néfaste de l'histoire de la compagnie. Les Chinois heureusement s'émeuvent peu de pareils désastres. Sous le courroux des despotes ou sous les fureurs populaires, ils courbent la tête, comme à l'approche de l'ouragan. Ils ne font cas ni d'un massacre ni d'un typhon. Leur immense population ressemble à ces tours vivantes, dont parle Bossuet, qui réparent à l'instant leurs brèches. Quelques années après la catastrophe de 1740, ils avaient reparu à Batavia aussi nombreux, aussi actifs qu'auparavant. Un écrivain hollandais a fait remarquer, non sans raison, que, si les lois du Céleste Empire cessaient de s'opposer à l'émigration des femmes, la Malaisie ne tarderait point à devenir une province de l'empire chinois. Jusqu'à présent, le trop plein des provinces méridionales de la Chine ne se déverse point, chaque année, sur les côtes de l'archipel Indien, dans l'intention de s'y établir. Il est peu de Chinois qui abandonnent la terre natale sans emporter l'espoir de la revoir avant de mourir. On comptait cependant à Java, en 1849, 108000 Chinois. Il n'y avait, à la même époque, dans l'île, que 16 000 Européens et 20 000 Bouguis ou Arabes. Le gouvernement hollandais a voulu, en temps opportun, limiter le chiffre de ces turbulents auxiliaires. Sous l'administration de M. Duymaer van Twist, une ordonnance du conseil des Indes a interdit, jusqu'à nouvel ordre, aux habitants du territoire céleste l'entrée d'une île où leur industrie offrait moins d'avantages que leurs pratiques usuraires et leurs brigues sournoises ne présentaient de dangers.

Il existe, à Batavia, trois populations distinctes. On y peut reconnaître aussi trois villes, plutôt que trois quartiers séparés. Les Chinois, nous l'avons dit, au nombre de 32000, habitent le bord de la mer. Une ceinture de villages, dans lesquels vivent agglomérés 240 000 Javanais, enveloppe la ville européenne. Cette dernière compte à peine 3 500 habitants, et embrasse cependant un immense espace. Le quartier fondé par le général Daendels a étendu un de ses bras vers la mer, l'autre vers les montagnes. Weltevreden, par ses dépendances, touche, d'un côté, au faubourg méridional de la ville basse, de l'autre, au quartier javanais de Meester-Cornelis, élevé de trente-trois mètres au-dessus du niveau de l'Océan, et distant de six milles environ du rivage. Molenvliet, Noordwyk, Ryswyk, Koning's-Plein, Weltevreden, Gounong-Saharie, composent moins une ville qu'un parc sans limites, entrecoupé de mille bouquets d'arbres, de longues avenues remplies d'ombre, de prairies, de cours d'eau, de délicieux pavillons cachés par la main des fées au milieu de touffes de verdure. Les places ménagées au centre de cet échiquier fantastique ne sont point d'arides déserts d'asphalte ou de granit. Ce sont de vastes pelouses, dont les bœufs du Bengale, au garrot renflé comme la bosse du bison, viennent tondre en mugissant l'herbe épaisse et courte. Des allées couvertes par les grands rameaux du *djatti,* du *waringin* ou du tamarinier, encadrent d'une double enceinte ces tapis de gazon. De brillantes cavalcades errent, chaque matin, sous leurs ombrages, d'élégantes calèches traversent rapidement les rues voisines, et de légères pirogues descendent, emportées par le courant, les canaux qu'alimente le Tji-Liwong. La ville neuve de Batavia est, à mes yeux, la plus ravissante création qu'ait enfantée la fantaisie humaine. Une exquise propreté en complète la grâce et en fait valoir les plus minutieux détails. Moins de recherche présidait à l'entretien des carrés de tulipes d'Haarlem, et les jardins du Généraliffe auraient paru sans poésie à côté de semblables merveilles. Un magnifique résultat a couronné cette œuvre intelligente. Batavia a cessé de dévorer sa population. Nulle part, sous les tropiques, la mortalité n'est moins considérable que dans cette ville, où, jadis, la vie d'un Européen ne durait souvent qu'une saison. Sans doute on y est encore exposé aux maladies qu'amène l'influence débilitante du climat; la fibre y perd son énergie, le sang son oxygène; on peut y languir, on n'y meurt plus.

Je ne veux point essayer de cacher ma partialité pour Batavia. C'est la ville où je crois que je pourrais le mieux supporter le poids de l'exil. Je ne me plaindrais point, cependant, de trouver dans cette ville de prédilection un peu moins des grands airs que lui donne son rang de capitale. Tout y respire un peu trop, pour mes goûts, le faste et l'opulence. Point de fête qui n'y réunisse des milliers d'invités, point de festin qui n'y prenne les proportions d'un banquet. Quand nous dînions chez le gouverneur général, une table de soixante couverts rassemblait, dans une vaste galerie, des fonctionnaires dont le rang était marqué d'avance. Derrière chaque convive se tenait immobile un domestique en livrée. Ce double front de broderies et d'épaulettes, cette armée de turbans rangés en bataille, cette salle éblouissante de lumières, cette splendeur orientale unie à ce luxe européen, auraient tenté le pinceau d'un Paul Véronèse. L'île de Java, grâce aux différentes zones botaniques que présentent ses hautes montagnes, peut offrir au palais blasé du voyageur des fruits de tous les climats. Les navires des États-Unis y apportent, chaque année, les gros blocs de glace bleuâtre des lacs américains. On oublierait donc aisément que l'on dîne à cent vingt lieues de l'équateur, si, à côté des fraises ou des raisins cultivés sur les pentes du Guédé, à plus de mille mètres au-dessus du niveau de la mer, on ne voyait figurer les trésors embaumés de la plaine.

J'aimais surtout, dans cette gracieuse ville de Batavia, ses goûts européens et ses habitudes françaises. C'était là ce qui me consolait de l'ennui de traîner en tout lieu mon grand sabre et mon uniforme. Dans les salons, je n'entendais parler que notre langue ; sur la scène, je retrouvais nos auteurs et nos pièces de théâtre. *Les Mousquetaires de la reine* et *la Favorite* se partageaient, pendant notre séjour dans l'île de Java, la faveur publique. Je n'oublierai de ma vie le coup d'œil que présentait la salle de spectacle, la première fois que j'y fus conduit par

M. Burger. Les deux loges d'avant-scène étaient occupées par le gouverneur général et par le duc Bernard, entourés de leurs aides de camp. Les conseillers des Indes avaient leurs places réservées au centre du balcon. Sur un double rang brillaient, tout autour d'une longue galerie de forme elliptique, les fraîches toilettes des dames. Par une singularité que je ne tenterai point d'expliquer, les femmes du midi de l'Europe résistent bien moins au climat des tropiques que les femmes du nord. Sous l'influence accablante de la zone torride, les grands yeux noirs des Espagnoles ne tardent pas à perdre leur vivacité ; vous voyez leurs lèvres pâlir, leur teint se plomber, la fatigue et l'ennui creuser sur leur beau front une ride précoce. Le sang flamand, au contraire, ne cesse point de parer du plus vif incarnat l'aimable visage des créoles hollandaises, et leur bouche vermeille, qui semble toujours sourire. Je n'ai jamais beaucoup admiré les beautés de la famille malaise ou les charmes de la race chinoise. Aussi j'éprouvai, je l'avoue, en jetant les yeux sur cette galerie tout étincelante de fraîcheur et de beauté, quelque chose de l'émotion du sauvage retrouvant dans les serres de Jussieu les verts arbustes de son île.

Nous n'étions pas les seuls étrangers qu'un pareil spectacle captivât. Les ambassadeurs que l'île de Bali avait envoyés à Batavia pour régler les conditions d'une paix définitive, semblaient exprimer, par leurs regards, une admiration vive et sincère. Ces ambassadeurs étaient peut-être moins des négociateurs que des otages. Le gouvernement hollandais se plaisait toutefois à les entourer d'égards, et à déployer devant eux l'éclat de sa puissance. Il leur avait donné pour interprète et pour guide un Arabe de Bornéo, caractère subtil et insinuant, d'une fidélité jadis douteuse, que des faveurs récentes avaient enfin conquis aux intérêts de la Hollande. Ce compatriote du Prophète, vêtu d'une longue robe de soie et coiffé d'un large turban d'une blancheur irréprochable, dominait de sa haute taille les princes balinais, accroupis sur leur banquette comme des chefs iroquois autour du feu du conseil. Le profil régulier et sévère de l'Arabe, les belles lignes de ce type biblique, ne faisaient que mieux ressortir la face écrasée et les traits sans noblesse de la race hindoue. Le costume des ambassadeurs de Bali était d'une extrême simplicité. Cette simplicité cependant avait sa poésie et sa grandeur ; elle convenait aux guerriers à demi sauvages qui avaient figuré sur les champs de bataille de Djaga-Raga et de Klong-Kong; une pièce de coton enroulée autour du corps leur tombait jusqu'à mi-cuisse ; leur buste était entièrement nu ; leurs cheveux, relevés et attachés sur le sommet du crâne, étaient ornés d'une fleur d'hibiscus. C'était ainsi que les compagnons de Léonidas, après s'être frottés d'huile, avaient dû se présenter au combat. Les princes balinais ne portaient d'autre arme que leur kris, placé, suivant leur coutume, derrière le dos. L'extrémité du fourreau était enfoncée dans les plis de leur ceinture, tandis que la poignée, enrichie d'or et de pierreries, dépassait presque la hauteur de leur tête. Tel était autrefois le costume de cour de la noblesse javanaise, et tel est encore aujourd'hui le costume de cour des habitants de Bali. Le buste découvert a toujours été considéré dans l'archipel Indien comme un signe de déférence et de respect. Avec leur peau fauve et dorée, leur coiffure de femme, leur regard à la fois effronté et intrépide, ces princes hindous me rappelaient bien le mélange de sensualité et d'audace qui forme le trait distinctif des populations malaises. Tout à coup l'orchestre fit retentir une marche guerrière ; c'était l'hymne de Djaga-Raga, le chant de victoire de l'armée hollandaise. Les ambassadeurs balinais tressaillirent ; un éclair fanatique jaillit de leurs yeux moroses. Quand la voix des clairons se tut, quand les vibrations des cymbales s'apaisèrent, ils reprirent leur attitude indifférente, et ne parurent accorder d'intérêt au drame qui se déroulait devant eux, que lorsqu'il y eut des épées brandies en l'air ou replongées brusquement dans le fourreau. Cette soirée, où la civilisation européenne s'efforçait de déployer toutes ses séductions sous les yeux des derniers champions de l'indépendance malaise, me frappa vivement. Je me rappelle surtout quel légitime orgueil brillait sur les belles figures militaires qui venaient de se bronzer au soleil de Bali. Plusieurs officiers hollandais étaient encore convalescents de leurs blessures. On me les montrait dans la salle, en me racontant leurs récents exploits. Ces glorieux souvenirs, présents à tous les esprits, laissaient dans l'air je ne sais quel parfum d'héroïsme qui faisait plaisir à respirer.

C'est ainsi que chaque jour me réservait à Batavia une émotion nouvelle. Tantôt on me faisait visiter les salons du *Cercle de l'Harmonie*, le plus gracieux monument de Batavia, celui qui, par sa blancheur de marbre, ses terrasses à l'italienne, ses arceaux, ses portiques, me rappelait le mieux les palais du Bosphore ; tantôt on me conduisait dans l'immense galerie où sont appendus les portraits des quarante-six gouverneurs, qui, de 1601 à 1845, ont présidé aux destinées des Indes néerlandaises. D'autres fois, un chemin que bordaient de riants buissons de *cæsalpinia* en fleur me menait, à mon insu, jusqu'au pied des glacis de la citadelle. Je ne me lassais point de revoir les mêmes sites, d'admirer les mêmes merveilles. Il suffisait d'un nuage, d'un rayon de soleil, d'un souffle de brise pour en changer l'aspect ; c'était la nature à la fois la plus riche et la plus mobile que j'eusse encore contemplée. Mais ce sont là des souvenirs qui s'effacent aisément et que je m'étonne de retrouver encore. Ce qui se grave bien mieux dans la mémoire, quand on a vécu pendant quelque temps au milieu des colons hollandais, c'est leur bienveillance, leur urbanité sans faste et sans effort. Dans quelques années, si des chances imprévues ne m'ont pas de nouveau conduit vers le détroit de la Sonde, mon esprit n'aura plus gardé qu'une impression confuse de ces frais jardins, de ces riants portiques ; j'aurai peut-être oublié Batavia : je suis bien sûr que je me souviendrai de ses habitants.

## CHAPITRE XI.

### Les régences javanaises.

Nous venions d'admirer, à Batavia, l'opulence et la splendeur de la colonie hollandaise : il fallait pénétrer dans l'intérieur de Java, pour savoir de quelles sources fécondes découlaient ces richesses. M. Burger se chargea d'obtenir du gouverneur général l'autorisation sans laquelle nous ne pouvions songer à entreprendre un pareil voyage. M. Rochussen, de son côté, accueillit la demande de notre excellent hôte avec une grâce si parfaite, il adressa aux résidents des provinces que nous devions traverser des instructions si bienveillantes, que le prince Henri lui-même n'a probablement point parcouru l'intérieur de Java d'une façon beaucoup plus royale que les officiers et le commandant de *la Bayonnaise*.

Java est, on le sait, une des îles les plus vastes du globe. Bornéo, Madagascar, Sumatra, Niphon, la Grande-Bretagne, Célèbes même, ont plus d'étendue; mais le territoire de Java est le double de celui de Ceylan ou de celui de Saint-Domingue, il excède d'un dixième environ la superficie de Cuba. Cette grande île est d'une origine récente, si on la compare au noyau granitique ou aux terrains stratifiés qui ont successivement formé l'écorce de notre planète. Contemporaine des groupes de la Polynésie, elle est, après Célèbes, le fragment le plus considérable du nouveau monde qu'un effort sous-marin a fait jaillir des entrailles de la terre. Elle n'offre à proprement parler, qu'une longue chaîne de montagnes basaltiques et de pics ignivomes, entourée d'une large ceinture de terrains d'alluvion. La longueur moyenne de l'île est de cent soixante-quinze lieues, la largeur de vingt-six. Située à cent vingt lieues environ au sud de l'équateur, elle n'est point exposée à ces crises violentes qui dévastent chaque année les côtes des Philippines, mais dont l'influence se fait rarement sentir en deçà du 10e degré de latitude septentrionale. On retrouve cependant, à Java, les pluies torrentielles de Luçon. Pendant les mois de janvier et de février, il n'est guère de jours où d'épouvantables déluges ne semblent menacer l'île d'une submersion totale. La mousson d'ouest est, au sud de l'équateur, la mousson pluvieuse; elle commence ordinairement vers la fin d'octobre. Les vents d'est lui succèdent dans les premiers jours du mois de mai, et, jusqu'aux approches de l'équinoxe, des orages de peu de durée troublent seuls la sérénité du ciel.

Les Hollandais ont partagé le territoire de Java en vingt-deux résidences : la structure de l'île avait fixé avant eux ces divisions politiques. De tout temps, des administrations distinctes ont gouverné les États du littoral et les districts montagneux de l'intérieur, les provinces qui font face à l'océan Austral et celles qui descendent par une pente moins abrupte vers la mer de Java. La province de Bantam s'étend d'une mer à l'autre. Neuf résidences, — Batavia, Krawang, Chéribon, Tagal, Pekalongan, Samarang, Japara, Rembang, Sourabaya, — occupent le versant septentrional des montagnes. Huit autres provinces, — les Preangers, Banjoumas, Bajelen, Djokjokarta, Patjitan, Kediri, Passarouan, Bezouki, — sont assises sur le versant opposé. Les résidences intérieures sont au nombre de quatre : Buitenzorg, Kedou, Sourakarta et Madioun. Les provinces du nord sont en général plus policées et mieux défrichées que celles du sud ; elles ont un accès facile vers d'excellents ports, tandis que la côte méridionale est presque complétement dépourvue d'abris[1].

Le cours des événements a cependant établi entre les diverses portions du territoire de Java d'autres distinctions que celles qui résultent de leur situation géographique. Les provinces de Sourakarta et de Djokjokarta sont les derniers vestiges de l'empire de Mataram ; les souverains indigènes ont conservé dans ces deux États la propriété du sol. Dans les résidences de Batavia, de Buitenzorg et de Krawang, les ventes faites, à diverses reprises, par la Compagnie des Indes, par le général Daendels et par le gouvernement anglais, ont entraîné, en faveur de capitalistes européens ou chinois, l'aliénation du domaine public. La propriété individuelle se trouve ainsi constituée à Java, sur une étendue de territoire qui représente à peu près le douzième des terres cultivées. Les autres résidences, au nombre de seize, ne connaissent d'autres propriétaires que l'État et la commune. Le gouvernement y partage avec la noblesse javanaise d'immenses bénéfices. C'est dans ces provinces que le général Van den Bosch a établi la compensation de l'impôt foncier par des rentes payables en nature, ou qu'il a maintenu, comme dans la

[1] De récents travaux hydrographiques ont signalé cependant, sur cette côte, des ports demeurés jusqu'ici inconnus, des ports, assure-t-on, qui pourraient recevoir, au besoin, des vaisseaux de ligne. Si cette découverte se confirme, un magnifique avenir est promis aux provinces méridionales ; l'île de Java en recevra un accroissement notable de prospérité, et la population javanaise, délivrée de transports dispendieux, y trouvera une augmentation sensible de bien-être.

résidence des Preangers, le régime du travail forcé et des livraisons obligatoires.

La résidence des Preangers occupe à elle seule près du sixième de la superficie totale de Java. Elle est subdivisée en quatre régences, et gouvernée par des chefs qui descendent en ligne droite des anciens souverains auxquels obéissait, avant l'introduction de l'islamisme, la partie occidentale de Java. En visitant la province de Buitenzorg et celle des Preangers, nous pouvions donc nous flatter de comprendre le mécanisme politique et agricole appliqué à l'île tout entière. Nous allions, dans la première de ces résidences, observer les résultats obtenus par l'industrie privée, — dans la seconde, étudier les grandes cultures dirigées par les employés du gouvernement. Nous devions aussi, — cet espoir suffisait pour piquer notre curiosité, — nous trouver en présence de fonctionnaires indiens issus d'un sang non moins illustre et non moins vénéré que celui des souverains de Mataram.

Différé de jour en jour par les gracieuses instances qui s'efforçaient de nous retenir à Batavia, le moment de notre départ pour l'intérieur de l'île fut enfin fixé d'une manière irrévocable. Le 14 juillet 1849, une heure avant le lever du soleil, deux longues voitures de voyage, attelées chacune de six poneys, emportaient sur la route de Buitenzorg les officiers de *la Bayonnaise* et le compagnon que, depuis six mois, leur avait donné une heureuse fortune, le jeune duc Édouard de Fitz-James, chevaleresque héritier d'un des plus beaux noms de France. A voir la rapidité de notre course, on eût dit que ces carrosses, balancés sur leurs ressorts flexibles, au lieu de paisibles touristes, contenaient quelque couple amoureux s'envolant sur le chemin de Gretna-Green. Une véritable frénésie semblait animer cochers et poneys. Nous dévorions d'un seul temps de galop, et en moins de vingt minutes, les neuf kilomètres qui séparent les relais de la poste. C'était, en langage de marin, un sillage de onze nœuds à l'heure. Deux coureurs, montés derrière nos voitures, se jetaient, le fouet à la main, sur les jarrets des chevaux, dès que la route offrait la moindre rampe à gravir, et plus le terrain montait, plus notre attelage courait ventre à terre. Pas une ornière d'ailleurs, à peine un gravier sur notre passage. La route, soigneusement macadamisée, était unie comme la table d'un billard[1]. Sur un sentier latéral, incessamment labouré par le pied fourchu des buffles, se traînaient lourdement, avec leurs toitures de rotin tressé et leurs roues formées par deux énormes disques d'une seule pièce, de longs convois qui portaient à Batavia le café des Prean-

[1] L'œuvre la plus grandiose qu'ait accomplie, à Java, l'administration hollandaise, c'est assurément la route militaire qui traverse l'île dans toute sa longueur, du détroit de la Sonde au détroit de Bali. Cette route ne suit pas le bord de la mer. Pour éviter les terrains marécageux qu'inonde chaque année, pendant six mois, la saison pluvieuse, il lui a fallu gravir les pentes escarpées des montagnes. Elle se développe ainsi, à travers les cols les plus élevés, au milieu des ravins et des précipices, sur un parcours de 1300 kilomètres. De nombreux rameaux viennent s'embrancher sur cette voie centrale. Les uns se dirigent de Samarang vers les États des princes indigènes ; les autres relient les parties les plus reculées des provinces aux ports de la côte septentrionale. L'Inde anglaise possède d'excellentes routes ; mais Java et la Nouvelle-Galles du Sud sont, si je ne me trompe, les seules colonies où l'on puisse voyager en poste. Sur les routes royales, le gouvernement hollandais entretient des relais de chevaux disposés de six en six milles. Entre Batavia et Buitenzorg, chaque station est pourvue de six attelages, de deux seulement dans le reste de l'île. Des buffles remplacent les chevaux sur les points où la chaise de poste doit rencontrer des pentes trop rapides, et des hommes se tiennent prêts à attacher une corde à la voiture pour en modérer la vitesse dans les descentes. C'est ainsi que les lettres, qui partent de Batavia deux fois par semaine, peuvent être transportées à Banjouwangie, le point le plus oriental de l'île, en sept fois vingt-quatre heures.

gers. La voie sur laquelle nous roulions était exclusivement destinée aux voitures suspendues et aux piétons. Des hangars d'une architecture élégante s'élevaient auprès de chaque station, et nous protégeaient contre les rayons du soleil pendant le temps qu'on mettait à changer de chevaux. De Batavia au village de Buitenzorg, on compte trente-deux piliers, ou à peu près 54 kilomètres. L'inclinaison moyenne du terrain est d'environ 5 millimètres par mètre. On ne saurait atteindre les régions supérieures par une pente plus égale et plus douce.

Dès qu'on a dépassé le faubourg de Meester-Cornelis, théâtre des brutales orgies de la population javanaise, les maisons de campagne s'éloignent du bord de la route. Le paysage n'est plus animé que par les grands bois de cocotiers qui, sur quelques points, se prolongent jusqu'à la mer. M. Burger avait possédé un de ces vastes domaines, dont l'huile de *calapa*[1] et le sucre d'*areng*[2] forment le principal revenu. Il nous montra, en passant, la forêt de palmiers au milieu de laquelle il avait vécu, pendant plusieurs années, de la vie du planteur et de celle du seigneur féodal. Nous approchions cependant de Buitenzorg, et déjà nous aspirions un air plus léger et plus pur. Tout souriait autour de nous : les rizières étagées sur le flanc des montagnes, les villages épars dans la plaine, les arbres fruitiers balançant leur tête au-dessus des haies de cactus et d'euphorbes. Nous n'avions encore atteint qu'une hauteur de 800 pieds environ au-dessus du niveau de la mer; mais, des sommets du Salak et du Guédé, perdus dans les nuages, la brise du matin apportait à travers les bois une douce et bienfaisante fraîcheur. Trois heures

[1] Le nom du cocotier en malais.

[2] Espèce de palmier, dont la séve fournit le seul sucre que consomment les Javanais.

après notre départ de Batavia, nous entrions, sans avoir ralenti notre course échevelée, dans le village de Buitenzorg.

Ce sont surtout les employés du gouvernement qui voyagent dans l'intérieur de Java : c'est pour eux qu'a été organisé le service des postes, pour eux aussi que chaque chef-lieu de résidence possède un vaste hôtel, placé sous la surveillance et le patronage de l'administration. L'intervention de l'autorité s'étend, à Java, jusqu'aux moindres détails. Tout est simple et facile avec son concours. Quant au voyageur abandonné à lui-même, il pourrait bien regretter quelquefois, je dois l'en prévenir, la libre concurrence des colonies anglaises. Les frais de poste sont considérables ; les prix seuls des hôtels, réglés comme tout le reste par les soins du gouvernement, sont assez modérés. Notre nombreuse caravane alla descendre à l'hôtel Bellevue, et chacun de nous put y trouver une chambre et un lit. Jamais hôtel n'a mieux mérité son nom que celui de Bellevue à Buitenzorg. Du pavillon où nous attendait un déjeuner tout européen, nos regards plongeaient sur une mer de verdure. Toute la chaîne du Salak se déployait devant nous avec ses ravins tapissés de forêts, avec ses terrasses couvertes d'épis déjà mûrs, et, presque sous nos pieds, le *campong* chinois dessinait comme une île de briques au milieu des vergers indigènes.

Pendant que nous admirions ce ravissant paysage, les heures s'écoulaient sans qu'aucun de nous parût y songer. Les rayons du soleil tombaient presque d'aplomb sur la plaine : à Batavia, notre journée eût été terminée; mais, à Buitenzorg, bien qu'on ne jouisse pas encore de la température modérée des hauts plateaux de l'intérieur, on peut cependant se permettre de sortir quelquefois en plein midi. Nous prîmes donc, malgré l'heure avancée, le chemin du château, qui avait été le séjour habituel des prédécesseurs de M. Rochussen. Ce fut la munificence de la compagnie des Indes qui, vers l'année 1745, fit de la province de Buitenzorg l'apanage princier des gouverneurs généraux de Java. Les districts dont se composait cette province furent vendus, en 1809, à des particuliers, et le gouvernement hollandais n'en conserva plus qu'un seul, au centre duquel on vit s'élever, en 1816, la somptueuse retraite destinée au premier fonctionnaire de la colonie. Un tremblement de terre renversa, en 1826, ce château, qu'on avait construit d'après un plan trop vaste pour qu'il pût reposer avec impunité sur la base d'un volcan. Quand on en releva les murs, on prit soin de les mettre, par un dessin plus modeste, à l'abri d'une nouvelle commotion du sol. La résidence actuelle du gouverneur général n'a qu'un seul étage. Surmontée d'un belvédère et entourée d'un large portique, elle n'a plus le caractère imposant du palais qu'habitait M. Van der Capellen ; elle n'en est pas moins une noble et élégante demeure. Les deux ailes qui flanquent le corps de logis principal sont destinées à recevoir les aides de camp et les hôtes du gouverneur général.

M. Rochussen se trouvait, à Buitenzorg, trop éloigné du centre des affaires ; l'activité de son esprit lui faisait préférer le séjour de Batavia : il avait cependant donné les ordres nécessaires pour que les portes du château qu'il avait cessé d'habiter nous fussent ouvertes, et nous étions certains de trouver, sur ce point comme sur tous les autres, un accueil empressé. L'intérieur du château de Buitenzorg, désert et en partie démeublé, eût à peine mérité notre visite, sans le curieux musée qu'y avaient rassemblé les soins de M. Rochussen. Il n'y manquait aucune des armes, aucun des barbares trophées que l'on peut rencontrer chez les divers peuples de l'Archipel indien. A côté des crânes enfumés ou couverts de bandelettes d'or, orgueil du Dayak, dont ils racontent les prouesses, on voyait, appendues à la muraille, les lances de Sumatra et les javelines de Célèbes, le bouclier de Timor, taillé dans une peau de buffle, la carabine de Banjermassing, aux canons octogones et aux cannelures en spirale ; le *parang*, brutalement forgé comme un couperet ; le *kris*, dont la lame flamboyante est emmanchée d'une poignée d'ivoire ; le *klewang*, dont le fer damasquiné laisse pendre, près de la garde, une sinistre houppe de crins ou de cheveux teints en rouge. Quelques-uns de ces glaives étranges avaient été recueillis sur le champ de bataille. La plupart avaient bu du sang humain. On nous montra des poignards que la superstition des princes eût payés du prix d'une province, car ces kris javanais avaient leur histoire, comme les grandes épées de nos chevaliers, et leur vertu talismanique confirmée par maint assassinat. Nous avions ainsi sous les yeux l'image, je dirai presque le symbole du degré de civilisation qu'ont atteint les divers groupes de la Malaisie. Le couperet féroce des Dayaks et des Harfours ne semble pas appartenir au même âge historique que la carabine rayée des Malais ou que le kris enrichi de pierreries des habitants de Java. Les peuples de Bornéo, de Bourou, de Céram, avec leurs armes grossières, ne sont encore que des sauvages. Ceux de Sumatra, de Célèbes, de Bali, ont appris les raffinements de la politique et de la guerre ; aussi font-ils usage d'instruments de destruction plus perfectionnés. Les Javanais sont armés comme des courtisans soupçonneux plutôt que comme des soldats. Chez eux, la guerre a cessé d'être l'état normal de la société. Ils songent moins à se prémunir contre une attaque ouverte que contre une trahison. Le poignard au fourreau étincelant est la seule arme qui brille à leur ceinture. L'examen de ces riches panoplies fut pour nous une occupation remplie d'intérêt : il ne nous apprit point seulement quels ennemis belliqueux les armées de la Hollande avaient à combattre : il nous rappela aussi à quelles mœurs barbares la domination européenne était venue arracher ces malheureux peuples.

Les dépendances du château de Buitenzorg formaient autrefois un des districts du royaume hindou de Padjajaran : elles sont comprises entre deux rivières ou plutôt deux torrents, le Tji-Liwong et le Dji-Danie, qui coulent sur ce point à une demi-lieue de distance l'un de l'autre. Quelques terres cultivées fournissent les revenus nécessaires à l'entretien du château. Un village indigène s'étend sur la rive occidentale du Tji-Liwong ; mais la majeure partie du district est occupée par un parc immense et par un jardin botanique, où se trouvent réunis tous les végétaux dont on a essayé d'acclimater la culture à Java. L'imagination des poëtes n'a jamais rien rêvé de plus beau que ce parc, traversé par des eaux murmurantes, avec ses grandes pelouses peuplées de troupeaux d'axis et ses arbres géants qu'ont vus naître les cinq parties du monde. Il faut avoir parcouru cette vallée de Tempé, doux et modeste asile offert aux transfuges de tous les climats, pour savoir quelle variété infinie le grand artisan de l'univers a pu mettre dans la découpure et les teintes mobiles des feuillages, dans le port majestueux des troncs, dans le déploiement capricieux des branches. La Nouvelle-Hollande, les Moluques, le Bengale, la Chine, le Japon, l'Europe même, semblent se donner la main sous ces ombrages. Le chêne et le palmier ont trouvé une patrie commune. Le bétel enlace de sa liane grimpante l'érable ou le mélèze ; le thé croît à côté du poivre, le cactus du

Mexique ou l'indigofère de l'Amérique centrale à côté du coton de l'Égypte et de la canne à sucre des îles Sandwich. Il n'est pas un pays qui n'ait été mis à contribution par les botanistes de Buitenzorg. Les bambous occupent tout un côté de la rivière. Dans certaines allées, les arbres ont l'écorce odorante ; dans d'autres, chaque tronc laisse suinter une gomme aromatique. Ici ce sont de larges feuilles digitées, plus loin de verts panaches, des stipes qui s'élancent ou des sarments qui rampent, des fruits solitaires attachés sur un tronc colossal, ou des grappes qui pendent de la cime d'une tige bulbeuse, épanouie comme un parasol. Bien que le château de Buitenzorg possède une ménagerie, complément presque indispensable d'un jardin botanique, nul animal féroce ne trouble de ses rugissements le silence de cette délicieuse retraite. Des orangs-outangs pensifs, des pachydermes affables, tels que le tapir et l'éléphant de Sumatra, sont avec l'oiseau royal des Moluques et le *babi-roussa* de Célèbes, les seuls représentants de la faune indienne auxquels on ait voulu donner cet Éden javanais pour prison.

Après le château et le parc de Buitenzorg, que pouvions-nous visiter qui nous offrît plus d'intérêt que les cavernes au fond desquelles la salangane bâtit ces nids visqueux que les Chinois achètent au poids de l'or ? Le résident de Buitenzorg voulut nous conduire lui-même aux grottes de Tjampeo, creusées par la nature dans les contreforts calcaires qui supportent la chaîne du Salak. Deux relais de chevaux, disposés à l'avance sur la route, nous amenèrent au pied de la montagne qu'il fallait gravir pour arriver à l'entrée de ces labyrinthes souterrains. C'est là que nous trouvâmes le fermier chinois auquel a été concédée, au prix d'une rente annuelle de 170 000 francs, la récolte totale de ces nids d'hirondelles, qui se vendent à

Java, 158 francs environ le kilogramme. Des chaises ou des fauteuils attachés à deux brancards avaient été disposés par les soins de cet opulent déserteur du Céleste Empire. Nous nous résignâmes, une fois de plus, à accepter le secours de nos semblables, et à nous laisser porter par un sentier glissant, jusqu'au but difficile que nous voulions atteindre.

Il se faut entr'aider, c'est la loi de nature.

Le Javanais attelé à la chaise de l'Européen, ce n'est, après tout, que l'aveugle qui porte le paralytique, et j'avoue que, sous ce soleil ardent, sous ce climat, dont la langueur m'accablait, loin de voir dans l'assistance qui m'était offerte une offense à la fraternité humaine, j'en croyais contempler, au contraire, le plus touchant emblème.

La nature, à Java, est un livre à chaque page duquel il faudrait écrire : beau ! admirable ! prodigieux ! — Parvenus à l'ouverture des cavernes, qui plongeaient brusquement dans les entrailles de la montagne, nous hésitions à nous enfoncer sous terre, quand le soleil éclairait autour de nous un si merveilleux paysage. De grands arbres, aux rameaux étendus comme ceux du cèdre, couvraient d'ombre et de fraîcheur les pentes de la colline. Entre leurs troncs penchés s'ouvraient vers la campagne de délicieuses échappées et des lointains infinis. Des troupes de singes noirs gambadaient au milieu du feuillage, pendant que deux vieux magots demeuraient philosophiquement assis sur les branches. Les hirondelles aux reflets satinés, voltigeaient d'un aile inquiète autour de nous. L'atmosphère était calme, le ciel d'un bleu d'azur. Il semblait que le Seigneur arrêtât un regard satisfait sur son œuvre. Mais chacun de nous fut bientôt saisi sous les bras par deux Javanais. Nous disparûmes en chancelant dans les profondeurs, où nos guides, semblables à des génies sataniques, s'efforçaient de nous entraîner. Au lieu de la lumière du jour, nous n'avions plus pour conduire nos pas sous ces voûtes ténébreuses que la lueur enfumée des torches. Nous errâmes longtemps dans des galeries où l'on entendait tomber goutte à goutte l'eau qui filtrait à travers les fissures du rocher. Des milliers de nids gélatineux étaient attachés aux parois de la grotte. On en détacha quelques-uns devant nous, et l'avare Achéron consentit à lâcher sa proie. Avec quel plaisir nous sortîmes de cet antre pour revoir la nature, épanouie et souriante comme une jeune fiancée ! Le prisonnier de Chillon ou le captif échappé des plombs de Venise n'eût point salué d'un regard plus ravi le premier rayon de sa liberté. Il est des malheureux cependant, qui se dévouent à fouiller, comme des mineurs, les longs détours de ces cavernes, qui vont ramper dans ces couloirs humides ou poser des échelles de bambou sur le bord de ces abîmes, afin de recueillir, deux ou trois fois par an, la précieuse moisson à laquelle ils n'ont point de part. On évalue à 800 kilog. la récolte des nids que fournissent, chaque année, les grottes de Tjampeo, et à plus de 100 000 francs les bénéfices du Chinois auquel en est affermée l'exploitation.

Ce serait une curieuse nomenclature que celle des exportations de Java. Cette île féconde a plus d'un marché ouvert à ses produits. Ce qui ne convient ni à l'Europe, ni à la Nouvelle-Hollande, ni aux États-Unis, le Céleste Empire, l'Indo-Chine, la Malaisie, le Japon, le consomment. Le riz, le café, le sucre et l'indigo sont les grandes richesses du sol. A côté de ces importants produits, vous verrez figurer les nids d'oiseaux pour plus d'un million de francs ; vous remarquerez le tabac, le gingembre, le bois de sapan, la nacre, l'écaille de tortue, les ailerons de requin, mentionnés à la suite du thé, de la cannelle, de la muscade et de la cochenille. C'est surtout l'industrie privée qu'il faut louer des essais intelligents auxquels l'île de Java est redevable de nouveaux produits et de nouvelles cultures. Les encouragements du gouvernement ne lui ont point manqué, et ils n'ont point été prodigués, comme il arrive trop souvent, en pure perte.

A 11 kilomètres environ de Buitenzorg, s'étend, sur les premiers contre-forts de la chaîne centrale, le fertile district de Pondok-Guédé. C'est là que nous pouvions mieux qu'ailleurs apprécier les résultats obtenus par l'industrie privée. Sur une éminence adossée à de riants coteaux s'élève l'habitation principale, d'où l'œil du maître peut surveiller son immense domaine. On dirait un temple grec debout sur son promontoire, si, au lieu de la mer harmonieuse, on n'entendait bruire au loin le feuillage des arbres, si les moissons jaunies ne remplaçaient à l'horizon les vagues agitées. Une vaste terrasse occupe un des gradins du plateau ; d'autres étages de verdure et de fleurs l'entourent et la dominent. Le moindre souffle de brise fait descendre de ces jardins superposés mille parfums inconnus. Les rizières s'étendent à perte de vue dans la plaine, les bois de cafiers couronnent les collines ; sur les flancs inclinés de la montagne, le thé déploie ses vastes pépinières, et le nopal trace un triple sillon de raquettes épineuses.

Ce fut en 1827 que les Hollandais apportèrent du Japon les premiers arbustes à thé qui furent plantés dans le jardin d'essai de Buitenzorg, où ils réussirent à merveille. Le docteur Burger partagea, si ma mémoire est fidèle, avec M. Siebold l'honneur de doter l'île de Java de cet utile arbuste. Des plantations considérables de thé furent bientôt établies dans les environs de Batavia et dans les districts montagneux des Preangers. On fut obligé de chercher, en s'élevant à 15 ou 1 800 pieds au-dessus du niveau de la mer, une température qui se rapprochât de celle que le thé rencontre dans les provinces septentrionales du Céleste Empire, et encore, à cette hauteur, le climat de Java conserve trop d'énergie; le sol, engraissé par des détritus séculaires, a trop de puissance. Non-seulement l'activité de la séve donne naissance à des feuilles charnues et grossières, mais la présence d'un printemps perpétuel tient sans cesse le cultivateur en haleine et le contraint à épier, d'un bout de l'année à l'autre, le moment où les bourgeons vont éclore. Au lieu de pouvoir, comme en Chine, laisser, quand vient le mois de la verdure, des troupes de moissonneurs s'abattre au milieu des buissons qu'une seule nuit a couverts de feuilles, il faut, à Java, faire pour ainsi dire chaque jour une cueillette partielle ; il faut choisir les bourgeons les plus tendres, les pousses les plus délicates. De là naturellement un surcroît de main-d'œuvre, qui tend à élever le prix du produit dont on s'était flatté d'enlever le monopole à la Chine. Le district de Pondok-Guédé est, sans contredit, un de ceux où la culture du thé a été dirigée avec le plus d'intelligence, où la manipulation, confiée à des Chinois de Chin-tcheou et d'Amoy, s'écarte le moins possible des procédés usités dans la province du Fo-kien. Les résultats cependant laissent encore beaucoup à désirer. Le thé de Java, d'un goût astringent et d'un faible arome, se consomme en Europe, grâce aux soins frauduleux qui en dissimulent l'origine ; mais il n'est point un habitant de Batavia qui ne lui préfère le sou-chong ou le pe-koe le plus inférieur de la Chine. Les Hollandais, avec leur ténacité habituelle, n'ont point voulu perdre tout espoir ; ils comprennent quelle source de prospérité s'ouvrirait pour leurs colonies, s'ils pouvaient y développer une culture à laquelle la Chine doit un revenu annuel de plus de 200 millions. Aussi ont-ils voulu multiplier les essais avant de se tenir pour battus. Si la nature n'oppose à leurs desseins des obstacles insurmontables, le thé hollandais pourra devenir, dans quelques années, comme le café des Preangers, une branche de commerce importante. L'île de Java ne produit aujourd'hui que 100 ou 150 000 kilogrammes de thé. Ce chiffre serait aisément décuplé le jour où l'on obtiendrait une amélioration sensible dans la qualité des produits[1].

Plus de succès semble avoir suivi l'introduction du nopal et de la cochenille à Java. Il a fallu cependant pour acclimater cette industrie dans l'île un luxe de précautions inconnu au Mexique et aux Canaries. Nous avions vu, à Ténériffe, des cactus jetés sans ordre et sans symétrie au milieu des rochers : chaque feuille portait, exposés à toutes les intempéries de l'air, une foule d'insectes au corps brun, de la grosseur à peu près d'une lentille, et recouverts d'une poussière blanchâtre. A Pondok-Guédé on nous montra de véritables jardins de nopals. Le giroflier et le muscadier ne sont pas entourés de plus de sollicitude et de tendresse. Au-dessus de sillons réguliers et uniformes s'étend un toit, porté sur des roulettes, qui protége à la fois contre les grandes pluies d'orage et l'in-

[1] M. Burger doutait que l'on parvînt jamais à obtenir du thé de qualité supérieure sous les tropiques. Il croyait que les Anglais, occupés de semblables essais dans l'Inde, n'y réussiraient pas mieux que les Hollandais n'avaient réussi à Java ; mais une opinion qu'il m'a souvent exprimée, et que je crois fondée, c'est que la culture du thé conviendrait merveilleusement au sol et au climat de l'Algérie. Resterait à savoir si les prix de main-d'œuvre permettraient à ce thé exotique de supporter la concurrence du thé de Chine.

secte et la plante. Grâce aux sucs nourriciers qu'il aspire incessamment de la terre, grâce surtout aux soins minutieux que l'on prend d'éloigner de lui toute végétation parasite, le cactus peut résister longtemps à la succion des milliers de trompes qui le dévorent. Lorsque la cochenille a, au bout de soixante-cinq ou soixante-dix jours, atteint tout son développement, on l'enlève avec précaution de la feuille à laquelle elle adhère, et elle meurt presque aussitôt. On la fait alors sécher au four pendant cinq ou six fois vingt-quatre heures, et on l'expédie en Europe, où, réduite en poussière, elle livre au commerce cette couleur éclatante, rivale de la pourpre antique. On recueille à Java 30 000 kilogrammes environ de cochenille, représentant, sur le marché européen, sept ou huit cent mille francs. La récolte de Pondok-Guédé était, en 1849, de plus de 5 000 kilogrammes.

Le domaine privé occupe, à Java, la douzième partie des terrains mis en culture, et certaines propriétés rurales ont, dans cette île, une valeur de plusieurs millions de francs. Le bénéfice qu'en retire le trésor public est de peu d'importance : calculé au tiers pour cent de la valeur approximative des biens-fonds, l'impôt des terres européennes ou chinoises ne figure dans le budget colonial que pour une somme de 800 000 francs. Ce sont les produits de ces propriétés particulières qui alimentent, à Java, la navigation de concurrence; car le domaine public ne livre les siens qu'aux navires de la *Maatschappy*. Le pavillon étranger exporte cependant chaque année, de Java, outre diverses denrées d'un intérêt secondaire, 9 ou 10 millions de kilogrammes de café et 14 millions de kilogrammes de sucre. De pareils chiffres ont leur éloquence; ils prouvent que le monopole créé en faveur de l'industrie et de la navigation nationales n'est point tellement exclusif, qu'il doive rendre les puissances européennes indifférentes à la prospérité de Java. La France, entre autres, n'a point, dans les mers de Chine, de marché plus important que celui des Indes néerlandaises. Elle exporte chaque année de Java pour près de 3 millions de francs. En échange des produits qu'elle achète, elle ne livre, il est vrai, qu'une valeur d'environ 1 200 000 francs ; mais ces riches colonies ont des habitudes de luxe et d'élégance qui ne peuvent manquer de rétablir un jour l'équilibre des relations que nous entretenons avec elles[1].

La journée que nous consacrâmes à parcourir le district de Pondok-Guédé nous offrit plus d'un genre d'intérêt. Nous trouvâmes, sur le même terrain, un échantillon de toutes les cultures nouvelles, et le type le plus complet des grandes existences que l'aliénation du domaine public a créées dans l'intérieur de Java. Des champs à défricher, des usines à conduire, tout un peuple d'ouvriers et de cultivateurs auquel il faut, chaque matin, mesurer sa tâche ou distribuer son salaire, voilà le côté positif de la vie créole. C'est celui qui séduirait le moins l'imagination du

[1] On peut même affirmer déjà que ce sont moins les intérêts de notre industrie que ceux de notre navigation qu'il s'agit de préserver, à Java, d'une concurrence fâcheuse. Nous avons pu voir plus d'une fois, pendant notre séjour dans les Indes, des cargaisons presque entièrement composées de produits français, qui avaient emprunté, pour y arriver à moins de frais, le pavillon des États-Unis ou celui de la Hollande. C'est ainsi qu'un navire de Rotterdam, *le Wilhelm*, appartenant à un armateur hollandais, M. Van Hobroken, apporta dans le port franc de Macassar, au mois de juillet 1849, une cargaison presque exclusivement achetée à Bordeaux, — provisions de bouche, — vins fins et vins ordinaires. — Ce même navire emporta de Macassar, comme cargaison de retour, plus de 100 tonneaux de nacre et d'écaille de tortue, qui auront été, en grande partie, achetés en Hollande par l'industrie française. Avant de souhaiter pour la France des relations plus actives avec l'archipel Indien, il faudrait, s'il était possible, lui créer avec ces lointains parages des relations plus directes.

voyageur ; c'est, il est vrai, celui qui frappe le dernier ses regards. Ce que le touriste aperçoit tout d'abord, ce sont les jardins remplis d'ombre et les salons tout embaumés de fleurs ; ce sont les serviteurs empressés, les voitures sous les hangars, les bestiaux dans les étables, les chevaux qui hennissent aux mangeoires. La chasse avec une armée de piqueurs ou les courses à travers la campagne, les charmes de la rêverie ou les plaisirs de la table, tout est là, tout se trouve réuni dans la même demeure. Le voyageur enivré est tenté de se croire sous le toit d'un prince : il envie ce bien-être et cette noble élégance, sans s'inquiéter du prix auquel on les achète ; mais, dès qu'il pénètre plus avant dans les secrets de cette vie somptueuse, il comprend mieux les sacrifices qui en sont inséparables, et n'hésite plus à reconnaître qu'à Java, comme ailleurs, la fortune n'a jamais récompensé que le travail et la persévérance.

L'industrie privée peut revendiquer sa part dans les récents progrès et dans la prospérité commerciale des Indes néerlandaises. L'aliénation d'une portion du domaine public, à Java, bien que singulièrement onéreuse au trésor, ne mérite donc point de sérieux regrets. Il importe cependant de poser des limites à l'extension de ce système. De nouvelles concessions de terre ne manqueraient point de troubler l'équilibre du budget colonial, et ce ne serait pas encore le plus grave inconvénient d'une pareille mesure. Quand les chambres hollandaises, effrayées des charges de la métropole, semblaient accueillir, avec une certaine faveur, le projet d'amortir la dette publique par la vente de terrains considérables à Java, un ministre, dont la voix éloquente avait acquis le droit d'être écoutée, M. Baud, repoussa énergiquement cette idée funeste. Il montra que le système de M. Van der Bosch reposait sur la coopération de la haute et de la petite aristocratie javanaise, que la cession des terres à des propriétaires européens aurait, au contraire, pour résultat, l'exclusion et l'abaissement de ces classes intermédiaires. En échange de l'appui que l'aristocratie lui prête, le gouvernement hollandais souffre qu'une partie de l'impôt foncier soit interceptée en passant par les mains de ceux qui le perçoivent. Il accepte sans murmure ces inévitables réductions de profits. Le propriétaire particulier, au contraire, ne voit dans la classe des chefs de village que des parasites qui dévorent une partie de ses revenus. Pour lui, l'organisation municipale ne peut être qu'un obstacle. Aussi s'applique-t-il à la faire disparaître de ses domaines. *Le système des cultures* n'attaque sur aucun point les institutions indigènes. Celui des grands propriétaires, s'il recevait de nouveaux développements, porterait à ces institutions la plus sérieuse atteinte. « Je puis comprendre, disait M. Baud, une réforme sociale qui ouvre, dans l'avenir, à chaque Javanais la perspective d'entrer en possession de la rizière dont il n'est, quant à présent, que l'usufruitier. Je n'en saurais admettre qui réduise les régents à ne plus être que les intendants salariés des capitalistes européens. »

La grande ambition de l'officier de marine, dès qu'il a touché terre, c'est de monter à cheval, de tourner le dos au rivage, de s'enfoncer dans l'intérieur du pays aussi loin qu'il lui est permis d'y pénétrer. On dirait qu'il cherche, comme Ulysse, un homme qui puisse prendre une rame pour une pelle à four. Tous les officiers de *la Bayonnaise* auraient donc accueilli avec joie le projet de visiter la résidence des Preangers ; mais deux voitures voyageant à la fois eussent couru le risque de manquer trop souvent de chevaux. Il fallut donc nous résigner à nous séparer à

Buitenzorg. Trois d'entre nous prirent, avec M. Burger, le chemin des Preangers, le reste de notre caravane dut retourner à Batavia.

La résidence des Preangers a près de 21 000 kilomètres carrés de superficie. C'est une province dont l'étendue est peu inférieure à celle de la Sicile. Dans la population des Preangers, le mélange du sang hindou se trahit moins que chez les habitants de la partie orientale de Java. Cette population se rapproche davantage de la race malaise, dont les physiologistes la distinguent cependant à certains caractères que je n'essayerai point de définir. Les habitants des Preangers sont en général désignés sous le nom de Sondanais ; le nom de Javanais est réservé pour la population qui réside à l'est de Chéribon. Les derniers recensements attribuent 739 000 âmes à la province des Preangers. On peut juger de la richesse agricole de cette résidence par d'autres chiffres non moins significatifs. Les cinq régences de Tjanjor, Bandong, Limbangan, Soumédang, Soukapoura, nourrissent 145 000 buffles, 5000 bœufs et 35 000 chevaux. Bien que cette vaste province soit soumise au régime du travail forcé, et tenue d'entretenir, au profit du gouvernement, plus de 80 millions d'arbres à café, elle n'en est pas moins, de toutes les résidences, celle où le riz est le plus abondant, et dans laquelle la subsistance des habitants est, en conséquence, le mieux assurée. La chaîne centrale, dont le Guédé est un des sommets culminants, sépare les Preangers des résidences de Buitenzorg et de Chéribon. Ni la propriété européenne, ni l'industrie chinoise n'ont franchi ces Alpes indiennes. C'est donc Java, dans toute sa simplicité primitive, que nous devions nous attendre à rencontrer sur l'autre versant des montagnes. On peut se figurer aisément l'intérêt que nous nous promettions d'un pareil voyage.

Suivant notre coutume, nous étions en route avant le lever du soleil. Nous avions marqué pour notre première étape le chef-lieu de la résidence des Preangers. Ce n'était qu'une journée de 59 kilomètres ; mais avant de redescendre vers la plaine de Tjanjor, il fallait atteindre par une rude montée le col du Megameudong, qui s'élève à plus de 1500 mètres au-dessus du niveau de la mer. Notre lourde voiture, dont les ressorts, fortifiés de lattes de bambou et de tours multipliés de rotin, devaient défier tous les cahots qui les attendaient dans ce long voyage, ne put gravir le Megameudong sans le secours de six buffles, masses informes, à la croupe monstrueuse, qui me rappelaient les éléphants de Porus ou ceux de Runjet-Sing. Nous avions heureusement trouvé, à mi-chemin de Buitenzorg et du pied de la montagne, d'aimables compagnons, qui voulurent bien partager avec nous les ennuis de cette ascension laborieuse. Nous suivîmes donc, sans trop y songer, les longs détours d'une voie escarpée et tortueuse, que l'admiration des voyageurs n'a pas craint de comparer à la route du mont Cenis, œuvre gigantesque dont l'île de Java fut redevable à la volonté de fer du général Daendels, et dont les travaux coûtèrent, dit-on, la vie à plusieurs milliers de Javanais. On éprouve de singulières sensations quand on gravit les hautes chaînes de montagnes situées sous les tropiques. Chaque pas que vous faites vers la région des nuages équivaut à d'immenses enjambées que vous feriez sur la face aplanie de la terre. Pour vous rapprocher du pôle, vous avez trouvé des bottes de sept lieues. Aussi voyez comme tout change autour de vous, la végétation, le ciel, la température ! Tout à l'heure vous étiez dans l'Inde ; vous venez de traverser l'Italie, vous voilà plongé dans les brumes glacées du Nord. Plus d'horizon infini, plus de voûte bleue, plus de haies de bambou, plus de bois de palmiers. Le vent siffle à travers de maigres feuillages, le brouillard flotte accroché comme les lambeaux d'un suaire à toutes les aspérités du sol ; les rochers sont froids et humides comme les murs d'une prison.

Nous atteignons enfin le point le plus élevé du col qui s'ouvre sur les Preangers. Quelle nature tourmentée et sauvage ! Aussi loin que la vue peut s'étendre, on n'aperçoit qu'un entassement confus de collines, boursouflures du sol en travail qui porte le cratère béant du Guédé. Ce gouffre, d'où s'échappe sans cesse une fumée sulfureuse, domine de plus de 1500 mètres le cratère éteint du Megameudong. C'est un volcan debout sur les ruines d'un autre volcan : l'Etna sur le Vésuve, ou Pélion sur Ossa. Pendant qu'on prépare pour notre voiture un nouvel attelage, nous nous laissons conduire, à travers la forêt, sur le bord de l'abîme où le feu souterrain a cessé de gronder. Une eau pure et profonde remplit la bouche jadis écumante ; des arbres et de gigantesques fougères ont percé les assises de lave ; les tigres et les rhinocéros viennent s'abreuver aux sources d'où jaillissaient autrefois des scories et des flammes. Nous descendons par un sentier tournant jusqu'au fond du précipice ; on ne voit plus que le ciel au-dessus de nos têtes, et le sentier qui monte en spirale, se cramponnant aux bords escarpés du cratère. Le lac est immobile, la forêt est silencieuse ; nos guides n'osent plus parler qu'à voix basse. C'est ici le séjour du génie de la terre, d'Arong-Kouwasa, dont les mugissements demandent, dit-on, des victimes humaines ; c'est le *lac des fées*, le *Telaga Varna*. Ne nous arrêtons pas plus longtemps dans ces lieux ; remontons vers le ciel, comme ces âmes souffrantes que les prières des vivants ont le pouvoir de délivrer. Nous voilà hors du gouffre ; notre voiture est prête; partons sans plus tarder pour Tjanjor.

On a encore des ravins à descendre, des côtes à gravir avant d'arriver à l'extrémité du plateau, d'où le regard peut plonger sur la plaine. Voici, sur la droite de la route, le hameau de Tji-Panas, et la maison de plaisance où s'arrête quelquefois, pour une nuit ou pour une demi-journée, le gouverneur général : c'est peut-être la seule maison de Java qui possède une cheminée. L'air est vif à Tji-Panas ; on y cultive tous les fruits et tous les légumes de l'Europe. Nous nous sommes cependant abaissés de 400 mètres depuis que nous avons quitté le col du Megameudong; encore quelques pas, et nous aurons franchi les portes de fer des Preangers. Les dernières ondulations volcaniques sont enfin derrière nous; une pente toujours égale nous conduira désormais vers Tjanjor. Ce n'est point la flèche élancée de quelque clocher rustique qui désigne à nos regards la place où nous devons chercher ce village javanais ; c'est un épais bouquet d'arbres se dessinant comme une oasis au milieu de la plaine. Tjanjor est caché sous ces berceaux de verdure. Déjà les haies de bambou s'élèvent de chaque côté de la route ; le palmier et le bananier entourent la case indienne, le bazar, avec ses boutiques de tissus indigènes, succède aux premières maisons des faubourgs. Nous entrons, sans sortir de cette longue avenue, dans le quartier européen. Sur la droite s'élève la maison du résident, à gauche l'hôtel où nous allons descendre. Remarquez en passant la prison et les magasins de café, seuls monuments publics d'une résidence javanaise. Voici le *Haloun-Haloun,* vaste place plantée de figuiers waringins. Le *dalem* du régent occupe un des côtés de la place publique. Une allée contiguë ombrage l'humble mosquée où se fait entendre d'heure en heure la voix du muezzin.

La journée qui suivit notre arrivée à Tjanjor fut consacrée à parcourir les environs de la ville : les rizières nous parurent admirablement cultivées, le paysage se montrait à chaque instant plus varié et plus pittoresque ; mais un silence de mort attristait cette belle campagne. On n'entendait point, comme à Luçon, la guitare résonner sous les toits de bambou ; ni danses, ni chansons ; du bien-être sans joie ; de l'ordre, de la symétrie partout, de la gaieté nulle part. Les Javanais que nous rencontrions demeuraient accroupis sur le bord de la route, le salacot à la main et le regard baissé ; ils n'eussent point osé se relever avant que notre voiture fût déjà loin d'eux. Nous avions observé ces marques de soumission craintive à Luçon aussi bien qu'à Java. Les Orientaux ont leurs usages contre lesquels nos idées européennes auraient tort de se soulever. A Constantinople, ils se prosternent et frappent la terre du front quand le souverain passe ; dans l'Inde, ils s'accroupissent ; aussi n'était-ce point cette déférence, à laquelle nous étions habitués, qui eût pu nous surprendre ; ce qui nous frappait, c'était la résignation passive empreinte sur toutes les physionomies. Le mahométisme fait ces populations graves et tristes, le catholicisme fait des populations vivantes ; les Indiens des Philippines en sont un exemple ; un peu de turbulence se mêle sans doute à leur obéissance comme à leurs plaisirs ; ils acceptent le frein, mais ils le secouent comme un cheval qui piaffe. Les Javanais traînent leur joug en silence.

M. Burger écoutait, sans impatience, le parallèle qu'à l'aide de mes souvenirs j'établissais sans cesse entre les Philippines et les Indes néerlandaises. Il était trop bon Hollandais pour ne pas détester les utopies frivoles qui pouvaient compromettre, à Java, la domination européenne. Il n'eût même point approuvé, malgré la ferveur de sa foi sincère, les tentatives d'un prosélytisme basé sur le dogme de l'égalité évangélique. Montrer aux habitants de Java — dans la poignée d'Européens auxquels le sort des armes les avait contraints d'obéir — des frères et non plus des maîtres, n'eût point été, suivant lui, une œuvre sans péril. Il eût consenti cependant à subir cette épreuve, s'il eût cru qu'il en dût sortir le bonheur et le perfectionnement moral de la race indigène ; mais, doutant que la prédication de l'Évangile pût se promettre dans l'Inde un pareil résultat, il demandait qu'à Java une civilisation plus avancée précédât une foi meilleure. Il croyait qu'on pouvait faire des Javanais de bons musulmans, et craignait qu'on ne fît jamais de cette race sensuelle, de ces esprits bornés, que des chrétiens hypocrites. Quant à nous, je ne sais trop quel instinct secret nous empêchait de souscrire à ces raisonnements. Nous avions vu de fort mauvais chrétiens aux Philippines ; ces pauvres Tagals nous semblaient cependant plus heureux et plus fiers, plus rapprochés de nous que les Javanais. Vis-à-vis des Malais, le protestantisme avait donc pu se montrer infructueux, sans que le catholicisme fût condamné à la même impuissance. Il était un point, toutefois, sur lequel M. Burger et nous ne pouvions différer d'opinion : c'était l'inopportunité de toute réforme de nature à inquiéter le fanatisme qui avait soulevé, en 1825, les provinces du Kedou et de Djokjokarta. Si, suivant la parole du comte de Maistre, les abus valent mieux que les révolutions, la foi religieuse n'est-elle point, dans une certaine mesure, obligée, comme la foi politique, de s'arrêter devant la crainte du désordre qu'entraîneraient ses prédications ?

Après avoir entrevu les habitants des campagnes javanaises, nous étions impatients de nous trouver en présence des princes qui les gouvernent. Le régent de Tjanjor nous ouvrit les portes de son *dalem*. Aux clartés douteuses que versaient, sous un vaste hangar, une douzaine de lampes remplies d'huile de coco, nous pûmes contempler ce descendant des anciens souverains des Preangers. Un étroit turban couvrait sa tête ; une veste de soie rayée pendait le long de son buste amaigri ; un *sarong* descendait jusqu'à ses genoux, attaché comme un tablier à sa ceinture. La pudeur orientale ne se trouve point à l'aise dans nos vêtements exigus ; elle aime les draperies, les longues robes flottantes, et si, pour complaire à leurs maîtres, pour leur ressembler du moins par quelque trait, les régents javanais ont dû accepter nos *inexpressibles*, ils se sont, du moins, empressés de cacher cette *inconvenance* sous le *sarong* de leurs ancêtres. Le résident de Tjanjor voulut nous présenter à la souveraine du dalem, la seule des nombreuses femmes du régent qui, sortie d'un sang non moins illustre que le prince dont elle partage les honneurs et la couche, n'ait point à craindre d'être répudiée, comme les humbles compagnes que lui donnent les caprices sensuels de ce tyran domestique.

Bientôt les *bedayas*, avec leur corset de velours vert, leur jupe couleur de safran, leur casque et leur ceinture d'or, s'avancèrent d'un pas nonchalant au milieu de la salle. On eût dit des scarabées venant de rouler leur robe d'émeraude dans le pollen. Je reconnus en frémissant les préludes du ballet de Ternate ; la même psalmodie lente et nasillarde frappa mes oreilles, le *gamelang* y mêla ses sons discordants. J'aurais voulu fuir ; un sentiment de courtoisie m'enchaîna sur ma chaise. Je n'avais cependant prévu qu'à demi mon supplice : pas un souffle de brise ne pénétrait dans cette salle, dont le toit incliné pesait sur nos épaules comme un dôme de plomb. Suffoqué et près de défaillir, je dus subir pendant plus d'une heure le maussade spectacle de ces contorsions méthodiques, qui pouvaient raconter aux adeptes un drame de guerre ou une scène d'amour, mais qui restaient, je l'avoue, sans signification pour mes sens comme pour mon intelligence. Quant au prince devant lequel les *bedayas* déployaient ambitieusement toutes leurs grâces, avec son costume efféminé, son teint hâve, son œil terne, sa bouche souillée d'une salive sanglante, je l'aurais pris volontiers pour la hideuse idole du temple de la Luxure.

Ce n'est point au sein de leurs dalems qu'il faut aller étudier les régents javanais : on les jugerait trop défavorablement. A voir leurs traits flétris, leur démarche abattue, leur regard éteint, on croirait n'avoir en face de soi que des corps énervés, digne enveloppe d'âmes sans énergie ; mais qu'on amène à ces voluptueux épuisés leur coursier favori, que les cris joyeux de la chasse retentissent dans la plaine, ou les hurlements de la guerre dans la montagne, qu'on leur montre un tigre à frapper ou un ennemi à combattre, tout le sang malais leur revient subitement au cœur ; leurs yeux étincellent ; ni la fatigue, ni le danger ne les arrêtent. Ils sont braves et impétueux par tempérament ; aussi la mollesse de leur existence n'a-t-elle pu diminuer leur audace naturelle. M. Burger me promit qu'avant de rentrer à Batavia il me montrerait d'autres princes javanais que le régent de Tjanjor. Plein de confiance dans cette promesse, je suspendis le jugement dans lequel mon imagination trop prompte allait envelopper la noblesse de Java tout entière.

Au delà de Tjanjor, la grande route traverse une plaine étendue qui s'abaisse doucement vers l'est jusqu'au point où serpente le cours sinueux du Tji-Kosan. En aucun lieu du monde on ne rencontrerait une campagne plus verte et plus fertile. L'œil aime à se reposer sur ces immenses rizières qui promettent de si riches moissons. Des villages, à demi cachés derrière leurs haies de bambou, vous rappellent à chaque instant que vous parcourez une des provinces les plus populeuses de l'île. Pendant que six chevaux emportent rapidement notre chaise de poste à travers la plaine, nous ne pouvons nous empêcher de remarquer l'aspect misérable des paysans accroupis sur notre passage. Vêtus d'un simple pantalon de toile grossière, qui leur descend à peine jusqu'au genou, les épaules couvertes d'une chemise flottante, qui n'est quelquefois qu'un haillon, ils offrent l'apparence d'un singulier dénûment au milieu de ce paradis terrestre. Si ce n'est point au fisc hollandais que ces malheureux doivent reprocher leur détresse, ils peuvent en accuser, avec plus de raison, la prudence politique qui les livre sans défense aux exactions de leurs propres chefs. La culture et le transport du café, la dîme des rizières, ne sont point pour les habitants des Preangers les plus lourdes charges : ce sont les abus de chaque localité, et non les redevances que l'État impose, qui font, à Java, la misère du cultivateur. Les régents, et, à leur exemple, les moindres chefs de village, ont su trouver un biais ingénieux pour tailler la gent corvéable. Ils ne se permettent point d'infliger au paysan javanais le fardeau de taxes nouvelles, ils s'arrogent le droit de s'approprier de son bien ce qui leur plaît ; ils l'appellent à contribuer au luxe de leurs fêtes, se font défrayer par lui dans leurs voyages, et dissipent niaisement les trésors qu'ils lui ont ravis.

Dès que nous eûmes franchi le Tji-Kosan sur un pont hardiment jeté d'une rive à l'autre, nous entrâmes dans une autre contrée. Le paysage prit un aspect dur et sauvage. Peu de traces de culture, des rochers abrupts, des coteaux couverts de hautes herbes, des palmiers ployant sous le faix d'une végétation parasite, tel fut le tableau qui succéda brusquement aux sites dont nous venions d'admirer la beauté calme et l'apparence prospère. Bientôt le Tji-Taroum se présente avec son lit profondément encaissé. Il roule avec fracas ses eaux rapides entre des rives de plus de deux cents pieds de hauteur que tapisse une éternelle verdure. On se demande avec un secret effroi comment on a pu songer à tracer une route carrossable à travers de pareils précipices. Il a fallu l'énergie du général Daendels et la patience aveugle du peuple javanais pour parvenir à triompher de tant d'obstacles. Les chétifs poneys qui traînaient tout à l'heure notre voiture ont dû céder la place à un plus vigoureux attelage. Quatre buffles monstrueux nous font gravir la rampe escarpée qui se dresse devant nous sur la rive gauche du fleuve; ils montent la tête basse, le cou tendu, les naseaux ouverts, et déploient toute la puissance de leurs muscles dans un lent mais irrésistible effort. Dès que ces monstres dociles ont achevé leur tâche, on les dételle; un enfant demi-nu s'assied sur leur large dos, comme sur une plate-forme, et les ramène, en les flattant de la main, à l'étable.

Nous étions arrivés à la limite des régences de Tjanjor et de Bandong. Des montagnes calcaires, soulevées du fond des eaux par l'éruption volcanique, bordent les deux côtés de la route. On dirait les ruines de murs cyclopéens bâtis avec de larges blocs de marbre jaune. Au delà de cette gorge s'étend le plus vaste plateau de l'île à plus de 2000 pieds au-dessus du niveau de l'Océan. Cet immense plateau est entouré de montagnes dont le sommet disparaît dans les nuages. D'innombrables ruisseaux le sillonnent et vont grossir le cours impétueux du Tji-Taroum. Voici les rizières, les villages et les hauts palmiers qui reparaissent ; voici les haies de bambou et d'hibiscus : nous entrons dans Bandong.

L'assistant résident, M. de Sérière, était l'ami particulier du docteur Burger. Il se chargea de nous faire les honneurs de la régence, et nous lui dûmes les plus curieux épisodes de notre voyage. La régence de Bandong produit à elle seule plus de quatre millions de kilogrammes de café. Des parcs d'une immense étendue couvrent de tous côtés les pentes de la montagne. Ici le cafier naissant croît sous l'ombre légère du *dadap*, dont le tronc fragile grandit en quelques mois et fait trembler au bout de longs rameaux des grappes de fruits écarlate. Plus loin, le cafier se déploie dans tout l'orgueil de sa séve. Le dadap a été coupé au pied ; il n'y a plus de feuillage importun entre l'arbrisseau déjà fort et le soleil ; les branches du cafier commencent à s'étendre, et portent avec les baies qui rougissent des milliers de fleurs aussi blanches que des flocons de neige ; d'autres allées nous montrent l'arbre devenu vieux ; vingt années de fécondité l'ont épuisé : quelques fruits apparaissent encore çà et là au milieu de la majesté stérile de son noir feuillage, mais il faut une échelle de bambou pour les atteindre. De nouveaux plants fourniront une récolte à la fois plus abondante et plus facile. Aussi chaque saison voit-elle disparaître quelques-uns des vieux massifs qui faisaient jadis l'ornement de la colline.

On ne saurait se figurer le charme que nous éprouvions à parcourir ces beaux parcs si coquettement alignés et entretenus. Le régent avait mis ses écuries à notre disposition, et, dès que la route cessait d'être praticable pour les voitures, nous enfourchions bravement les poneys de Célèbes ou de Sandalwood. On n'eût pu trouver de montures plus dociles, plus souples et plus infatigables. Il fallait voir ces gracieux coursiers à la robe luisante gravir d'un seul temps de galop les escaliers qui unissent le fond des ravins au sommet des collines, véritables échelles de Jacob que les Javanais ont taillées dans l'humus séculaire de leur île. C'est ainsi que nous atteignîmes les hauteurs où le tigre guette encore sa proie, où le paon s'envolait devant nous, laissant traîner dans l'air sa longue queue pareille à un météore. Ce qui ne peut manquer d'étonner le voyageur qui parcourt l'intérieur de Java, c'est le passage subit des campagnes les mieux cultivées aux sites les plus pittoresques et les plus sauvages. A quelques pas des jardins de café, la cascade de Djamboudissa bondit de près de 300 pieds de hauteur, et développe jusqu'au fond du gouffre sa nappe d'eau intarissable. Vous sortez à peine d'une gorge inculte ou d'une forêt vierge, que vous retrouvez les œuvres de la civilisation. Ici c'est une source d'eau minérale qui remplit une piscine profonde ; là-bas une roue gigantesque dépouille les baies de café de leur enveloppe. Des femmes et des enfants descendent pieds nus de la montagne. Comme dans nos campagnes aux jours de la vendange, leur dos est chargé d'une hotte de rotin ou d'osier. Des flots de baies rouges roulent aux pieds du collecteur. Des écrivains enregistrent le nombre de *picols* que chaque moissonneuse apporte. D'autres employés sont occupés à compter les *duits*, infime monnaie de cuivre, auxquels chaque travailleur a droit pour son salaire. La roue cependant tourne sans cesse ; ses dents de cuivre arrachent la pulpe charnue qu'une eau courante sépare instantanément de la fève. Le café perd ainsi peut-être une partie de la saveur qu'il empruntait autrefois à l'enveloppe dont il absorbait lentement l'arome ; mais il séduira l'acheteur par la teinte bleuâtre que lui donneront les rayons du soleil.

On a voulu frapper d'un même anathème Java et Surinam, les Indes néerlandaises et les colonies à esclaves : c'est confondre, un peu légèrement peut-être, l'esclavage individuel et la servitude politique. Les habitants de Java sont plus libres que ne l'était la majeure partie des cultivateurs européens au moyen âge, car ils ne sont pas attachés à la glèbe. Vous ne rencontrerez point, il est vrai, de *rêveurs* dans cette Icarie. Chacun ici doit accomplir sa tâche : les effrayants travaux de ces routes merveilleuses pour lesquelles on a dû combler les vallées, creuser des tranchées profondes, jeter des milliers de ponts qu'il a fallu créer et qu'il faut maintenant entretenir, ce sont les distractions de ces bons Javanais. Ce que la culture du café et la culture des rizières leur laissent de loisir, l'entretien des voies de communication l'absorbe. La domination étrangère leur vend à ce prix les bénédictions de la paix et le bienfait d'une exacte et régulière justice. Le joug est lourd, je n'en disconviens pas, il est temps qu'on songe à l'alléger ; mais mieux vaudrait encore l'appesantir que de livrer cette belle île de Java aux hasards d'une émancipation prématurée. On ne peut se permettre, qu'on y songe, la plus courte trêve avec la nature des tropiques. C'est un géant aux cent bras : si chaque jour on ne la châtie ou on ne la réprime, elle a bientôt étouffé l'œuvre éphémère des hommes. Ses torrents, ses lianes, ses convulsions souterraines, accomplissent en quelques saisons ce que le temps n'achève dans nos contrées qu'à l'aide de sa lime infatigable. Haïti en est un triste exemple. Puisse le ciel préserver à jamais l'île de Java d'un pareil sort ! Je suis sans cesse tenté, je l'avoue, de prendre le parti de la société contre la nature. Livrée à elle-même, la nature ne produit rien de bon. J'ai vu, à Buitenzorg, un savant intrépide qui venait de traverser Bornéo dans toute sa largeur, vêtu, comme un Dayak, d'une ceinture de feuillage. « Abandonné dans une forêt des tropiques, lui disais-je, quels fruits trouverait-on pour se nourrir? — On trouverait, me dit-il, les jeunes pousses de rotin qui enlacent de leurs tiges grimpantes les troncs vermoulus des vieux arbres. » Si c'est là tout ce que nous réserve la région tropicale dans sa pompe fastueuse, honneur à la charrue et gloire à l'aiguillon! Le pire de tous les tyrans, c'est celui qui entrave le travail; c'est l'anarchie, ce n'est pas le despote.

Nous avions vu dans l'île de Java ce que peuvent voir tous les voyageurs qui se rendent, par la route royale, d'Anjer à Sourabaya. Si nous nous étions dirigés vers l'est, du côté de Chéribon, nous ne fussions pas sortis des sentiers battus. M. Burger aima mieux nous faire visiter complétement la province des Preangers et nous conduire jusqu'à la lisière des forêts vierges qui couvrent encore les derniers districts de la côte méridionale. Pour réaliser ce projet, il fallut mettre tout le pays en mouvement: le régent disposa des relais sur la route de traverse qui unit la régence de Bandong à celles de Limbangan et de Soukapoura. Il prit soin d'aposter des corvées pour nous aider à franchir les pas les plus difficiles, et poussa la prévoyance jusqu'à faire étendre des nattes de bambou sur quelques points où la pluie avait dégradé la chaussée. Sans cette précaution, il est vrai, notre voiture eût enfoncé dans la fange jusqu'au moyeu, et je doute fort qu'Hercule en personne eût réussi à nous en tirer. Les petits chevaux de Java ont moins de force que d'ardeur. Ils galopent tant que la voiture les suit. Si la voiture s'arrête, ils sont incapables de faire un pas de plus en avant. Aussi, dès qu'une rampe un peu forte se présentait devant nous, il fallait voir la profonde anxiété de notre cocher malais. Il portait la main à son turban comme s'il eût voulu invoquer Mahomet, serrait autour de sa taille sa longue robe de soie rouge, et, rassemblant toutes ses forces, assénait à ses six coursiers, en guise d'encouragement, une volée de coups de fouet qui eût fait prendre le mors aux dents à Rossinante. Les pauvres bêtes partaient ventre à terre ; parfois elles franchissaient l'obstacle dans la chaleur de ce premier élan, mais si la montée était longue, la voiture, pour parler en marin, *perdait* insensiblement *son aire*, et l'attelage à l'instant s'arrêtait court. Déposant son fouet à ses pieds, notre Malais, dans cette inquiétante conjoncture, jetait sur les champs voisins un regard de détresse, et poussait d'une voix plaintive ce mot que nous eûmes bientôt appris à répéter : *sorong ! sorong !* à l'aide ! à l'aide ! Alors, s'il se trouvait à un mille à la ronde quelque paysan occupé à tracer un sillon, quelque piéton passant sur le chemin, le secours réclamé ne se faisait point attendre. Le paysan quittait sa charrue, le piéton déposait son fardeau. A bras d'hommes, on poussait la voiture jusqu'en haut de la montée, et les chevaux recommençaient à courir de plus belle. Ce qu'il fallait éviter, c'était de s'engager dans ces mauvais pas après le coucher du soleil, car à cette heure les champs et les chemins étaient déserts. A moins qu'on n'eût la bonne fortune de rencontrer un Chinois attardé, on s'exposait à passer le reste de la nuit à mi-côte.

Dans les régences de Tjanjor et de Bandong, nous avions voyagé comme des grands seigneurs ; dans celles de Limbangan et de Soukapoura, nous voyagions comme des princes. Les notables de chaque village venaient à notre rencontre. Nous avions des escortes de lanciers et de cavaliers à grands plumets tout autour de notre voiture. Nous faisions notre entrée dans les villes au son du *gamelang* ou à la lueur des torches. Il y avait des fonctionnaires zélés qui nous faisaient passer sous des arceaux de bambou et qui décoraient les places publiques de verdure. D'autres nous offraient une collation dans un kiosque chinois au toit octogone. Lorsque nous acceptions ce repas officiel, c'était à peine si les gardes qui entouraient notre voiture voulaient souffrir que nos pieds touchassent la terre. Ils déployaient au-dessus de nos têtes le parasol du *kappoula campong*, et nous conduisaient jusqu'à table, abrités sous ce dais d'honneur.

C'est ainsi que nous gravîmes les pentes du Mandela-Wangi et les croupes du Gountour, fameux par ses éruptions. Vers la fin du jour nous atteignîmes le village de Garout, chef-lieu de la régence de Limbangan. Il n'y avait point dans ce village, éloigné de la route royale, d'hôtel qui pût nous offrir les ressources que nous avions trouvées à Bandong et à Tjanjor. A défaut d'auberge, nous nous résignâmes à coucher dans un palais. Nous trouvâmes chez le régent de Garout une table servie à l'européenne, des vins fins, un billard, un péristyle aux colonnes de stuc, et des lits dont la somptueuse estrade semblait faite pour des têtes couronnées plutôt que pour d'obscurs voyageurs. Le chef-lieu de la régence de Limbangan est complétement entouré d'un cercle de montagnes : le Papandajan, qui s'élève à 7600 pieds au-dessus du niveau de la mer, le Tjikoraï et le Galoungoung, qui atteignent à peu près la même hauteur. Quand on se promène sur la place publique de Garout, on se croirait descendu au fond d'un cratère. De cette place, dont le centre est occupé par un vaste tapis de gazon, nous prenions plaisir à contempler les monts que nous avions franchis. Nous avions dépassé cette fois la région visitée par les touristes, il nous était donc permis de noter minutieusement nos sensations.

A qui n'est-il point arrivé, en ses beaux jours de naïves

et crédules lectures, de se transporter par la pensée au delà des mers, de voir apparaître, comme en un rêve, des êtres aux formes étranges, entourés de paysages aux teintes inconnues? Je me souviendrai toujours de l'impression que fit sur moi, bien jeune encore, la vue de deux antiques tapisseries des Gobelins qui décoraient alors le salon du ministère de la marine. Le nouveau monde avec ses caciques coiffés d'un diadème de plumes, ses aras à longue queue qui se balançaient sur une branche de palmier ou battaient des ailes sur l'épaule nue d'un sauvage ; l'Asie avec ses éléphants et ses tigres, avec ses parasols et ses étoffes de soie, avec ses esclaves à genoux et ses colliers de perles, entraînèrent ma vocation, jusqu'alors indécise, et donnèrent un aspirant de plus au roi Charles X. Bien des années se passèrent cependant avant que je pusse aborder ces fabuleux rivages, et quand la fortune m'y eut conduit, j'y trouvai presque autant de désenchantements que de surprises ; mais depuis que j'avais franchi les hauteurs embrumées du Megameudong, je commençais à trouver insensiblement l'Asie de mes rêves, et je ne me plaignais plus d'avoir fait cinq mille lieues en pure perte. La maison du contrôleur hollandais s'élevait humble et chétive en face du palais du régent de Garout. Le contraste de ces deux demeures ne pouvait manquer de fixer notre attention. Il nous disait comment, tout en s'emparant de la réalité du pouvoir, la Hollande avait voulu en laisser aux chefs indigènes l'apparence et l'éclat extérieur. Grâce à cette fiction, un jeune homme presque imberbe encore pouvait, pour ses débuts dans l'administration coloniale, gouverner sans un seul soldat, sans un seul compagnon européen, une province séparée de Batavia par une double chaîne de montagnes et par une distance de 221 kilomètres. Le soleil cependant allait bientôt s'abaisser sous l'horizon. L'iman, du haut de la mosquée, appelait les fidèles à la prière ; les *pradjouritz*[1], le mousquet à l'épaule, montaient la garde devant le palais du régent, et un nuage de chauves-souris gigantesques couvrait le ciel, n'attendant que les premières ombres de la nuit pour s'abattre comme un troupeau de harpies sur les vergers. Tout annonçait autour de nous la vigueur d'une nature exceptionnelle. Ces vampires soutenus dans l'air par deux noires membranes, ces arbres, dont on eût entendu murmurer la séve, ces gradins volcaniques qui montaient jusqu'aux cieux, ce n'était pas un spectacle usé ni un paysage vulgaire. Ce fut dans l'enthousiasme de cette belle soirée que nous fîmes vœu de ne pas revenir sur nos pas tant qu'il resterait un chemin praticable pour nous conduire vers les côtes que baigne l'océan Austral.

Le régent poussa l'urbanité jusqu'à vouloir assister au repas qu'il nous fit servir ; mais, zélé musulman, il se défendit sans affectation d'y prendre part. Nous étions au temps du carême islamite, et bien que le *pouassah* ne compte point parmi les Javanais beaucoup d'observateurs rigides, les princes et les grands seigneurs ne voudraient pas manquer cette occasion de montrer au peuple la sainteté de leurs mœurs et la pureté de leur foi. Le régent de Garout voulut donc attendre, pour rompre le jeûne commandé par la loi de Mahomet, le moment où, sans paraître négliger ses hôtes, il pourrait se retirer dans son *dalem.* La physionomie intelligente de ce prince javanais semblait exprimer le regret de ne pouvoir répondre à nos questions que par l'intermédiaire d'un interprète. Le nom de la France ne pouvait d'ailleurs lui être demeuré inconnu, car des gravures représentant les princi-

[1] Milice indigène destinée au service des provinces de l'intérieur.

pales batailles de l'empire figuraient appendues à tous les murs de son palais. Nous avons, on le voit, semé les pages de notre histoire dans le monde entier et rendu nos victoires populaires jusqu'au fond des forêts de l'extrême Orient. Il faut en féliciter et en remercier notre industrie. Voilà du moins un article d'exportation que l'Angleterre ne lui disputera pas !

Vers sept heures du soir, après avoir longuement admiré le diamant noir de Bornéo que le régent de Garout portait au doigt en guise de talisman, nous lui rendîmes enfin sa liberté. Suivi de ses nombreux serviteurs, il se dirigea vers l'aile gauche du palais, occupée tout entière par les appartements de ses femmes, et bientôt les sons du *gamelang* nous apprirent que le régent venait d'entrer dans son *dalem*.

Le lendemain, dès la pointe du jour, nous étions à cheval. Nous devions nous élever sur les flancs du Galoungoun jusqu'à près de 6 000 pieds au-dessus du niveau de la mer. Un lac sulfureux, le Telaga-Bodas, remplit à cette hauteur le cratère d'un ancien volcan. Là, plus encore qu'au sommet du Megameudong, il nous sembla retrouver le climat du nord de l'Europe. Le chêne, le laurier, les ronces de nos haies bordaient seuls le chemin que nous suivions. Quand nous arrivâmes sur les bords du lac, il fallut nous envelopper de nos manteaux. Une barque montée par un Javanais nous transporta sur le rivage opposé du cratère. Cette nappe d'eau d'un blanc laiteux sur laquelle erraient d'éternelles vapeurs, ce sol cristallisé qui criait sous nos pas, ces fissures d'où s'échappait une fumée sulfureuse, ce Caron demi-nu qui, appuyé sur sa rame, nous tendait silencieusement la main pour recevoir notre obole, tout rappelait involontairement les bords gémissants du Styx. Nul être humain n'habite les rives de ce lac empesté ; nul bruit n'éveille les échos de cette solitude, si ce n'est parfois le rugissement lointain du tigre au fond des bois ou le craquement des branches que le rhinocéros écarte et brise sur son passage. Après avoir chargé nos guides de longs cristaux de soufre, nous redescendîmes vers Garout. Longtemps avant d'avoir atteint le niveau de la plaine, nous avions retrouvé les plantes amies du soleil, le bambou au port gracieux, le pandanus, le palmier et le manguier au vaste ombrage. Le ciel étendait sa voûte bleue sur d'immenses jardins de café. Nous avions oublié les frimas que nous venions de traverser, et nous ne songions plus au Telaga-Bodas ; mais lorsque la nuit fut venue, lorsque j'eus reposé ma tête sur le double oreiller du régent de Garout, il me sembla revoir le lac infernal et les sites funèbres que nous avions visités le matin. Les vagues, en se brisant sur le rivage, rendaient je ne sais quel sourd gémissement ; je m'éveillai en sursaut : l'aube dorait déjà l'horizon, et les chevaux attelés à notre chaise de poste hennissaient dans la cour. Je me hâtai de m'habiller, et bientôt, avides d'émotions nouvelles, nous roulâmes sur la route de Manon-Djaya.

Dès que nous eûmes dépassé le versant septentrional du Tjikoraï, nous entrâmes dans un vaste bassin, plus étrange encore que celui que nous venions de quitter. La plaine était littéralement semée de monticules de verdure. On eût dit le royaume des taupes, si les taupes pouvaient soulever des mottes de terre presque aussi grosses que le tombeau d'Achille ou que le tumulus de Patrocle ; quelque irruption boueuse avait passé par là. Nous ne pûmes nous arrêter à étudier les causes de ce bizarre phénomène, car nous voulions atteindre avant la fin du jour le village de Manon-Djaya. C'est dans cette capitale naissante que réside le régent de Soukapoura, et c'est dans le palais à peine achevé de ce prince que le contrôleur de Manon-Djaya nous fit gracieusement offrir un asile.

Depuis notre départ de Garout, nous étions descendus, par une pente insensible, des hauteurs où règne l'éternel printemps des tropiques, pour nous rapprocher de la zone torride. Aussi tout annonçait autour de nous une végétation plus riche et plus hâtive. L'indigofère remplaçait dans les champs le riz et la canne à sucre ; le *rhamboutan* déjà mûr, la mangue et la pamplemousse se montraient à profusion sur les échoppes du bazar. Des enfants venaient nous offrir pour quelques florins des cages toutes remplies des plus beaux oiseaux que nous eussions encore vus. Nous remarquâmes surtout avec étonnement une espèce de gros merle noir et jaune, le *béo*, qui pouvait imiter à volonté le hennissement du cheval ou le doux parler du Malais, qui n'entendait point le miaulement d'un chat ou l'aboiement d'un chien, le claquement d'un fouet ou quelque gros juron teutonique, sans essayer de contrefaire le bruit qui avait frappé son oreille. L'âme de quelque mime avait sans doute transmigré dans ce petit corps. Malheureusement ce charmant babillard est condamné à ne pas sortir de son île natale. Il est doué d'une organisation nerveuse à laquelle il doit sans doute ses talents merveilleux, et qui met incessamment son existence en péril. On le voit défaillir à la vue du sang, se pâmer au bruit du canon. Il passe de vie à trépas dans une seule contraction convulsive. Aussi délicat, mais moins intelligent que le *béo*, se montrait dans de longues cages de bambou le musc pygmée, gracieux diminutif du cerf, qui joue dans la poésie malaise le même rôle que la gazelle dans la poésie arabe ou persane. Ses jambes fines et déliées, qui semblent toujours à demi ployées par la peur, soutiennent un corps à peine aussi gros que celui du lièvre.

Non loin de Manon-Djaya, si nous eussions osé sonder les sombres profondeurs de la forêt, nous eussions rencontré des animaux plus terribles : le tigre royal, le buffle, le rhinocéros, la panthère et le *sapi-outang*, gigantesque antilope qui tient à la fois du taureau sauvage et de la gazelle. Lorsqu'un Européen veut, Nemrod intrépide, fouiller ces bois épais ou les jungles dans lesquelles les bêtes fauves se réfugient pendant les ardeurs du jour, un ou deux Javanais armés de longs couteaux fauchent les herbes et abattent les lianes devant lui. Six autres Indiens, la lance en arrêt, l'environnent. Il s'avance ainsi vers l'ennemi qu'il a découvert, lui présentant de tous côtés une barrière de dards, et aussi sûrement à l'abri de ses griffes ou de ses défenses que s'il faisait feu à travers les créneaux d'une tour.

Dans les Preangers, cependant, les habitants ne sont point, comme dans les provinces orientales de Java, habitués dès l'enfance à recevoir le premier bond du tigre sur la pointe de leur javeline. On y va donc rarement troubler ce monstre redoutable dans son repaire, non pas que la chasse au tigre soit moins populaire parmi les employés des Preangers que parmi ceux de Sourabaya ou de Samarang, mais parce que, suivant la naïve expression d'un chasseur, les paysans sondanais ne sont pas *assez braves*. Il était convenu néanmoins que nous ne quitterions point l'île de Java sans avoir eu le spectacle d'une de ces grandes chasses pour lesquelles il faut mettre sur pied tout le peuple d'une province. M. de Sérière nous avait promis ce plaisir féodal. Le jour était fixé où nous devions nous rejoindre au sein de la vaste plaine qu'on traverse pour se rendre de la régence de Bandong dans la régence voisine. Nous eussions plutôt voyagé jour et nuit que de nous exposer à manquer un pareil rendez-vous. Aussi résolûmes-nous de franchir d'un seul trait les 90 kilomètres qui séparent Manon-Djaya du chef-lieu de la régence de Soumedang.

Nous avions à gravir, pour réaliser ce projet, les crêtes escarpées dont le versant oriental s'abaisse jusqu'aux provinces de Krawang et de Chéribon. C'est peut-être la partie la plus sauvage et la plus pittoresque des Preangers. Pendant plusieurs lieues, on n'aperçoit que des pics ardus ou des gorges profondes. La route, suspendue et comme accrochée aux flancs de la montagne, surplombe à chaque pas un précipice. Toute trace de culture a disparu. Privé de travail et par conséquent de salaire, le peuple de ces misérables districts n'a plus même de haillons pour couvrir sa nudité. C'est un sol qu'on croirait frappé de la colère du ciel ; en descendant de ces plateaux stériles, il nous sembla retrouver la terre de Chanaan. La nuit étendait déjà ses ténèbres sur la campagne, et ce fut à la clarté des torches que nous fîmes notre entrée dans Soumedang. Le lendemain, nous nous dirigions dès le point du jour vers Bandong. Nous avions à peine dépassé la frontière des deux régences, que nous rencontrâmes les avant-postes de la grande armée de piqueurs qui tenait la campagne. A plusieurs lieues à la ronde, les cerfs avaient été rabattus dans la plaine. Une ligne de Javanais gardait le pied des montagnes, une autre ligne était échelonnée sur la route ; c'était un véritable parc entouré d'une muraille vivante. Au centre de la plaine, on avait élevé, pour nous recevoir, un pavillon improvisé que supportaient quatre piliers de bambou et auquel on parvenait par une échelle ; de là on pouvait découvrir une immense étendue de terrain et suivre sans fatigue les progrès de la chasse.

Le régent de Bandong est le prince le plus opulent de Java ; il touche annuellement sur la récolte du café une remise évaluée à plus de 300 000 francs ; il a en outre la dîme des rizières et le droit de requérir, quand bon lui semble, les services de ses administrés. Quelques années avant notre arrivée à Java, l'assistant résident avait été poignardé dans un désordre populaire. On soupçonna le régent d'avoir été l'instigateur du crime, ou du moins on l'en rendit responsable. Le gouvernement hollandais le dépouilla de ses dignités ; mais il ne lui chercha point un successeur dans une autre famille. Le fils aîné du régent dépossédé prit à l'instant sa place, pendant que le vieux prince oubliait sa chute officielle dans les doux loisirs d'une tranquille opulence. Le régent disgracié et le régent en titre étaient tous deux à cheval quand nous arrivâmes au lieu du rendez-vous. Sans le turban qui enveloppait leur front bronzé, on les eût pris pour des cavaliers numides, tant ils semblaient faire corps avec les fiers coursiers qui piaffaient sous eux. Assis sur une selle sans étriers, le *klewang* à la ceinture, ces deux princes javanais me faisaient oublier le régent énervé de Tjanjor. Je retrouvais de l'énergie dans leur pose, du feu dans leur regard. Tous les nobles de la régence les entouraient, prêts à lutter de vitesse et d'ardeur avec eux. Le signal est donné ; nulle meute ne mêle ses aboiements aux cris des chasseurs ; ce sont les chevaux, race énorme venue du Mecklembourg, qui battent de leurs pieds les herbes et en font sortir le gibier. Dès qu'un cerf paraît, un escadron tout entier se lance à sa poursuite. On voit bondir à travers la rizière et l'animal qui fuit, et les chevaux, plus ardents que des limiers, qui le pressent. Sur ce terrain fangeux, le cerf a bientôt épuisé sa vigueur. Le premier cavalier qui peut l'atteindre l'abat d'un seul coup de son klewang. Les buffles, cheminant toujours deux par deux, se mettent alors en marche : le Javanais qui les guide charge sur leur dos le cerf abattu, et d'un pas indolent ils se dirigent vers le pavillon au pied duquel on apporte à chaque instant quelque nouvelle victime. On tua trente-six cerfs ce jour-là : quatre-vingts avaient succombé un mois auparavant. Le vieux régent, quand il revint vers nous, portait l'orgueil d'un vainqueur empreint sur sa figure, non pas cet orgueil communicatif qui semble mendier des éloges, mais cette fierté morose qui s'enivre du sang versé et savoure secrètement son triomphe. Aucun coursier du Mecklembourg n'avait pu devancer son cheval arabe ; aucun klewang n'avait, plus souvent que le sien, brisé d'un seul revers les reins d'un cerf aux abois ; il était, sans contestation, le roi de la chasse.

Tels sont, avec les voluptés mystérieuses du *dalem*, les seuls plaisirs de la noblesse javanaise. Contenue par la main puissante de la Hollande, elle a dû renoncer aux luttes intérieures qui flattaient son courage ; elle retrouve dans la chasse l'image de la guerre, et s'y livre avec une ardeur que l'âge même ne suffit pas à éteindre. Un peu de danger vient d'ailleurs ennoblir ces massacres : il n'est pas rare de voir du milieu des roseaux s'élancer, au lieu d'un faon timide, un tigre qui rugit. C'était dans cette plaine même, où nous n'avions rencontré que des troupeaux d'axis, que M. de Sérière avait vu deux chefs javanais, montés sur leurs coursiers, combattre corps à corps un rhinocéros ; l'un d'eux excitait cette lourde masse à le poursuivre ; l'autre la frappait par derrière de son klewang. La lutte se prolongea pendant près d'une heure. Le monstre, à chaque coup, se retournait sur le cavalier qui l'avait frappé ; à l'instant une nouvelle blessure appelait d'un autre côté sa fureur. Enfin un coup plus hardi l'atteignit au jarret ; il s'affaissa sur lui-même, et les cavaliers, mettant pied à terre, l'achevèrent.

Nous rentrâmes dans Bandong, suivis de trois chariots qui portaient les trophées de la journée. Ce curieux épisode couronnait dignement notre voyage. Un devoir importun nous rappelait maintenant à Batavia. Dès que nous eûmes pris congé de M. de Sérière, nous n'eûmes plus qu'une pensée, celle de franchir sans nous arrêter la distance qui nous séparait encore de *la Bayonnaise*. M. Bürger ne cédait qu'à regret à notre impatience. Il eût voulu parcourir avec nous la résidence de Chéribon ; il eût aimé à nous faire visiter Indramayo et Samarang, à nous conduire jusqu'à Sourabaya ; il eût éprouvé, — il ne le cachait point, — un légitime orgueil à nous montrer, après les Preangers, les provinces dans lesquelles le paysan javanais doit au système de M. Van den Bosch plus de repos à la fois et plus de bien-être ; nous ne pouvions malheureusement transiger avec les exigences impérieuses du service. Vingt jours après avoir jeté l'ancre sur la rade de Batavia, *la Bayonnaise* faisait voile vers le détroit de Banca, pour gagner, avant la fin de la mousson du sud-est, le mouillage de Singapore.

Depuis cette époque, aucun d'entre nous n'a revu les Indes néerlandaises ; mais nos regards se sont souvent tournés vers les bords hospitaliers où l'on nous avait accueillis comme des compatriotes. Nous avons suivi les héros de Bali sur les plages de Bornéo et dans les forêts de Palembang ; nous avons applaudi à leurs nouveaux triomphes et appelé de tous nos vœux la consolidation de la domination hollandaise dans l'Archipel indien. Cette domination, nous en souhaitons sincèrement le progrès, car nous espérons que les peuples de l'archipel, que les habitants de Java surtout, la trouveront constamment bienveillante et sagement progressive. Java est la perle de l'Orient ; qu'on n'oublie point que le peuple javanais est aussi le meilleur et le plus intéressant des peuples de la Malaisie. Les efforts qu'on lui a demandés ont quelquefois dépassé la mesure de ses forces. Les primes établies par M. Van den Bosch pour stimuler l'activité des employés européens et des fonctionnaires indigènes ont poussé le zèle de quelques-uns de ces agents jusqu'à la plus folle convoitise. Il faut sauver l'œuvre de l'illustre général des dangereuses conséquences de pareils excès. Le système de M. Van den Bosch n'était point seulement une machine fiscale : dans sa pensée, il devait être avant tout une école de travail pour le cultivateur indigène. Après avoir longtemps récolté le sucre et l'indigo pour le compte de l'État, le paysan javanais devra donc trouver un jour le loisir de cultiver les denrées commerciales pour son propre compte. C'est ainsi qu'on pourra l'élever à la dignité de propriétaire et de producteur libre. Le système des cultures a déjà enrichi la métropole : il est temps de le faire servir à la grandeur coloniale de Java et au bien-être de la race malaise.

## CHAPITRE XII.

### Singapore.

Après avoir visité les Indes néerlandaises et les colonies espagnoles, nous avions hâte de regagner les côtes du Céleste Empire. Nous ne pouvions cependant songer à rentrer à Macao sans nous être arrêtés à Singapore. Ce comptoir anglais est un des points de la Malaisie qu'il faut nécessairement connaître, si l'on veut se faire une idée exacte du triple rôle qu'affecte l'intervention européenne dans les mers de l'Indo-Chine.

Partis de Batavia le 1er août 1849, nous franchîmes rapidement le canal qui sépare l'île de Banca, célèbre par ses mines d'étain, des côtes basses et marécageuses de Sumatra. Sept jours après notre départ, nous nous trouvions à la hauteur de l'île Bintang, dont le pic aigu se perdait dans les nuages. La brise était fraîche, et nous pûmes, avant le coucher du soleil, dépasser le rocher de Pedra-Branca, posté comme un dieu Terme à l'entrée du détroit de Singapore. Nous nous dirigions, guidés par les dernières lueurs du jour, vers cette île encore cachée sous l'horizon, quand une longue pirogue, montée par deux rameurs, réussit à nous accoster. Équipage et pirogue, nous crûmes un instant que tout allait disparaître dans l'écume que nous soulevions autour de nous ; mais, avant que nous eussions pu carguer une seule voile, le frêle et gracieux esquif s'était rangé dans les eaux de *la Bayon-*

*naise*, laissant accroché à nos chaînes de haubans un passager que nous vîmes, non sans surprise, arriver en un clin d'œil sur le pont de la corvette. Cet étranger, dont le teint bruni offrait je ne sais quel reflet de cuivre et d'or, n'appartenait à aucune des races que nous avions pu observer depuis notre départ de France. Il avait le nez aquilin, le front haut, le costume et la démarche que mon imagination s'était plu à prêter aux princes des *Mille et une Nuits*. Ce n'était pas un prince cependant qui venait, à quinze milles en mer, saluer l'arrivée de la corvette française ; c'était un simple *comprador*, qui avait voulu, par cet empressement, s'assurer le monopole de notre clientèle.

Ce *comprador*, il est vrai, ne ressemblait guère au grave et placide fournisseur que nous avions laissé à Macao. Né sur la côte de Coromandel et sujet français, il n'eût point déparé, avec son épais turban de mousseline et sa longue robe blanche, le cortége de Dupleix. Nous avions vu des Malais et des Chinois à en être lassés ; nous trouvâmes quelque plaisir à contempler ce type d'une nation jadis descendue des sommets de l'Himalaya, et nous pressentîmes le genre d'intérêt qu'allait nous offrir notre nouvelle relâche. Singapore, en effet, ce n'est déjà plus ni la Malaisie ni la Chine ; ce n'est pas encore l'Inde. C'est le centre commun vers lequel convergent, pour apprendre à se connaître et peut-être à se confondre un jour, les trois grands peuples de l'extrême Orient, les Malais, les Chinois et les Hindous.

Nous ne pûmes jeter l'ancre sur la rade avant le milieu de la nuit. Le jour nous montra un de ces gracieux paysages dont le spectacle excitait de si vifs transports à bord de *la Bayonnaise* avant que trois années de campagne nous eussent appris à contempler les charmes de la nature tropicale avec plus d'indifférence. Au fond de la baie, encore enveloppée des vapeurs du matin, l'œil ne distinguait qu'un noir rideau de palmiers derrière lequel apparaissaient quelques huttes malaises avec leurs toits de feuillage. En face de la corvette, deux clochers de hauteur presque égale, pareils aux phares qu'un architecte hardi bâtit sur des écueils, semblaient indiquer l'existence d'une ville submergée par des flots de verdure. Non loin de ces clochers et faite pour attirer les premiers regards, une riante colline, aux flancs tout chargés d'ombre, portait sur sa cime, comme une arche sauvée du naufrage, le palais au toit avancé, au vaste et frais portique, qu'habitait le gouverneur. Pendant que nos yeux s'arrêtaient tour à tour sur les mille détails de ce curieux panorama, un drapeau semblable à celui qui flottait à la poupe de notre corvette vint signaler à notre attention, sur le bord de la plage et non loin du quartier malais, la maison du consul de France. Malgré l'heure matinale, nous n'hésitâmes plus à descendre. Nous savions que nous allions frapper à la porte d'un exilé comme nous, et nous avions hâte d'entendre parler de la France avec cet amour qu'une longue absence a toujours le don de raviver. Notre attente ne fut point trompée. Nous retrouvâmes sous le toit consulaire, à Singapore comme à Macao et à Manille, cette franche hospitalité qu'il est doux quelquefois de recevoir d'aimables et bienveillants étrangers, qu'il est plus doux encore de devoir à des compatriotes.

Nous n'avions que peu de jours à passer à Singapore ; il nous importait de les bien employer. Quand nous eûmes parcouru à la hâte les divers quartiers de la ville, traversé plusieurs fois le bras de mer qui sépare la cité marchande, aux magasins voûtés et aux lourdes arcades, des longues avenues de villas et de cottages qui s'étendent sur la rive opposée, quand nous eûmes visité la pagode chinoise, la mosquée malaise et le temple voué par les Hindous au culte de Brahma, nous préférâmes à de nouvelles courses les récits pleins d'intérêt du consul de France et des missionnaires catholiques, qui, de ce poste avancé, sont toujours prêts à se porter sur les côtes de la presqu'île malaise ou sur les côtes du royaume de Siam. C'est grâce à ces communications bienveillantes que nous pûmes, malgré la rapidité de notre passage, nous faire une idée assez précise de la situation présente et de l'avenir de Singapore. On sait comment le patriotisme ambitieux d'un homme de génie dota la Grande-Bretagne, enrichie presque à son insu, d'une colonie nouvelle. Sir Stamford Raffles n'avait pu voir sans un profond regret l'île de Java, dont il avait pressenti le développement agricole, échapper, en 1816, aux mains de l'Angleterre. Devenu gouverneur de Bencoulen, sur la côte occidentale de Sumatra, il chercha pour son pays un dédommagement au sacrifice contre lequel il avait en vain protesté. Après bien des recherches, il finit par arrêter ses vues sur la petite île de Singapore, alors inculte et presque inhabitée, mais qui commandait l'entrée des détroits de Rhio, de Dryon et de Malacca. Vers le commencement de l'année 1819, il obtint du sultan de Johore, vassal impatient de la Hollande, la cession de ce territoire, dont la superficie n'excédait pas 500 kilomètres carrés, et que nulle puissance européenne n'avait encore eu la pensée de convoiter. Par cette acquisition, si insignifiante en apparence, Raffles jeta les fondements d'une ville qui ne devait point tarder à devenir la rivale de Manille et de Batavia. Des deux portes de l'extrême Orient, il occupait celle que le commerce anglais a le plus d'intérêt à ne pas laisser au pouvoir d'une nation étrangère. Le détroit de la Sonde ne met en communication que l'Europe et la Chine ; le détroit de Malacca est la grande route de Calcutta ou de Bombay à Canton. Moins de cinq cents lieues séparent Singapore des côtes du Bengale et de celles du Céleste Empire. Du sommet de ce triangle, l'Angleterre peut donc aisément surveiller les deux mers où son ambition l'appelle à dominer. Elle n'est plus qu'à cent lieues des côtes de Bornéo, qu'à cent quatre-vingts des rivages de Java ; elle ouvre un nouveau débouché aux produits de la Malaisie, et attire insensiblement sous son égide tout ce qui n'a point encore subi la tutelle de l'Espagne et de la Hollande. Grâce à une telle position, le succès de l'établissement nouveau ne fut point un instant douteux. Avant de mourir, en 1827, Raffles put voir les opérations du comptoir qu'il avait fondé acquérir un degré d'importance que nul économiste n'aurait osé prévoir.

La prospérité de Singapore ne fit que grandir jusqu'au jour où la guerre de l'opium ouvrit aux vaisseaux anglais l'accès de nouveaux ports sur les côtes du Céleste Empire. Les transactions commerciales dont cet établissement était devenu le centre s'élevaient, année moyenne, à plus de 120 millions de francs. Depuis cette époque, le marché de Singapore est demeuré stationnaire, s'il n'a même subi un mouvement rétrograde : le commerce du thé s'est concentré dans les ports de la Chine, et les opérations directes avec la Grande-Bretagne ont à peine dépassé le chiffre de quelques millions ; mais Singapore n'a point cessé d'être l'entrepôt où les divers États asiatiques viennent, par l'intermédiaire des négociants anglais, échanger leurs produits. C'est sur ce marché, ouvert à tous les pavillons, que les *pros* de Célèbes apportent la cire et le tripang de Timor, l'antimoine et l'or de Bornéo, la nacre et l'écaille de tortue pêchées dans la mer de Soulou.

L'Angleterre fournit presque seule les marchandises dont ces barques indigènes composent leurs cargaisons de retour. Singapore cependant n'est pas une ville anglaise : on y compte à peine quatre cents Européens sur une population de soixante mille âmes. Ce n'est pas même une ville chinoise, bien que les Chinois y soient en majorité. C'est un pandæmonium où tout ce qui veut trafiquer d'une industrie légitime ou illicite est assuré de trouver un asile. Le quartier européen, avec ses fraîches retraites, candides et pures comme des nids de colombes, est assis entre un repaire de forbans et un village de fumeurs d'opium. Si la sécurité de la colonie n'est pas plus souvent compromise par la présence de ces hôtes dangereux, c'est qu'ils redoutent les procédés sommaires de la police anglaise, ou qu'ils respectent peut-être cet unique refuge ouvert à leurs rapines. C'est ailleurs qu'ils vont porter la dévastation. Les côtes de Bornéo et l'entrée du golfe de Siam sont infestées par ces écumeurs de mer. Malheur à eux s'ils rencontrent alors les croiseurs britanniques ! La main qui les arma ne craint plus de les châtier, et les journaux anglais proclament avec orgueil ces sanglantes victoires, qu'il eût été plus humain, sinon plus profitable, de prévenir.

Il faut l'avouer pourtant, si la police de Singapore se montrait plus rigide ou plus tracassière, les *Orangs Laüt*[1] s'enfuiraient comme une troupe d'oiseaux effarouchés. Ce qui les charme dans l'établissement anglais, ce qui les y ramène en dépit des efforts des Hollandais pour les retenir à Java, ce sont les merveilleuses facilités qu'ils trouvent dans ce port franc pour soustraire leurs personnes et leurs moyens d'existence à d'importunes investigations. Ro-

[1] *Orangs Laüt*, hommes de mer en malais.

mulus n'eût point peuplé la cité éternelle, s'il eût exigé de chacun de ses nouveaux sujets un certificat de moralité; Singapore, pour grandir, a dû suivre l'exemple de Rome et des États-Unis. Vue de près, la liberté est rarement belle à voir ; on ne peut méconnaître les grandes choses qu'elle enfante. Singapore est l'œuvre de cette politique qui fait tomber d'un seul coup toutes les entraves capables d'arrêter l'essor des transactions et de paralyser l'énergie des forces individuelles. Le *free trade* y est la loi suprême, le gouvernement et l'administration de la justice n'y semblent qu'une superfétation. Quel contraste avec l'ordre parfait, avec la discipline que nous venions d'admirer à Java ! Sir Stamford Raffles et le comte Van den Bosch auront néanmoins, par des voies opposées, contribué à la transformation de l'Archipel indien : le premier par l'ébranlement moral qu'il a imprimé, en fondant Singapore, à tous les États encore indépendants de la Malaisie ; le second par le soin qu'il a pris d'assujettir les populations asiatiques aux travaux d'une culture régulière.

Les Chinois ont toujours été dans la Malaisie les premiers auxiliaires de la civilisation européenne. Ce sont eux qui ont défriché la partie aujourd'hui cultivée de Singapore. Ils s'avancent hardiment jusqu'au centre des forêts vierges, où le tigre recule pas à pas devant eux. Ce roi des déserts de l'Asie trouve dans le Chinois un ennemi aussi patient que rusé. Des fosses recouvertes d'une claie de bambou coupent en maint endroit les sentiers qu'il peut suivre. Malheureusement ces piéges, dont aucun indice ne trahit la présence, constituent pour le promeneur un danger plus redoutable que les griffes du monstre qu'ils sont destinés à détruire. La mission catholique de Singapore était encore attristée, au moment de notre passage, d'un affreux accident dont la province anglaise, qui fait face à l'île de Poulo-penang, venait d'être le théâtre. Un jeune missionnaire que nous avions connu à Hong-kong, M. Thivet, traversant le canal dans une pirogue, s'était fait déposer sur le rivage de Batoukaouan avec un de ses amis. Il allait pénétrer dans un enclos entouré d'une haie épineuse, quand tout à coup le sol s'enfonça sous ses pieds. Son compagnon accourt; arrivé sur le bord de l'abîme où M. Thivet vient de disparaître, il recule d'horreur. C'est dans une fosse à tigres, de plus de vingt pieds de profondeur, qu'est tombé le malheureux missionnaire. Au fond de ce gouffre, son ami l'aperçoit gisant et le corps traversé par un épieu de palmier sauvage. Des secours arrivent. On se procure une corde, on descend jusqu'auprès du blessé, mais c'est en vain qu'on essaye de l'arracher à l'épouvantable supplice qu'il endure. Il faut scier lentement l'épieu à quelques pouces de terre. M. Thivet est transporté avec le bois qui l'a percé à Poulo-penang, où il expire au milieu de la nuit, toujours calme et résigné malgré d'atroces souffrances, la prière sur les lèvres, l'espérance dans le cœur, et souriant à cette mort imprévue comme il eût souri au martyre.

Les Chinois qui se dévouent au rude métier de défricheurs viennent presque tous du Fo-kien, et l'on sait que cette province renferme la population la plus virile du Céleste Empire. Ils trouvent d'ailleurs de puissants encouragements dans les mesures libérales adoptées par la compagnie des Indes. Pendant les deux premières années, le trésor colonial ne prélève aucune taxe sur les champs défrichés. Il n'exige qu'un impôt presque insignifiant pendant les vingt années qui suivent. C'est ainsi que s'est acclimatée sur le territoire anglais la culture de la muscade, de la canne à sucre, du poivre, etc. L'émigration chinoise, sans cesse renouvelée, ne joue encore qu'un rôle secondaire dans les îles de la Malaisie ; mais on ne peut s'empêcher de pressentir le rôle important qu'elle est appelée à y jouer tôt ou tard. Que la barrière qui a jusqu'ici contenu dans des limites devenues trop étroites les habitants du territoire céleste s'écroule enfin sous les assauts réitérés de l'Europe, et vous verrez, comme un torrent qui a rompu ses digues, toute cette population nécessiteuse se déverser sur l'archipel dont elle connaît déjà le chemin. On ose à peine mesurer les conséquences d'un événement qui ferait sortir l'empire chinois de son apathie. C'est une eau stagnante qui dort depuis des siècles. Le jour où elle s'écoulerait vers l'Occident, elle serait encore capable, comme au temps des Barbares, de couvrir la face du monde.

Ce que les lois de Confucius ont fait pour la Chine, les préceptes des brahmanes l'ont fait pour l'Hindoustan. Un préjugé religieux enchaîne les habitants du Bengale sur les bords du Gange. Les Hindous que l'on rencontre à Singapore sont nés presque tous sur la côte de Malabar. Ils ont leur industrie que nul ne songe à leur disputer. Ce sont eux qui courent en avant du *palanquin*, étroite et longue voiture au brancard de laquelle on attelle d'ordinaire un petit cheval persan. Ils conduisent à la main le poney qui galope, moins noir sous sa robe d'ébène et moins prompt que le palefrenier demi-nu qui le guide. Assis face à face sur nos siéges à peine assez larges pour une seule personne, nous prenions en pitié ces longs corps amaigris qui semblaient ignorer la fatigue. Quand ils couraient ainsi dans les rues de Singapore, projetant leur brune silhouette sur les murs blanchis à la chaux des *store keepers,* on eût dit des ombres chinoises qui allaient s'évanouir après avoir passé sur l'écran d'une lanterne magique. A l'exception de ces piétons efflanqués, qui eussent dignement figuré dans les jeux du stade, l'Inde n'envoie guère à Singapore que des meurtriers endurcis. On les marque au front de deux lignes d'écriture hindoue qui racontent à la fois leur crime et leur sentence. Ce sont ces malheureux qu'on emploie aux travaux des routes, tronçons inachevés qui viennent mourir à deux ou trois milles de la ville, sur la lisière de forêts et de jungles encore impénétrables.

Singapore, à tout prendre, m'a paru le plus triste séjour de la Malaisie. Le climat n'y est point insalubre, mais les chaleurs y sont excessives. On y peut admirer un instant l'activité d'un comptoir qui se vide et se remplit sans cesse, le mélange de toutes les races, l'étonnant assemblage de tous les types et de toutes les couleurs. On ne tarde point à se lasser d'avoir constamment sous les yeux des ballots qu'on débarque ou qu'on charge, et de se sentir entouré d'un peuple immonde qui semble avoir apporté sur cette terre trop indulgente les vices de la civilisation et ceux de la barbarie. Nous eussions donc vu arriver sans regret le jour de notre départ, si nous n'eussions dû nous séparer à Singapore de notre aimable compagnon de voyage, le jeune duc Édouard de Fitz-James, et si nous n'eussions laissé sur cette terre d'exil un Français dont notre reconnaissance devait associer le souvenir à celui de nos amis de Macao, de Chang-haï et de Manille. Le 12 août, dans la matinée, nous serrâmes une dernière fois la main du compagnon que nous allions perdre, nous échangeâmes un affectueux adieu avec le consul de France, et *la Bayonnaise,* dont la mousson du sud-ouest enflait déjà les voiles, fit route vers la mer de Chine pour ne plus jeter l'ancre que sur la rade de Hong-kong ou sur celle de Macao.

## CHAPITRE XIII.

Assassinat du gouverneur Amaral. — Un typhon sur la rade de Macao.

Des brises régulières et fraîches nous conduisirent rapidement jusqu'aux îles qui signalent l'approche du continent chinois et couvrent d'une longue chaîne granitique l'embouchure du Chou-kiang. Le 25 août 1849, nous donnions dans le canal des Lemas. Nous voulions nous arrêter quelques heures devant l'établissement de Hong-kong ; le calme nous surprit au milieu de la nuit, et nous dûmes mouiller, pour attendre le jour, à l'entrée de la rade. Vers cinq heures du matin, je fus éveillé par la voix de notre pilote, qui semblait engagé dans un colloque des plus animés avec des bateliers chinois dont la barque passait en ce moment à quelque distance de la corvette. Je n'appris que trop tôt le sujet de leur entretien. Le gouverneur de Macao, le brave capitaine Amaral, auquel depuis longtemps toutes nos sympathies étaient acquises, avait été assassiné, dans la soirée du 22 août, à quelques pas de la barrière qui sépare la presqu'île portugaise du territoire chinois. Le soir même, *la Bayonnaise* jetait l'ancre devant Macao, et je recueillais de la bouche du ministre de France les horribles détails de ce triste événement.

On n'a point oublié l'habileté que déployait le capitaine Amaral dans l'administration d'une colonie dont sa mâle vigueur avait seule prévenu la ruine et l'abandon. Depuis le jour où, attaqué par un millier de bandits, il avait, à la tête de quelques soldats, sévèrement châtié une tentative de surprise à laquelle les mandarins de Canton passaient pour n'être point demeurés étrangers, l'intrépide gouverneur avait adopté vis-à-vis des autorités chinoises un langage auquel ne les avaient point habituées ses prédécesseurs. Amaral ne voulait point voir dans la presqu'île cédée aux Portugais un don gratuit de la cour de Pe-king. Macao aussi bien que Hong-kong était, suivant lui, le prix de la victoire, non point d'une victoire remportée sur les troupes ou sur les vaisseaux de l'empereur, mais, ce qui valait mieux, d'une victoire remportée par les alliés de la Chine sur ses ennemis. Le territoire sur lequel flottait depuis plus de deux siècles l'étendard d'Emmanuel avait payé la dette contractée par l'empereur Kang-hi ; en vertu de cette concession maintes fois renouvelée, la colonie portugaise ne devait désormais relever que de l'autorité de la reine. Pour établir d'une façon incontestable le droit qu'il revendiquait, Amaral fit murer la porte de la douane chinoise et donna l'ordre de reconduire jusqu'à la barrière le délégué du *hoppo*, dont le rôle se bornait d'ailleurs, depuis deux ans, à favoriser de tout son pouvoir la contrebande entre Macao et Canton.

Ce dernier acte fut, entre le capitaine Amaral et le vice-roi du Kouang-tong, le signal d'une rupture complète. De toutes les mesures prises par cet homme énergique, ce ne fut point cependant celle qui exaspéra le plus les esprits. On sait quel culte le peuple chinois a voué aux tombeaux de ses ancêtres : honorer ces sépultures, y déposer de pieux sacrifices, telle est, à peu d'exceptions près, la seule pratique religieuse du peuple le moins spiritualiste de la terre. Amaral eut l'imprudence de froisser ce sentiment populaire. Une portion du territoire portugais avait été envahie depuis près d'un demi-siècle par des tombeaux chinois. Ce terrain fut légèrement entamé par le tracé d'une nouvelle route que le gouverneur avait entrepris de construire. Bien que les parents des morts dont on troublait ainsi le dernier asile eussent été largement indemnisés, bien qu'on leur eût laissé toutes facilités pour la translation des restes de leurs ancêtres, cette violation des tombes fut un prétexte que les Chinois saisirent avidement pour en faire un grief décisif contre l'homme dont leurs rancunes avaient juré la perte. Aucun symptôme extérieur ne vint cependant trahir la sourde irritation de la populace chinoise jusqu'au jour où les Anglais, par leurs bravades et leur modération également inopportunes, eurent, au mois d'avril 1849, rendu à cette race humiliée son orgueil et le courage de sa haine ; mais alors on vit paraître sur les murs de Canton des placards qui osaient mettre à prix la tête du gouverneur Amaral. Le vice-roi, s'il n'autorisa pas ces proclamations, ne se hâta point de les faire disparaître. Le successeur de Ki-ing était depuis longtemps suspect aux Européens, et ce fut à ses suggestions qu'on attribua l'émigration générale qui ne tarda point à se produire parmi les Chinois de Macao. Cette ville se trouva, comme au temps du règne des mandarins, subitement frappée d'interdit. Amaral ne s'émut point de cette désertion ; il se contenta de prononcer la confiscation des biens de tout Chinois qui prolongerait son absence au delà du terme qu'il prit soin de fixer. Les fugitifs n'attendirent point l'expiration de ce délai de rigueur pour rentrer sur le territoire portugais. Jamais l'énergie d'un seul homme n'avait triomphé de plus d'obstacles. Sans soldats, sans finances, sans avoir même la puissance d'un droit bien établi, Amaral suppléait à tout par la décision de son caractère. Les personnes qui critiquaient le plus amèrement ses mesures ne pouvaient s'empêcher d'admirer la vigueur intelligente qu'il déployait pour les faire réussir.

Un incident regrettable vint, au mois de juin 1849, compliquer une situation assez grave déjà par elle-même. Pour délivrer un de ses compatriotes détenu depuis quelques heures dans les prisons de Macao, le capitaine d'une frégate anglaise ne craignit point de violer par une irruption armée le territoire portugais et d'infliger à un brave officier, absent au moment de cette invasion, le plus cruel et le plus inutile outrage. Amaral ressentit vivement cette humiliation ; pour la première fois, on le vit manifester quelque abattement. « J'ai perdu, disait-il souvent à ses amis, le prestige qui faisait ma force ; les Chinois n'auront plus peur de moi. » Il savait que les placards affichés sur les murs de Canton promettaient cinq mille piastres à celui qui rapporterait sa tête. Un domestique chinois attaché à son service ne cessait de lui représenter le danger auquel il s'exposait en sortant sans escorte ; d'autres personnes lui avaient rapporté, comme un bruit généralement répandu, que des assassins devaient s'attacher à ses pas et l'assaillir près de la barrière. Les Européens qu'un long séjour sur les côtes du Céleste Empire avait initiés aux mœurs et aux coutumes chinoises, engageaient vivement Amaral à ne point mépriser ces avis menaçants ; mais ils n'obtenaient pour réponse qu'un dédaigneux sourire. Amaral était trop indifférent au danger pour s'entourer de précautions qui eussent dénoncé une inquiétude secrète. Il sentait que la population tout entière avait les yeux sur lui, et que s'il semblait fléchir un instant, c'en était fait de son œuvre. Il n'avait donc rien voulu changer à ses habitudes : tous les soirs il sortait à cheval, accompagné d'un seul officier, sans autres armes qu'une paire de pistolets cachés dans la fonte de sa selle. Le 22 août, à l'heure où les habitants de Macao vont chercher dans les plaisirs d'une courte promenade la seule distraction permise à leur existence monotone, quelques minutes avant le coucher du soleil, Amaral, qui s'était avancé jusqu'à la barrière, revenait avec son aide de camp vers l'enceinte intérieure de la ville portugaise. Une troupe de Chinois se présente tout à coup sur son passage; un enfant, qui portait à la main un long bambou à l'extrémité duquel paraissait fixé un bouquet, se détache de ce groupe et s'approche du gouverneur. Amaral croit que cet enfant veut lui présenter une requête : il se baisse, mais se sent à l'instant violemment frappé au visage. *Maroto* (misérable)! s'écrie-t-il, et poussant son cheval il veut châtier l'insolent qui s'enfuit. Six hommes se précipitent à sa rencontre, deux autres attaquent son aide de camp. Les assassins ont tiré de dessous leurs vêtements ces sabres à lame droite et mal affilée dont se servent les Chinois; ils en portent au gouverneur plusieurs coups sur le bras gauche, le seul bras qui restât à l'héroïque manchot. La bride de son cheval entre les dents, Amaral faisait de vains efforts pour saisir un de ses pistolets. Assailli de tous côtés, déjà couvert de blessures dont aucune cependant n'était encore mortelle, il tombe enfin à terre; les meurtriers se jettent sur leur victime et lui arrachent plutôt qu'ils ne lui coupent la tête, ajoutant à ce hideux trophée la main du gouverneur qu'ils parviennent à séparer de l'avant-bras; ils prennent alors la fuite et s'échappent à travers la campagne, sans que les soldats chinois qui veillent à la porte de la barrière essayent de les arrêter. Pendant ce temps, le cheval du gouverneur galopait effrayé vers la ville : les premiers promeneurs qui le rencontrent ne prévoient

Tome II, page [illegible].

Assassinat du gouverneur Amaral à Macao.

encore qu'un accident sans gravité, ils se hâtent pourtant; mais bientôt ils voient accourir à eux l'aide de camp d'Amaral qui avait été désarçonné dès le premier assaut, et qui n'avait heureusement reçu que de légères blessures. Ils n'ont pas besoin de l'interroger : ses vêtements en désordre, sa physionomie bouleversée où se peignent encore l'horreur et l'épouvante, leur ont tout appris. A quelques pas plus loin, le corps mutilé d'Amaral leur confirme l'affreuse vérité. Une voiture recueille ce tronc inanimé et le transporte à l'hôtel du gouvernement ; mais la nouvelle de l'assassinat du gouverneur s'est déjà répandue dans la ville avec la rapidité de la foudre. Les soldats assiégent la porte du palais ; ils veulent contempler une dernière fois le chef qui fut pour eux l'objet d'une vénération presque superstitieuse ; les uns se jettent sur le corps du gouverneur en l'arrosant de leurs larmes, les autres font retentir l'air de mille imprécations. Parmi ces soldats au visage basané, on retrouve quelques mâles figures qui rappellent les beaux temps du Portugal. Ce sont encore, comme aux jours d'Albuquerque, les vétérans de l'Afrique et des Indes ; ils ne demandent qu'un chef pour venger Amaral. Le ministre de France était accouru avec le secrétaire de la légation, M. Duchesne, au premier bruit du malheur qui venait de frapper la ville de Macao. Profondément attaché au Portugal dont mille liens lui faisaient une seconde patrie, M. Forth-Rouen avait inspiré au loyal représentant de la reine dona Maria la plus entière confiance et la plus affectueuse estime. Les soldats l'entourent et ne veulent écouter que lui. « Vous étiez l'ami du gouverneur, s'écrient-ils ; prenez le commandement et marchez à notre tête ; vous nous aiderez à le venger ! » C'est avec peine que M. Forth-Rouen parvient à les calmer et à dominer sa propre émotion. Déjà d'ailleurs les six fonctionnaires sur lesquels allait retomber tout le poids du gouvernement s'étaient assemblés. Ce conseil, présidé par l'évêque et composé du juge, du commandant des troupes et de trois sénateurs, annonça aux habitants de Macao qu'en vertu des pouvoirs éventuels que lui conféraient les ordres de la reine, il avait pris la direction des affaires. Ce fut alors surtout que l'on comprit tout ce que la colonie avait perdu en perdant Amaral. Quel conseil pouvait dans ces graves circonstances remplacer un tel homme? La junte de gouvernement s'empressa de réclamer l'assistance des ministres étrangers résidant à Macao, et d'après leur avis elle envoya demander des secours à Hong-kong. Une note énergique fut en même temps adressée au vice-roi du Kouang-tong. Le conseil rappelait avec indignation les placards provocateurs qui avaient précédé le meurtre, sans s'inquiéter de dissimuler les soupçons de connivence que de pareils reproches laissaient planer sur les autorités de Canton. Au nom de Sa Majesté Très-Fidèle outragée dans la personne de son représentant, la junte de Macao demandait l'arrestation immédiate des meurtriers réfugiés sur le territoire chinois et la remise des restes mortels du gouverneur.

Le vice-roi de Canton n'était plus l'honnête et bienveillant Ki-ing. A ce mandarin tartare avait succédé depuis le mois de février 1848 un fonctionnaire chinois aux allures austères, d'un esprit âpre et d'une humeur inflexible, sans pitié pour les malfaiteurs, mais fort aimé de la populace chinoise, dont il flattait les passions. Enorgueilli par le récent succès qu'il avait obtenu sur le gouverneur de Hong-kong, Séou traitait la colère des étrangers avec dédain. Il avait pour eux presque autant de mépris que de haine. Des traits durs et impassibles révélaient chez lui un singulier mélange d'astuce et de fermelé. Dans la force de l'âge, — il n'avait alors que cinquante-cinq ans, — il voyait une vaste carrière ouverte à son ambition, et pouvait aspirer encore aux premières dignités de l'empire. Son orgueil attendait avec impatience le moment de prendre une revanche éclatante des affronts que lui avait infligés le gouverneur de Macao. Séou avait-il soudoyé les assassins d'Amaral? avait-il eu du moins connaissance de leur projet? C'est ce qu'aucun témoignage n'avait encore pu établir. Séou avait sans doute prévu la catastrophe qui venait de répandre le deuil dans Macao ; bien d'autres l'avaient prévue, l'avaient même annoncée avant lui. Ce qui était incontestable, c'est qu'il s'était mis en mesure d'en profiter. Des corps de troupes avaient été dirigés sur l'île de Hiang-chan ; un camp était établi près de la petite ville de Casa-Branca ; un fort depuis longtemps abandonné, qui commandait l'isthme traversé par la barrière chinoise, avait été armé secrètement et pourvu d'une nombreuse garnison.

La réponse de Séou à la communication de la junte portugaise ne fut point de nature à dissiper les soupçons qu'avait pu faire naître sa conduite ambiguë. Le vice-roi s'abstenait avec soin d'exprimer le moindre regret ou la moindre horreur de l'attentat qui lui était dénoncé. « Le noble gouverneur, disait-il, était pendant sa vie d'un caractère cruel. Qui sait si ses propres compatriotes n'auront pas armé contre lui des assassins pour satisfaire leur vengeance? Vous me dites qu'on a vu affichés sur les murs de Canton des placards et des proclamations, et que les autorités chinoises ont dû en avoir connaissance. S'ensuit-il pour cela que le meurtre dont vous vous plaignez soit l'œuvre de ces autorités? Vous me réclamez en même temps la tête et la main du gouverneur : où sont-elles? Pour les trouver, ne faut-il pas avant tout découvrir les assassins? Vos demandes sont donc complétement dépourvues de raison. — La loi sur l'homicide est claire. Avant de juger et de porter des sentences, il faut rechercher avec soin la vérité. La vie de l'homme appartient au ciel, on ne doit point en disposer à la légère. »

Pendant que les autorités de Macao engageaient ainsi avec le vice-roi de Canton une polémique dans laquelle tout l'avantage devait rester à l'astucieux mandarin, les soldats portugais n'étaient pas demeurés inactifs. Ils avaient occupé la barrière et arrêté trois soldats chinois que le commandant de ce poste, évacué depuis la veille, avait laissés derrière lui en observation. Ces Chinois étaient une capture précieuse. Pour s'échapper, les assassins n'avaient pu trouver d'autre passage que la porte de la barrière. Les soldats chinois qu'on venait d'arrêter devaient donc les connaître ; ils devaient savoir en vertu de quels ordres la fuite de ces malfaiteurs avait été tolérée, quand il était si facile d'y mettre obstacle. Le conseil de Macao approuva cette arrestation et fit conduire les prisonniers dans la citadelle.

L'occupation de la barrière par des troupes portugaises équivalait presque à une déclaration de guerre. Ce furent les Chinois qui se chargèrent imprudemment d'ouvrir les hostilités. Du fort que Séou avait fait armer secrètement, ils tirèrent à toute volée quelques boulets qui vinrent labourer l'isthme et mourir à quelque distance du poste portugais. A l'instant une compagnie de trente-cinq hommes, soutenue par un bataillon de la garde urbaine, gravit au pas de course l'éminence qu'occupaient les soldats de Séou, pénétra dans le fort par ses embrasures, et mit en déroute l'armée chinoise. Ce coup de main, dirigé par un très-jeune officier, le lieutenant Mezquita, fut exécuté avec une remarquable vigueur. Soixante-quinze Chinois restèrent sur le champ de bataille, tandis que les Portugais, qui avaient dû essuyer à bout portant le feu des canons ennemis, eurent à peine quelques blessés. L'âme d'Amaral animait encore les soldats qu'il avait commandés. Si l'on n'eût enchaîné leur ardeur, ils eussent à l'instant marché sur Casa-Branca; le conseil s'opposa très-sagement à ce projet : il voulait une réparation éclatante du meurtre d'Amaral; il repoussait, comme indignes d'une nation civilisée, de sanglantes représailles et des dévastations inutiles.

La facile victoire remportée par le lieutenant Mezquita n'assurait cependant qu'à demi la sécurité de Macao. Les ennemis extérieurs étaient en fuite; mais les ennemis intérieurs pouvaient, par leurs trames secrètes, prendre une terrible revanche de l'échec que venaient d'essuyer les troupes impériales. Si l'incendie éclatait au milieu du bazar, si les milliers de soldats dont on pouvait compter les tentes plantées de toutes parts dans la campagne accouraient, à la faveur d'une nuit orageuse, sous les murs de Macao, comment une garnison composée à peine de trois cents hommes pourrait-elle faire face à ce double péril? Après la lutte sanglante qui avait eu lieu le 25 août, l'épée était tirée entre le Portugal et le Céleste Empire. Il fallait s'attendre à la fois aux attaques ouvertes et aux trahisons. C'est dans cette conjoncture critique que l'intervention des ministres étrangers allait devenir la véritable sauvegarde de Macao. Deux navires de guerre anglais, l'*Amazon* et la *Medea*, une corvette et un brick appartenant à la marine des États-Unis et placés sous les ordres du commodore Geisinger, le *Plymouth* et le *Dolphin*, étaient venus, deux jours après le meurtre du gouverneur, prêter l'appui de leur pavillon à l'établissement portugais. *La Bayonnaise* n'avait point tardé à se joindre à cette division, mouillée à deux milles environ de la côte. Ce déploiement de forces était déjà un avertissement menaçant pour les Chinois. Il avait été précédé d'une démarche plus importante encore. Pendant que le gouverneur de Hong-kong adressait au vice-roi une lettre dans laquelle les ménagements toujours commandés à la diplomatie n'avaient pu étouffer complétement le cri d'une juste indignation, les représentants de la France, de l'Espagne et des États-Unis s'entendaient pour faire parvenir à Canton une note collective, témoignage non moins énergique de l'horreur que leur inspirait l'odieux attentat commis sur la personne du gouverneur de Macao. Trompé par la malencontreuse collision qui avait eu lieu deux mois auparavant entre les Anglais et la garnison portugaise, attachant, comme tous les Chinois, une ridicule importance aux bruits de guerre que chaque courrier apportait alors de l'Europe, et croyant les *barbares* à la veille de rallumer leurs antiques querelles, le vice-roi n'avait pas prévu cette réprobation unanime. Un pareil concours renversait tous ses plans; s'il ne changea point ses dispositions secrètes, il changea du moins son langage. Les premières réponses de Séou à la junte portugaise, au gouverneur de Hong-kong lui-même, avaient été pleines de dédain et d'arrogance. Celles qui suivirent la réception de la note collective adressée par les ministres résidant à Macao semblèrent révéler un secret désir de conciliation. Malheureusement, la sympathie des alliés du Portugal fut prompte à se refroidir. Ce furent d'abord les navires anglais qui gagnèrent Hong-kong, sous prétexte d'aller défendre cet établissement contre d'imaginaires attaques, qu'on feignit d'appréhender. Pressé de restituer à la ville de Macao l'appui si efficace du pavillon anglais, M. Bonham exhuma des archives du gouvernement de Hong-kong une dépêche de lord Aberdeen, qui prescrivait à son prédécesseur de ne point intervenir dans les querelles des Chinois et des Portugais. Cette retraite des Anglais détermina une tiédeur subite chez le ministre des États-Unis. Il savait de quels sérieux intérêts il était le protecteur, et n'avait point, pour s'engager dans cette délicate question, la complète liberté du ministre de France ou du ministre d'Espagne. Il avait pu céder à un premier élan de générosité, il avait pu, vaincu par sa loyale et sympathique nature, oublier un instant les errements d'une politique qui s'est longtemps fait gloire de demeurer indifférente à tout conflit dont ne devait souffrir aucun intérêt américain ; dès qu'il crut découvrir chez les Anglais l'intention de compromettre des rivaux redoutés vis-à-vis du gouvernement chinois, il s'émut des pas qu'il avait faits dans la voie de l'intervention, et refusa formellement d'en faire de nouveaux. Toute attaque de pirates, tout soulèvement populaire eussent trouvé les marins du *Plymouth* et du *Dolphin* prêts à les réprimer sans le moindre ménagement ; mais, dans l'opinion du ministre des États-Unis, les principes rigoureux du droit des gens ne permettaient point aux représentants étrangers d'assumer un rôle plus actif dans cette querelle et de s'associer à la poursuite d'une réparation qui ne concernait, après tout, que le Portugal. M. Forth-Rouen se montra vivement blessé de cette défection. Impatient de manifester, d'une façon plus formelle et plus apparente encore, son entier dévouement à la cause dont il avait, dès le premier jour, embrassé la défense, il crut devoir m'inviter à faire entrer *la Bayonnaise* dans le port intérieur de Macao. Par cette démarche, le ministre de France donnait une forme en quelque sorte palpable à notre intervention. Il couvrait le côté le plus accessible et le plus vulnérable de la ville ; il plaçait le pavillon français entre Macao et ses ennemis.

Nous songions depuis longtemps à entreprendre des réparations que les exigences d'un service actif avaient pu seules nous conseiller de différer. Le doublage de la corvette était dans un état déplorable. Pas une feuille de cuivre qui ne fût rongée et n'offrît de nombreuses déchirures. Si les vers térébrants, si actifs dans les mers tropicales, se fussent attaqués à la carène de *la Bayonnaise* ainsi mise à découvert, des bordages entiers n'eussent pas tardé à être percés de mille trous. Il était donc arrêté dans notre esprit qu'au premier moment favorable, nous abattrions la corvette en carène pour remplacer une partie de son cuivre. Cette opération se fût faite avec beaucoup plus d'avantage et de facilité à Manille, on pouvait à la rigueur l'exécuter à Macao ; ce fut le prétexte que je choisis pour répondre aux intentions de M. Forth-Rouen, sans paraître sortir encore des limites d'une stricte neutralité.

Déjà notre artillerie, nos projectiles, nos vivres, nos approvisionnements, transportés par des bateaux chinois, avaient été débarqués à terre. La corvette allégée n'attendait qu'une marée favorable pour franchir la barre du port intérieur. Une circonstance imprévue vint ajourner notre appareillage. La mousson du sud-ouest touchait à sa fin, et les vents montraient, depuis quelques jours, une tendance marquée à souffler du nord-ouest et du nord. La chaleur était accablante; les nuits mêmes étaient sans fraîcheur. Sous un ciel d'une sérénité inaltérable, on respirait je ne sais quel air orageux, qui semblait passer sur Macao comme un courant électrique. Tout annonçait l'approche d'une crise violente dans l'atmosphère. Le 12 septembre, je m'étais rendu à terre, pour arrêter les dernières dispositions qui devaient précéder l'entrée de la corvette dans le port. Baigné de sueur et haletant sous une température de 33 degrés, j'essayais de rédiger quelques ordres, quand notre intelligent fournisseur entra dans la chambre où je m'étais réfugié. Je crus lire sur son front soucieux comme un avis secret qu'il n'osait pas formuler encore. « Eh bien! Ayo, lui dis-je, que présage cette affreuse chaleur? Est-ce un typhon, ou tout simplement un orage? — *Who can say?* répondit le prudent Chinois : *perhaps a ty-foong, perhaps not. — Very hot indeed!* » A trois heures de l'après-midi, j'étais de retour à bord. Le baromètre commençait à baisser. La nuit vint, et l'apparence du ciel fut loin de confirmer ce fâcheux pronostic. Les milliers de points d'or attachés à la voûte du firmament n'avaient jamais brillé d'une clarté plus vive et plus pure. Vers une heure du matin cependant, la brise, qui avait lentement tourné au nord-nord-ouest, parut un instant fraîchir, et quelques rafales, qu'on eût prises pour l'écho d'un lointain mugissement, arrivèrent jusqu'à nous. Les premiers rayons du jour éclairèrent à peine la baie de Macao, qu'un changement subit se produisit dans l'atmosphère. Le ciel se marbra de plaques épaisses et noires, qui ne tardèrent point à s'unir et à former au-dessus de nos têtes un opaque rideau de brume. La température, malgré ce voile impénétrable aux rayons du soleil, n'en demeura pas moins étouffante. Les signes précurseurs de la tempête se multiplièrent ainsi pendant tout le cours de la journée. Ce furent d'abord les eaux qui se gonflèrent d'une façon inaccoutumée, et atteignirent dans le port un niveau qu'on ne les avait jamais vues atteindre; puis, vers deux heures de l'après-midi, de grosses lames venant de l'est annoncèrent que l'ouragan régnait déjà au large. Ces lames s'élevaient soudainement, sans qu'on pût en suivre la trace à l'horizon ; elles se gonflaient comme le dos d'un sillon, et s'affaissaient tout à coup sur elles-mêmes. Au bout de deux ou trois minutes, on voyait reparaître des lames semblables. La brise avait, comme la mer, ses intermittences : à quelques instants de calme plat succédaient des bouffées de vent qui expiraient brusquement, comme si une main invisible les eût étouffées. Des nuées de sauterelles couvraient les rues et la plage de Macao. A ces signes, les Chinois ne pouvaient méconnaître l'approche d'un typhon. Aussi, de tous côtés, les *lorchas*, les *fast-boats*, s'empressaient-ils de venir chercher un abri dans le port intérieur. Les *tankas* allaient s'échouer sur la plage, avec leur monde en miniature, leurs joyeuses batelières, leur essaim de jeunes magots et leurs dieux domestiques.

Pour nous, dès le matin, toutes nos dispositions avaient été prises. Affermis sur trois ancres, n'offrant plus à la brise que nos bas-mâts solidement assujettis, nous pouvions attendre avec confiance la tempête. A huit heures du soir, le vent venant du nord avait acquis déjà la violence d'une tourmente. Le baromètre cependant baissait toujours. La pluie et les embruns des lames, qui se brisaient sur l'avant de la corvette, passaient en fouettant à travers nos agrès, et mêlaient leurs sifflements aux hurlements de la brise. On pouvait à peine faire un pas sur le pont, tant l'obscurité était profonde et les rafales impétueuses; on pouvait encore moins s'y faire entendre. Nous n'avions heureusement aucune manœuvre à exécuter. Il fallait laisser, sur la foi de nos câbles, l'ouragan épuiser sa furie. A onze heures, le vent passa au nord-nord-est, et le typhon parut avoir atteint son apogée. On ne distinguait plus de rafales : un rugissement continu faisait trembler la corvette dans toute sa membrure. Le tourbillon cependant roulait encore vers nous sa gigantesque spirale, et la tempête, variant de direction d'heure en heure, poursuivait lentement son mouvement circulaire. Deux heures enfin avant le jour, le baromètre cessa de descendre ; le centre du typhon s'éloignait de Macao[1].

Ce fut un singulier spectacle que celui qui s'offrit à nos yeux, quand un jour blafard éclaira l'horizon de ses premières lueurs. La mer n'offrait plus autour de nous qu'un champ de boue liquide, au milieu duquel notre fière et gracieuse corvette semblait se débattre avec indignation. Chaque fois que la lame se creusait sous sa proue, et l'obligeait à plonger sa poulaine dans ces vagues impures, on la voyait se relever en frémissant et secouer les trois câbles qui l'enchaînaient, comme un coursier qui cherche à se débarrasser de ses entraves. Heureusement les cyclopes qui avaient forgé ces liens de fer sur leurs enclumes en avaient mesuré la force aux épreuves qu'ils les destinaient à subir. La tempête, d'ailleurs, commençait à s'apaiser. Chacun de nous s'empressa bientôt d'aller demander à sa couche un repos que les agitations de la nuit avaient rendu doublement nécessaire. Pendant quelques minutes, j'entendis encore gronder l'orage qui s'éloignait; ce bruit même s'éteignit insensiblement. Je ne tardai point à m'endormir d'un sommeil si profond, qu'il était trois heures de l'après-midi quand je m'éveillai. Le lendemain, nous entrions dans le port intérieur de Macao.

[1] Ce moment fut pourtant le seul où nous éprouvâmes quelques inquiétudes. Le vent soufflait alors de l'est, et les vagues étaient devenues plus creuses. Mouillés par dix-sept pieds d'eau, nous devions craindre de toucher le fond quand viendrait l'instant de la basse mer : le moindre dommage qui pouvait en résulter pour la corvette c'était la rupture de son gouvernail; mais l'ouragan avait suspendu l'action de la marée, et les eaux que la trombe avait, en s'avançant, chassées devant elle, demeurèrent accumulées dans le fond de la baie pendant près de vingt-quatre heures.

## CHAPITRE XIV.

Le conseil de Macao et le vice-roi de Canton.

Nous étions à peine établis à notre nouveau poste, qu'une alerte très-vive vint donner un étrange caractère d'opportunité à l'arrivée de *la Bayonnaise* sous les quais de Macao. Les autorités portugaises furent prévenues qu'un soulèvement devait avoir lieu, cette nuit même, dans la ville, et que les soldats chinois profiteraient de cette circonstance pour tenter d'enlever une des portes de l'enceinte. Toutes les troupes qui n'étaient point détachées dans les forts prirent à l'instant les armes, des canons furent braqués sur les principales issues du bazar, et l'équipage de *la Bayonnaise* se rangea sur le quai, prêt à se porter partout où son assistance serait jugée nécessaire. L'alarme avait été donnée sans fondement, ou peut-être cette démonstration énergique eut-elle pour effet de décourager les conspirateurs. Après avoir passé quelques heures l'arme au pied, nos marins durent rentrer, fort désappointés, à bord de la corvette. La reconnaissance du conseil voulut leur tenir compte de leurs bonnes intentions, et je reçus, à cette occasion, des remercîments que je m'empressai de leur transmettre. Cette alerte ne fut pas la dernière, plus d'une fois nous nous crûmes à la veille d'entrer en campagne contre les troupes de Séou ; mais il était écrit que nous n'emporterions de notre longue station que de pacifiques trophées. Un renfort de troupes, que le gouvernement de Goa s'était empressé d'expédier sur un des paquebots anglais, au prix de quelques milliers de piastres, se trouva frustré, comme nous, de ses espérances de gloire. Quand ces nouveaux champions de la cause portugaise débarquèrent sur la *Praya Grande*, tambours et clairons en tête, l'heure du péril était déjà passée pour Macao.

Le vice-roi de Canton n'avait plus qu'une pensée, celle d'étouffer, par tous les moyens possibles, une malencontreuse affaire. Malheureusement les efforts de Séou pour atteindre ce but ne faisaient que trahir aux yeux des juges les moins prévenus, l'inquiétude qu'il éprouvait de voir apparaître au grand jour la complicité morale dont il se sentait intérieurement coupable. Le 16 septembre, il annonça au conseil la découverte et l'envoi à Macao des restes mortels du gouverneur, l'arrestation et l'exécution d'un des assassins. Ce meurtrier, le vice-roi avait voulu l'interroger lui-même ; il lui avait arraché l'aveu de son crime, et, rempli d'indignation, il avait ordonné qu'on le conduisît sur-le-champ au supplice. Le mandarin de Casa-Branca remettrait au noble conseil la confession écrite et la tête de ce misérable. Le vice-roi espérait qu'à son tour, le conseil s'empresserait d'élargir les trois soldats chinois retenus en prison depuis le meurtre du gouverneur.

Le gouverneur général du Kouang-tong avait outrepassé son droit en cette occasion : il ne pouvait prononcer de sentence capitale sans prendre l'avis des autorités dont les lois de l'empire l'obligeaient de subir la censure ; mais le crédit dont il jouissait à Pe-king le rassurait contre les conséquences d'une irrégularité qu'excuserait aisément le tribunal des rites. L'échec qu'en devait éprouver sa popularité inquiétait davantage le successeur de Ki-ing. En apprenant l'exécution d'un homme dans lequel elle n'avait vu qu'un patriote inspiré du ciel, la populace cantonaise poussa un cri de rage. Le vice-roi fut poursuivi, jusqu'en son palais, de mille invectives ; des bandes armées menacèrent de se porter sur la route de Casa-Branca, et les murs de Canton se couvrirent de placards dans lesquels on déplorait le sort de l'Harmodius chinois.

« La vengeance exercée contre l'ennemi du peuple (disaient ces étranges affiches) a causé la ruine d'un ami du peuple. Tous ceux qui apprennent cette triste nouvelle pleurent et se lamentent. Leur cœur est brisé. Le barbare de Macao ne connaissait d'autre droit que la force. Il abusait de nos femmes, fermait notre douane, renversait nos temples, détruisait nos dieux, accablait les villages d'impôts, nous dépouillait de nos terres et de nos maisons, violait nos tombeaux, jetait au feu les os de nos ancêtres, et était si chargé d'iniquités que les hommes et les dieux étaient également irrités contre lui. Ni le ciel ni la terre ne le pouvaient supporter. Les treize villages prirent le parti de s'adresser aux mandarins. Ils n'obtinrent d'eux aucun soulagement. Le mal augmentait chaque jour. Que fallait-il faire ? Personne ne pouvait le dire. Des hommes de cœur furent secrètement choisis. Ils prêtèrent en plein air un serment scellé par le sang, et jurèrent de conduire leur projet à exécution. Tout l'été, ils cherchèrent une occasion de l'accomplir ; mais cette occasion, ils ne la trouvèrent qu'à l'automne. Ce fut vers le soir que Sen-chi-liang et Ko-kin-tang, avec cinq autres hommes de Tchin-tcheou, tenant leurs armes cachées sous leurs vêtements, pénétrèrent dans l'antre des tigres. Ils tuèrent le gouverneur, lui coupèrent la tête et la main, mirent en fuite ses compagnons et retournèrent à leur village. Les enfants mêmes se réjouirent.

« Qui eût pu soupçonner que, parmi les Chinois, Paou-tseun et Chaou-ta-shaou [1], êtres à face humaine, mais au cœur de bêtes, songeraient à trahir ces braves ? Avec de douces paroles, ils gagnèrent Sen-chi-liang. Ils lui persuadèrent qu'il serait récompensé et recevrait des titres d'honneur. Sen vint à Canton. Paou-tseun l'engagea à retourner dans son district et à remettre la tête du barbare au magistrat de Shon-tak. C'est ainsi que ce brave tomba dans la fosse. Le même jour, il fut envoyé sous bonne garde à Canton.

[1] Paou-tseun était directeur d'un des colléges de Canton, et Chaou-ta-shaou était un des habitants du village de Mong-ha, dans lequel résidait Sen-chi-liang.

Là, il fut interrogé trois fois dans un jour, et, en vertu de l'autorité impériale, il fut décapité, afin que les cœurs des barbares fussent satisfaits.

« Est-il possible de respecter un magistrat qui égorge l'innocent ? Les habitants des treize villages voient cependant cette injustice dans un complet silence. Ils oublient que les Sen sont une famille bien connue qui vint ici du district de Siou, dans le département de Chiang, province du Fo-kien. Ils restent les bras croisés comme si tout était dans l'ordre. Ils doivent, en vérité, avoir quelque peine à se contenir.

« Le gouverneur général Ki-ing, dans l'affaire de Houang-chou-ki, avait donné un exemple qu'il fallait suivre[1]. Comment les barbares auraient-ils pu découvrir la ruse ? Chacun répète que Son Excellence Séou est un homme habile et que son mérite égale son pouvoir ; mais voici la vérité : il craint les étrangers comme s'ils étaient des tigres. Les actes des Portugais ont excité une telle haine, qu'il ne nous est plus possible de vivre sous le même ciel qu'eux. Si nous ne ressentions pas leur conduite, il n'y aurait aucune différence entre nous et les bêtes. Maintenant les Anglais et les Portugais s'entendent pour nous dominer. Heureusement, nous, le peuple, nous agissons avec énergie. Ce qui ne semble encore qu'un léger mal deviendrait un fléau insupportable. Nous n'avons point oublié l'assemblée de Wichin, où se réunirent les braves de plus de cent villages. Ce furent eux qui défirent les étrangers sous les murs de Canton. Ils étaient peu nombreux, et cependant leurs efforts ne furent pas impuissants. A cette époque, les barbares rebelles, fatigués d'un long séjour sur l'Océan, entrèrent dans notre pays. Parmi les officiers de la province, aucun n'avait l'adresse de les vaincre. Ils épuisaient inutilement les forces et le revenu de sept provinces. L'armée impériale était constamment battue. Ses munitions tombaient entre les mains de l'ennemi, auquel elle n'osait faire face. Il fallut acheter la paix par le payement de 16 millions de taëls et l'ouverture de cinq ports.

« Jamais pareil déshonneur n'avait atteint notre pays. Les nations voisines nous méprisent, et les étrangers des quatre coins du monde se rient de nous. Pouvons-nous supporter de semblables affronts sans rougir ?

« Sen eût dû être mis au rang des héros anciens qui tuaient les tyrans. Il faut que l'on sache quelle a été sa récompense, afin que les braves apprennent par son exemple à se montrer prudents et circonspects. »

[1] En substituant probablement aux véritables meurtriers des criminels tirés des prisons.

La position de Séou, on le voit, devenait difficile. Comblé d'honneurs, après ses succès du mois d'avril, il pouvait craindre de payer de sa tête les embarras que l'odieux excès de son zèle menaçait de susciter au Céleste Empire. Heureusement pour lui, le gouverneur chinois unissait la souplesse à l'opiniâtreté; c'est par cette rare alliance qu'il parvint à endormir la colère du peuple de Canton et le juste courroux des compatriotes d'Amaral. Le temps a toujours été le meilleur allié des Chinois. Séou, en cette circonstance, n'eut garde de l'oublier.

La junte portugaise n'avait pas cru qu'elle pût se contenter de la réparation qui lui était offerte. Les dépositions des trois soldats chinois qu'elle retenait dans les prisons de Macao, en lui donnant l'espoir d'arriver à la découverte des meurtriers réels, devaient la mettre doublement en garde contre une reproduction du misérable artifice à l'aide duquel on avait satisfait les Anglais, dans l'affaire de Houang-chou-ki. Quand bien même, d'ailleurs, Séou eût immolé, dans ce Sen-chi-liang, dont il offrait la tête, un des auteurs de l'horrible attentat, la précipitation avec laquelle on avait fait disparaître un témoin aussi important, n'indiquait point, de la part du vice-roi, l'intention de répondre, par une enquête sérieuse, aux soupçons qu'avait pu inspirer sa conduite antérieure. L'autorité chinoise, — ceci demeurait avéré, — avait eu connaissance des proclamations dans lesquelles on mettait à prix la tête du gouverneur. Au lieu d'arrêter ces odieuses provocations, elle avait secrètement rassemblé ses troupes sous les murs de Macao, se tenant prête à profiter du crime, si elle ne l'avait pas commandé. Le conseil avait le droit et le devoir d'exiger que toutes ces circonstances fussent éclaircies. Il ajourna cependant la protestation qu'il méditait, pour n'apporter aucun obstacle à la remise de la tête et de la main du gouverneur; mais, à cette remise même, le vice-roi avait attaché une condition. Il réclamait l'élargissement simultané des trois Chinois détenus, et cette prétention, qu'on avait affecté, à Macao, de ne point comprendre, se trouvait implicitement confirmée par les communications plus récentes du mandarin de Casa-Branca. Le conseil ne répondit à ce fonctionnaire d'un ordre inférieur, qu'en lui désignant, pour le lendemain, l'heure à laquelle il se tiendrait prêt à recevoir les précieux restes promis par le vice-roi.

Le 26 septembre, dès cinq heures du matin, les troupes portugaises étaient sous les armes. Une commission, composée d'officiers de santé, attendait sous une tente, que les restes de l'infortuné gouverneur lui fussent présentés, pour en constater l'identité. A six heures, le ministre de France et celui des États-Unis se rendaient à la barrière, accompagnés des officiers du *Plymouth*, du *Dolphin* et de *la Bayonnaise*. Aucun mandarin ne parut sur la route de Casa-Branca, et, après deux heures d'attente, le cortége, assemblé pour cette triste cérémonie, dut se retirer.

L'exaltation des soldats, irrités de ce nouvel outrage, était si vive, qu'on dut craindre de les voir se porter sur Casa-Branca. On parvint cependant à les contenir. Quant au conseil, il dut espérer que ce désappointement, trop facile à prévoir, réchaufferait les sympathies des auxiliaires, dont l'assistance pouvait seule donner quelque poids à ses réclamations. Les ministres étrangers s'étaient depuis longtemps interdit toute démarche collective. Chacun d'eux, cependant, s'empressa d'exprimer au vice-roi l'horreur que lui inspirait cette étrange idée, de vouloir trafiquer des restes d'un homme si lâchement assassiné. Le gouverneur de Hong-kong ne fut, il faut le dire, ni le moins énergique, ni le moins bien inspiré dans l'expression de son indignation. On ne lira point sans quelque intérêt la lettre qu'il écrivit, à cette occasion, au vice-roi du Kouang-tong.

« Dans la réponse que Votre Excellence m'a adressée le 17 du mois dernier et dont j'ai eu l'honneur de lui accuser réception, vous m'informiez que vous aviez donné l'ordre à un officier de se rendre à Macao, pour y faire la remise de la tête et de la main du gouverneur portugais.

« Après avoir reçu cette assurance, j'ai été très-étonné d'apprendre ce matin, par une communication du sénat portugais de Macao, que l'officier député par Votre Excellence se refusait à livrer la tête et la main du gouverneur, jusqu'au moment où trois Chinois, détenus par les autorités portugaises pour servir de témoins dans cette affaire, auraient été relâchés.

« J'ai peine à croire qu'un fonctionnaire d'un rang aussi élevé que Votre Excellence, après s'être avancé comme elle l'a fait, puisse chercher soudainement, dans l'addition de conditions mentionnées pour la première fois, un prétexte pour manquer à sa parole et à l'exécution de ses engagements. La promesse contenue dans la lettre que m'a adressée Votre Excellence était toute spontanée. Je l'ai reçue comme représentant de ma souveraine, et j'ai tout droit d'attendre qu'elle sera fidèlement accomplie.

« Cette affaire n'est point une affaire ordinaire. Votre Excellence peut être convaincue que pour exprimer de ce meurtre, quand elles en auront connaissance, une horreur non moins grande que leurs représentants, les puissances de l'Occident n'ont pas besoin que des incidents nouveaux viennent ajouter à la gravité d'un pareil attentat. Ce sont là des circonstances où toutes les nations étrangères n'ont plus qu'un sentiment, — exécration du forfait, compassion pour celui qui en a été la victime. Et certes, il serait désirable que ce sentiment ne reçût point une nouvelle impulsion des prétentions étranges contre lesquelles j'ai dû protester. Si quelque chose, songez-y, doit donner plus de poids encore à mes paroles, c'est l'importance que votre nation a toujours attachée aux rites sacrés de la sépulture.

Le vice-roi, néanmoins, ne fléchit point sous ces protestations véhémentes. Il répondit, non pas en faisant parvenir à Macao la tête et la main du gouverneur, mais en annonçant au conseil qu'il venait de découvrir encore deux des meurtriers. Ces criminels, poursuivis de près par les satellites, s'étaient réfugiés, disait-il, dans un bateau. Les soldats les avaient attaqués : l'un des malfaiteurs, blessé d'un coup de feu, était tombé à la mer, on n'avait pu retrouver son corps; l'autre avait reçu un coup de sabre en se défendant. On s'occupait de le guérir avant de le juger.

Telle était, vers la fin du mois de novembre 1849, la situation respective des parties intéressées dans le grave débat soulevé par la mort d'Amaral : le vice-roi Séou n'osait point attaquer les Portugais, couverts par la protection de trois pavillons étrangers. Il ne se résignait pas non plus à les désarmer par une satisfaction complète. Le conseil de Macao, satisfait d'avoir réservé les droits de la couronne, attendait, dans une attitude à la fois digne et ferme, les ordres et les secours qu'il avait demandés à Lisbonne. Convaincu de l'impossibilité d'obtenir du vice-roi de Canton une réparation sérieuse du meurtre du gouverneur, il avait mis un terme à des négociations stériles. La tête et la main du malheureux Amaral, après avoir été exposées pendant plusieurs jours au tribunal de Casa-Branca, retournèrent donc à Canton, et le public, dont l'attention allait être détournée par d'autres événements, n'accorda bientôt plus qu'un médiocre intérêt à ce triste litige.

## CHAPITRE XV.

### Les pirates chinois.

Les Anglais ne pouvaient rester indifférents aux conséquences que le conflit provoqué par la mort d'Amaral pouvait entraîner, pour leur propre considération, en Chine. Il leur importait d'imposer de nouveau à la population chinoise le respect des armes européennes. Par un heureux hasard, les événements de Macao coïncidèrent avec une brillante expédition, dirigée par la marine anglaise contre les pirates qui infestent les mers de la Chine.

De tout temps, la piraterie s'est exercée avec impunité sur les côtes du Céleste Empire. Elle y a souvent pris des proportions formidables. Ce fut un chef de pirates qui tenta, au seizième siècle, la conquête de Luçon; un autre chef de pirates, quatre-vingt-six ans plus tard, enleva l'île de Formose aux Hollandais. En 1808, un mandarin disgracié avait réuni soixante-dix mille hommes et huit cents jonques sous ses ordres. C'est en gagnant quelques-uns de ces chefs de bandes, en les opposant adroitement les uns aux autres, que les autorités chinoises parvenaient à combattre les progrès d'un mal devenu incurable, et suppléaient à l'insuffisance de leurs ressources militaires. Le commerce et les habitants du littoral subissaient d'ailleurs avec une complète résignation les exactions de ces malfaiteurs; ils achetaient par de fortes rançons une sécurité précaire, et plus d'un honnête commerçant était soupçonné de verser annuellement une prime d'assurance entre les mains des ennemis déclarés de l'empereur. Dans le nord de la Chine, cependant, le commerce du Che-kiang et du Leau-tong avait trouvé plus avantageux d'acheter la protection de quelques *lorchas* portugaises, chaloupes canonnières construites sur le modèle des embarcations chinoises. Les jonques se réunissaient en convois, et, moyennant une assez faible contribution, elles obtenaient l'escorte d'une ou deux *lorchas*, qui se chargeaient de faire bonne garde autour du troupeau et d'attaquer les pirates s'ils se présentaient. L'action de cette maréchaussée portugaise entraînait bien quelques abus, souvent même de regrettables désordres; mais elle déplaisait moins aux mandarins que l'intervention des navires de guerre anglais. Ce ne fut que sur les côtes du Fo-kien, repaire inextricable de la piraterie, que ces derniers parvinrent à faire accepter leur concours. A l'aide des intelligences qu'ils s'étaient ménagées, ils saisirent ou coulèrent un grand nombre de bateaux suspects, jusqu'au jour où le gouvernement de Hong-kong, imparfaitement édifié sur la valeur de ces captures, jugea le moment venu d'enchaîner le zèle de ses officiers et de mettre un terme à des poursuites trop exemptes, suivant lui, des scrupules nécessaires. Il déclara donc, à la grande satisfaction des autorités chinoises, que, tant que les navires anglais seraient respectés par les pirates, les croiseurs de la reine n'avaient point à s'inquiéter de ce qui se passait dans les eaux du Céleste Empire.

A la faveur de ce pacte tacite, la piraterie reprit haleine. Ses flottes dispersées se rassemblèrent de nouveau, et une division assez considérable se porta, sous les ordres d'un certain Shap-ng-tsai, dans le golfe de Haï-nan et sur les côtes occidentales de la province de Canton. Le vice-roi Séou fut bientôt informé des déprédations de ces misérables. Il apprit que Shap-ng-tsai commandait une centaine de jonques, qu'il exerçait une autorité absolue sur ses compagnons, et se montrait actif, adroit, impitoyable, tel, en un mot, que doit être un chef de pirates pour réussir. C'était ce qu'attendait Séou. Il lui fallait un pareil homme pour avoir raison de toutes les bandes éparses qui désolaient les côtes. Des négociations s'entamèrent immédiatement. Shap-ng-tsai dut recevoir un rang dans l'armée, et passer avec sa flotte au service du gouvernement. Malheureusement, pendant ces pourparlers, une jonque, partie de Singapore avec un équipage de lascars et commandée par un capitaine anglais, tomba entre les mains des pirates, qui l'avaient prise pour une embarcation chinoise. Le capitaine relâché se rendit à Hong-kong, et son rapport tendit à faire penser que le brick le *Sylph*, de Calcutta, dont on n'avait pas de nouvelles depuis plusieurs mois, pouvait bien avoir été capturé, lui aussi, par la flotte de Shap-ng-tsai. Le *steamer* de 320 chevaux la *Medea* fut expédié sur-le-champ dans le golfe de Haï-nan. L'officier qui commandait ce navire à vapeur rencontra les pirates dans la baie de Tien-pak, leur brûla cinq jonques; mais, arrêté par le trop grand tirant d'eau de son bâtiment, il ne put attaquer le reste de la flotte, qui s'était réfugié dans le fond de la baie. On lui reprocha vivement d'être revenu à Hong-kong au lieu d'y avoir envoyé demander des renforts par quelque bateau pêcheur.

Les propriétaires du *Sylph*, de leur côté, avaient nolisé un petit steamer appartenant au commerce anglais, le *Canton*, et, avec un détachement de cinquante hommes obtenu de la frégate l'*Amazon*, ils fouillaient tous les replis de la côte dans l'espoir d'y découvrir le navire, objet de leurs recherches. Ils firent ainsi la rencontre d'un groupe de pirates, détruisirent six jonques et rentrèrent à Hong-kong sans avoir eu aucune nouvelle du *Sylph*. L'apparition de ces deux navires européens sur la côte avait obligé Shap-ng-tsai à prendre le large pour aller chercher un refuge dans le golfe de Tong-king. Sa flotte fut assaillie par le typhon du 13 septembre, et plusieurs jonques sombrèrent avant d'avoir pu gagner un abri.

On avait perdu la trace de ce chef entreprenant, quand des pêcheurs bloqués par une autre flotte, celle de Chui-a-poo, qui avait établi ses arsenaux et sa croisière sur la côte orientale de la province, détachèrent un bateau à Hong-kong pour y réclamer secours et protection. On n'avait sous la main que le brick le *Columbine*. L'amiral l'expédia sur-le-champ. Contrarié par la brise, le brick arriva malheureusement trop tard; les pirates avaient pris le large. Le *Columbine* les trouva sous voiles et les poursuivit pendant trente-six heures sans pouvoir les approcher. Dès que la brise mollissait, les pirates avaient recours à leurs avirons et prenaient sur le brick une grande avance. Le steamer le *Canton*, nolisé cette fois par des négociants américains pour aller à la recherche du clipper *la Coquette*, qui avait disparu pendant le dernier typhon, fut attiré sur les lieux par le canon du *Columbine* et s'empressa de donner la remorque au brick anglais; mais quand les jonques, serrées de près, ouvrirent le feu de leur grosse artillerie, le *Canton* craignit que sa machine ne fût atteinte par quelque projectile et se retira. Le *Columbine* se trouva donc de nouveau livré à ses propres ressources. A quatre heures du soir, essayant toujours de suivre les jonques qui avaient rallié la côte, il s'échoua sur un fond de vase. Le *Canton* vint encore une fois à son aide et le remit à flot. Déjà les jonques avaient disparu derrière une pointe et se trouvaient hors de portée des canons du brick. Le capitaine Hay résolut de les faire attaquer par ses embarcations. Les pirates firent bonne contenance et tinrent pendant près d'une heure les canots en échec. Au moment où les Anglais montaient à bord de celle des jonques qui leur avait opposé la plus vive résistance, les Chinois se voyant au moment d'être pris, mirent le feu aux poudres, et cette énorme barque vola en mille fragments dans les airs. Deux matelots européens furent tués par l'explosion, cinq autres furent blessés ; un midshipman mourut quelques jours après de ses blessures.

Le *Columbine*, avec l'assistance du *Canton*, suivit alors la côte et apprit des pêcheurs qu'il interrogea que vingt-trois jonques s'étaient réfugiées dans une baie profonde et sinueuse, située à cinquante milles environ dans l'est de Hong-kong. Le capitaine Hay, en pénétrant dans l'intérieur de ce golfe, put en effet reconnaître vingt-trois jonques embossées au fond d'une crique à laquelle conduisait un étroit chenal, impraticable pour tout autre navire qu'un steamer. Il s'établit à l'entrée de ce chenal et envoya *le Canton* demander du renfort à Hong-kong. Le lendemain, au point du jour, le *Fury*, steamer de 315 chevaux, se trouvait mouillé à ses côtés. Le plan d'attaque fut promptement arrêté. On résolut de ne pas s'embarrasser du *Columbine* dans une passe difficile et de franchir le chenal avec le *Fury*, dont l'artillerie était plus que suffisante pour garantir à l'expédition un succès complet. Le *Fury*, armé de canons à la Paixhans du calibre de 68 et de 86, était le plus magnifique navire à vapeur que possédât alors la marine anglaise. Ce puissant steamer fut bientôt à portée du canon des pirates. Ces derniers essayèrent, dit-on, de résister, mais leur feu impuissant n'atteignit qu'un seul homme à bord du *Fury*, et encore la blessure fut-elle des plus légères. L'effet des obus européens fut, au contraire, terrible. Des témoins oculaires m'ont affirmé que, servies avec une précision remarquable, les lourdes pièces à pivot du steamer avaient rarement manqué leur but, et qu'il avait souvent suffi d'un obus pour incendier ou couler à fond une de ces jonques, dont la moindre jaugeait plus de 200 tonneaux. Au bout de quarante-cinq minutes, le feu avait cessé complétement. Quatre cents pirates avaient péri dans ce court engagement; les hauteurs étaient couvertes de fuyards qui, s'étant jetés à la mer dès le commencement de l'action, cherchaient à se retirer dans l'intérieur. Leur chef, Chui-a-poo, blessé grièvement, échappa cette fois encore à la vengeance des Anglais, qui poursuivaient en lui l'assassin de deux de leurs officiers, le lieutenant Dwyer et le capitaine du génie Da Costa, égorgés sur le territoire même de Hong-kong, au mois de mars 1849.

Le succès de cette expédition ne manqua point d'être exploité par le gouverneur de Hong-kong, qui crut y trouver l'occasion de réparer l'échec moral qu'il avait subi au mois d'avril. M. Bonham se flattait d'avoir recouvré, par cet acte de vigueur, le respect que les Chinois n'accordent qu'à la force; sa correspondance avec le vice-roi de Canton porta l'empreinte de cette confiance.

« Dans plusieurs occasions, lui écrivait-il, j'ai dû entretenir Votre Excellence des actes de piraterie qui se commettaient sur les côtes de la Chine ; mais aussi longtemps que les pirates se sont tenus éloignés de notre établissement et ont respecté les navires anglais, je ne me suis point cru obligé d'intervenir. Ces déprédations cependant sont devenues plus fréquentes ; elles ont eu lieu dans le voisinage même de cette colonie. Récemment une jonque appartenant à un sujet de Sa Majesté Britannique a été capturée près de Haï-nan, et le bruit a couru qu'un autre navire anglais, attendu depuis longtemps à Hong-kong, était également tombé entre les mains des pirates. J'ai dû envoyer un bâtiment de guerre à la recherche de ce dernier navire. Le bâtiment que j'ai expédié a rencontré, le 5 septembre, dans la baie de Tien-pak, la flotte des pirates, et a détruit cinq de leurs jonques ; un autre navire, expédié le 8 septembre pour le même objet, a détruit également cinq de leurs jonques. Ces pirates faisaient tous partie de la flotte de Shap-ng-tsaï ; des bateaux chinois qu'ils avaient inquiétés nous les ont signalés, et les autorités de la côte, applaudissant à nos succès, ont confirmé ces dépositions.

« Il est bien évident que vos autorités maritimes n'ont pas le pouvoir de détruire ou de disperser ces malfaiteurs. Aujourd'hui que ces misérables ont osé s'approcher de notre île, je suis résolu à les faire poursuivre partout où ils se réfugieront. Un de leurs chefs est ce Chui-a-poo qui, au mois de mars dernier, a osé assassiner, sur le territoire même de Hong-kong, deux officiers anglais. Deux fois déjà j'ai appelé l'attention de Votre Excellence sur cet outrage commis par un de vos compatriotes, qui s'est empressé de quitter l'île soumise à ma juridiction. Ce malfaiteur est sans doute aujourd'hui réfugié sur votre territoire, vous n'avez rien fait jusqu'ici pour le saisir. J'essayerai donc de le faire arrêter moi-même. Si quelque malentendu de notre part occasionne des accidents regrettables, on n'en pourra jeter le blâme que sur Votre Excellence, qui eût dû s'être emparée déjà de ce meurtrier. Je sais bien qu'il peut y avoir quelque difficulté à effectuer cette capture ; mais je suis convaincu que si Votre Excellence voulait prendre les mesures nécessaires, elle serait bientôt en état de m'envoyer l'assassin pour que je pusse le faire juger et punir. Voilà cinq mois que ce meurtre a eu lieu, mais il n'est point effacé de ma mémoire ; il ne s'en effacera que lorsque j'aurai obtenu satisfaction d'un aussi abominable outrage. »

Le gouverneur de Hong-kong, en terminant cette lettre, informait le vice-roi qu'il préparait une nouvelle expédition contre les pirates, qu'il accepterait avec joie le concours et l'assistance des autorités chinoises ; mais que, dût cette coopération lui manquer, comme par le passé, il n'en chercherait pas moins l'occasion de poursuivre jusqu'en leur dernier repaire *ces ennemis du genre humain*.

L'amiral Collier, qui montait le vaisseau de 74 le *Hastings*, secondait avec une juvénile ardeur, malgré son âge avancé, les projets de M. Bonham. Dans les premiers jours d'octobre, il expédia le *Fury*, le *Phlegethon* et le brick le *Columbine* dans le golfe de Haï-nan, pour y chercher les débris de la flotte de Shap-ng-tsai. Il attendit en vain des nouvelles de cette expédition; les jours s'écoulèrent; l'approvisionnement de combustible des steamers devait être depuis longtemps consommé, et cependant aucun d'eux n'avait reparu à Hong-kong. Le gros temps qui avait régné depuis le départ de ces bâtiments ajoutait encore à l'anxiété générale. Déjà les bruits les plus sinistres, répandus à dessein par les Chinois, commençaient à circuler à Canton. L'amiral Collier, dont la santé exigeait les plus grands ménagements, ne put supporter cette pénible anxiété: le 28 octobre, il fut frappé d'une attaque d'apoplexie, à laquelle il ne survécut que quelques heures. Le 1er novembre, pourtant, le *Fury* mouillait en rade de Hong-kong. Engagée dans des passages peu connus, l'expédition avait couru quelques dangers; mais le succès était digne des risques qu'il avait fallu affronter pour l'obtenir. Des soixante-quatre jonques dont se composait la flotte de Shap-ng-tsai, cinquante-huit avaient été brûlées ou coulées à fond; les navires anglais n'avaient pas un seul blessé. Le mérite de cette expédition, qui fit le plus grand honneur aux officiers qui la dirigèrent, était tout entier dans l'audace et la persévérance de la poursuite. C'était la première fois que des navires de guerre européens se montraient sur ces côtes, dont on possédait à peine une grossière esquisse, basée sur des renseignements aussi incomplets qu'incorrects.

Le 8 octobre, à sept heures du matin, la flottille anglaise avait appareillé sous les ordres du capitaine Hay, commandant du brick le *Columbine*, et sous la direction de M. Caldwell, chef de la police indigène à Hong-kong. A peine hors de la rade, le *Phlegethon*, dont on voulait ménager le combustible, fut pris à la remorque par le *Fury*. Le 9 octobre, on mouillait sous l'île San-cian, et M. Caldwell apprenait d'un bateau pêcheur que les pirates avaient quitté ces parages depuis quinze jours, et avaient fait route vers l'ouest. Le soir même, la division, serrant de près le continent chinois, vint jeter l'ancre à l'abri d'une autre île, l'île de Mung-chow. On trouva au mouillage une jonque de commerce, que les pirates avaient récemment pillée, et de laquelle on obtint de nouveaux renseignements sur les forces de Shap-ng-tsai et sur la route que son escadre avait prise. Les mandarins de Mami et ceux de Tien-pak, constamment exposés aux visites de ces malfaiteurs, intéressés par conséquent à connaître leurs projets, ajoutèrent à ces renseignements des informations plus précises; ce fut d'eux qu'on apprit que Shap-ng-tsai avait été rallié par un autre chef, nommé Patow, et qu'il avait manifesté l'intention de se porter dans le golfe de Tong-king pour déjouer les poursuites des navires de guerre anglais. Le 11 octobre, on mouilla à l'extrémité nord-ouest de l'île de Now-chow, devant une ville assez considérable. Il y avait un mois à peine que cette ville avait été saccagée et rançonnée par Shap-ng-tsai, qui en avait détruit les deux forts, dont les canons lui avaient fourni l'armement de nouvelles jonques. Les autorités de Now-chow confirmèrent le capitaine Hay dans son projet de visiter la côte septentrionale de la grande île de Haï-nan, et l'engagèrent à pénétrer dans le golfe de Tong-king par le canal qui sépare cette île de la côte de Chine. Ce canal, fréquenté par des jonques dont le tirant d'eau diffère peu de celui du *Fury* et du *Columbine*, avait cependant été considéré jusqu'alors comme impraticable pour les navires européens: on trouva heureusement d'excellents pilotes à Now-chow, et la division anglaise, à laquelle M. Caldwell servait d'interprète, franchit sans difficulté ce dangereux passage. Le 13 octobre, à cinq heures du soir, elle mouilla sur les côtes de Haï-nan, à l'entrée du port de Hoi-how. Il n'y a que six milles de Hoi-how à la ville de Ching-king-fou, résidence du gouverneur général de Haï-nan. Sur les instances des mandarins de Hoi-how, le capitaine Hay consentit à se rendre, avec une partie des états-majors anglais, auprès du gouverneur général. La plus grande cordialité ne cessa de présider à cette entrevue, et il fut arrêté qu'un mandarin chinois d'un rang élevé, le major général Houang, décoré du bouton bleu, monterait à bord du *Fury* et accompagnerait l'expédition avec huit jonques de guerre. Houang s'était déjà mesuré avec Shap-ng-tsai, et avait été blessé en repoussant une attaque dirigée par ce pirate contre la flotte et le port de Hoi-how. Sa présence à bord du *Fury* fut d'une grande utilité au capitaine Hay, qui ne dut qu'à l'activité de cet auxiliaire et à l'intelligence du précieux interprète qu'il avait amené de Hong-kong, M. Caldwell, le succès qui finit par couronner sa longue et persévérante poursuite.

En quittant l'île de Haï-nan, l'expédition fit route au nord-nord-ouest, reconnut les îles de Guei-shew, et s'enfonça dans le golfe de Tong-king. Serrant toujours de près la terre, elle contourna le golfe jusqu'au groupe de Goo-too-chan, et finit par se lancer hardiment au milieu du dédale d'îles qui bordent cette partie de la côte de Cochinchine. Depuis qu'il était entré dans le golfe de Tong-king, Shap-ng-tsai avait marqué son passage par d'horribles dévastations. Les habitants des villages qu'il avait saccagés regardaient les Anglais comme des libérateurs. Ils racontaient ce qu'ils avaient souffert, — leurs femmes et leurs enfants emmenés en esclavage, leurs maisons pillées ou détruites, leurs champs dévastés par l'incendie, — et s'empressaient de fournir des pilotes pour conduire l'expédition dans le labyrinthe où elle se trouvait engagée. Ce fut dans les villages de Pak-hoy et de Sue-chun, dont les débris fumaient encore, qu'on reçut les informations les plus précises. Les navires anglais atteignirent ainsi l'embouchure de la rivière de Tong-king, et le 20 octobre, au point du jour, la flotte de Shap-ng-tsai montra, au-dessus d'une longue pointe basse, son épaisse forêt de mâts. Cette flotte avait remonté la rivière, et s'était portée sur les villes de Fa-long et de Cho-keum pour les piller ; mais, trouvant la population en armes et un corps de troupes cochinchinoises accouru pour le repousser, Shap-ng-tsai s'était décidé à aller chercher sur un autre point des dépouilles plus faciles. Trente-sept jonques étaient déjà sous voiles, louvoyant pour sortir de la rivière. A la vue des steamers anglais, elles laissèrent arriver et vinrent reprendre leur mouillage en dedans de la barre.

Shap-ng-tsai, en changeant le théâtre de ses déprédations, s'était surtout promis d'échapper à la poursuite des navires européens. Il venait d'être rejoint par un de ses anciens compagnons, Seung-a-ki, qui avait reçu du vice-roi de Canton la mission de lui offrir le bouton de mandarin, et d'engager sa flotte au service de l'empereur chinois. Shap-ng-tsai n'avait point encore voulu souscrire à ces propositions, craignant que, sous des offres si séduisantes, la trahison n'eût caché quelque piége. Dès qu'il aperçut la fumée des steamers anglais, il ne douta pas qu'il n'eût été livré par l'envoyé du vice-roi, et fit immédiatement trancher la tête à ce malencontreux émissaire. De sept heures du matin jusqu'au soir, les steamers anglais cherchèrent vainement un passage pour pénétrer dans la rivière. Les mandarins cochinchinois avaient rassemblé leurs troupes sur le rivage, et assuraient le capitaine Hay qu'ils étaient prêts à massacrer les pirates dès qu'ils mettraient pied à terre. On demanda à ces mandarins des pilotes. Ceux qu'ils fournirent connaissaient mal l'entrée de la rivière : ils assuraient qu'il existait un passage, mais ils ne pouvaient indiquer d'une façon précise sur quel point de cette vaste embouchure on devait le trouver. Il était trois heures de l'après-midi quand le *Phlegethon* reçut enfin, d'un village bâti sur une des pointes marécageuses de l'embouchure, un pilote plus capable qui, faute de bateau, atteignit le steamer anglais à la nage. Le chenal fut balisé par deux embarcations, et le *Fury*, remorquant le *Columbine*, franchit rapidement la passe dans les eaux du *Phlegethon*. Forcés dans leur repaire, les pirates se débandèrent ; quelques jonques seules tinrent ferme ; parmi ces jonques se trouvait celle de Shap-ng-tsai. Exposées au feu redoutable de la flotte anglaise, qui s'était mouillée hors de la portée de leur misérable artillerie, ces premières jonques furent bientôt détruites. Les embarcations des steamers poursuivirent celles qui avaient déjà remonté la rivière. Après avoir obligé les pirates à les abandonner, les Anglais y mirent le feu. Cinquante-huit jonques furent ainsi brûlées ou coulées à fond ; six seulement profitant de l'obscurité de la nuit, parvinrent à s'échapper à la marée haute par une autre branche du fleuve. Shap-ng-tsai, suivant le rapport des prisonniers, s'était jeté, après l'explosion de la jonque qu'il montait, dans un petit bateau à rames. On présuma qu'il avait pu gagner un des bâtiments qui survécurent au désastre général. Les îles basses et à demi noyées qui encombrent le lit du fleuve à son embouchure étaient couvertes de fuyards, auxquels les soldats cochinchinois et les matelots anglais ne firent aucun quartier. Plus de quinze cents pirates périrent à bord des jonques ou furent massacrés après l'action. Quinze cents prisonniers furent en outre recueillis le second jour par les soins du capitaine Hay, et remis à la disposition du mandarin de Haï-nan.

Le 23 octobre, remorquant à la fois le *Columbine* et le *Phlegethon*, le *Fury* sortit de la rivière, et fit route pour le port de Hoi-how, où la division mouilla dans la soirée du 24. Le 26, le major Houang, accompagné par les capitaines et les officiers des navires anglais, débarqua au milieu d'un immense concours de peuple accouru sur la plage, et fut conduit triomphalement jusqu'à sa demeure au bruit retentissant des gongs. Le capitaine Hay comprenait trop bien l'anxiété que son absence prolongée devait causer à Hong-kong, pour céder aux sollicitations du gouverneur chinois, qui s'efforçait de le retenir quelques jours à Hoi-how. Le 28 octobre, il quitta ce port, et vint mouiller près des bancs du canal des Jonques; mais il ne put franchir ces hauts fonds que le 30 au soir. Le vent, très-violent les jours précédents, avait cessé de souffler avec force depuis le matin; la mer, que cette tempête avait soulevée, était très-grosse encore. Il fallut se confier aux pilotes de Now-chow, et suivre, au milieu des brisants, un chenal où la profondeur de l'eau n'excéda pas quelquefois dix-sept pieds. Ce fut l'épisode le plus critique de l'expédition. A quatre heures du soir, enfin, on avait gagné la pleine mer. Le 1er novembre, le *Fury* et le *Columbine*, suivis de près par le *Phlegethon*, jetaient l'ancre sur la rade qu'ils avaient quittée depuis le 8 octobre.

Les détails de cette expédition causèrent à Macao presque autant de joie qu'à Hong-kong. On y vit non-seulement un gage de sécurité contre les nouveaux périls qu'on avait appréhendés, mais on se flatta aussi que ce grand succès des armes britanniques allait rendre aux Européens la considération qu'ils semblaient avoir perdue. Il n'en fut rien : le vieux Séou, pour contempler avec un sang-froid imperturbable le déploiement de forces par lequel les Anglais avaient cherché à l'intimider, avait moins puisé son courage dans un ignorant mépris de la puissance de ses adversaires, que dans une juste appréciation des graves intérêts qui devaient leur en interdire l'usage. Les succès du *Fury* et du *Columbine* ne pouvaient donc avoir sur les complications à venir toute l'influence que déjà l'opinion publique se plaisait à leur attribuer. M. Bonham ne se refusa point, toutefois, le plaisir d'annoncer au vice-roi, avec une certaine emphase, les résultats qu'il venait d'obtenir. A ce bulletin pompeux, le vice-roi répondit par une dépêche plus pompeuse encore. Avec cette rare impudence qui forme le trait distinctif de la diplomatie chinoise, il se hâta de détourner au profit des flottes du Céleste Empire et des armées du royaume annamite la gloire que M. Bonham s'était cru en droit de décerner tout entière à la marine britannique. Les Anglais n'avaient donc remporté qu'une victoire stérile, ou plutôt ils avaient vaincu au profit du vice-roi de Canton, dont la feuille officielle de Pe-king ne tarda point à célébrer les triomphes.

Cependant les habitants de Macao soupiraient en secret après le retour de leur sécurité et la levée de l'état de siége. Le conseil portugais finit par comprendre qu'il fallait en passer par les conditions de Séou. Il avait entre les mains des témoins dont les dépositions auraient gravement compromis le vice-roi ; mais que pouvaient lui servir ces preuves accumulées d'une perfidie dont le Portugal ne serait jamais libre de tirer vengeance? Le 28 décembre 1849, le conseil déclara que les trois soldats chinois détenus dans les prisons de Macao devaient être considérés « comme sérieusement impliqués dans le meurtre du gouverneur, qu'ils étaient prévenus d'avoir eu connaissance du projet des assassins et d'avoir favorisé leur fuite, qu'en conséquence il les livrait au vice-roi pour qu'ils fussent jugés conformément aux traités et selon les lois du Céleste Empire. » Deux jours après l'élargissement des soldats dont il avait pu un instant redouter les aveux, Séou faisait remettre à la junte portugaise les restes sacrés auxquels il devait le succès de sa négociation.

Quand la nouvelle du meurtre d'Amaral fut connue à Lisbonne, elle y produisit la plus vive émotion. Le gouvernement portugais s'occupa immédiatement d'envoyer à Macao un officier investi de toute sa confiance, et une expédition maritime fut armée à la hâte[1]. Il suffisait peut-être que le Portugal montrât son pavillon dans le golfe de Pe-king pour que la réparation due à son honneur lui fût accordée. Les indignes délais apportés par Séou à la remise des restes d'Amaral étaient plus que suffisants pour que l'on fût en droit d'exiger sa dégradation. Malheureu-

[1] Ce fut à cette époque que M. Forth-Rouen reçut la juste récompense de sa conduite. Le gouvernement de Macao lui adressa la lettre suivante, que nous sommes heureux de pouvoir reproduire : « C'est avec la plus vive satisfaction, Monsieur, que nous portons à votre connaissance les ordres qui nous ont été transmis par Sa Majesté Très-Fidèle. Non contente de vous avoir témoigné, par une dépêche commune à tous les représentants des puissances étrangères résidant à Macao, le haut prix qu'elle attache aux éminents services que Votre Excellence a rendus à cet établissement, dans la situation critique où l'avait placée l'assassinat du gouverneur Amaral, la Reine a voulu que le conseil vous informât en outre, d'une manière spéciale, qu'elle avait remarqué, avec une distinction toute particulière, la conduite noble et généreuse de Votre Excellence. Sa Majesté s'est plu à reconnaître, par ce témoignage tout exceptionnel, les preuves décisives que vous avez données, en cette occasion, de l'élévation de votre caractère et de la justice que vous avez su rendre aux mérites du défunt gouverneur, victime d'un attentat inouï, dont vous avez contribué de tout votre pouvoir à poursuivre la réparation. »

sement, les peuples qui usent leur énergie dans les troubles civils s'interdisent les moyens de faire respecter leur nom au dehors. Le successeur d'Amaral mourut peu de temps après son arrivée à Macao. Une corvette portugaise mouillée dans le port de la Typa sauta en l'air avec tout son équipage, par suite d'un accident qui est resté inexplicable ; Séou demeura triomphant sur ces ruines, et continua, comme par le passé, à dompter les rebelles et à se railler des barbares.

C'est sans doute un bien triste événement que la mort de cet homme courageux qui, animé du plus touchant des patriotismes, essaya de relever l'honneur d'un pavillon si glorieux autrefois, et périt victime de l'état d'abaissement où ce pavillon était tombé ; mais cet événement, dont je n'ai point hésité à réveiller le souvenir, ne peut manquer d'avoir un jour ou l'autre de graves conséquences. L'Angleterre sans doute n'a pu, en l'apprenant, se défendre d'un secret remords ; elle sera cependant la première à en recueillir les fruits. Il nous a suffi de passer trois années dans les mers de la Chine pour constater un mouvement bien marqué dans l'opinion de l'Europe, au sujet des affaires de l'extrême Orient. Aux reproches d'ambition qu'on ne cessait de diriger contre la politique anglaise, nous avons vu succéder tout à coup des reproches contraires. Nous avons entendu des Européens de tous les pays gémir de la faiblesse des autorités britanniques et gourmander leur modération. Il semblait que les intérêts les plus opposés à la domination exclusive de l'Angleterre allaient se trouver compromis, si cette puissance faisait un pas en arrière. Il s'est établi insensiblement, en Chine, une solidarité européenne qui ne peut manquer d'aplanir le chemin aux envahisseurs. La mollesse peut-être calculée des autorités de Hong-kong, les violences de la populace chinoise et la connivence criminelle des mandarins ont favorisé ce retour de l'opinion publique. Quand les Anglais à la force matérielle dont ils disposent joindront cette force morale qu'ils puiseront dans l'assentiment de l'Europe, quand ils pourront traiter le peuple chinois comme un de ces peuples barbares envers lesquels tout est légitime et permis, que deviendra le vaste et débile empire que leurs armes victorieuses ont épargné une première fois ?

# CHAPITRE XVI.

## L'île Oualan et le roi George.

Du moment que la colonie de Macao n'avait plus à redouter les attaques des troupes du Céleste Empire, notre présence sur les côtes méridionales de la Chine cessait d'être indispensable. Sur la foi de promesses avidement accueillies, nous avions, pendant quelque temps, nourri l'espoir que les premiers jours de l'année 1850 verraient *la Bayonnaise* tourner sa proue du côté de l'Europe ; mais cette espérance n'avait été qu'un mirage trompeur. Les dernières nouvelles que nous avait apportées le paquebot du mois de décembre 1849 nous rendaient toutes nos incertitudes, et la France n'avait jamais été plus loin de nous. Il fallait cependant quitter Macao : c'était le seul moyen de tromper notre impatience et de mettre à profit, pour notre instruction, des délais dont nous avions hâte de voir le terme. L'heureux accord qui n'avait cessé de régner, depuis trois ans, entre la légation de France et la station navale, que composait à elle seule *la Bayonnaise,* avait assuré l'indépendance de nos mouvements. Chargés d'éclairer la justice sur les circonstances d'un drame maritime qui s'est déroulé plus tard devant la cour d'assises de Nantes, et dont je me reprocherais de remuer la poussière, nous formâmes le projet de nous porter jusqu'à l'extrémité orientale du groupe des îles Carolines.

Le 3 janvier 1850, après une courte apparition au mouillage de Wampoa, apparition destinée à rappeler au vice-roi notre présence dans les mers de Chine, nous partîmes pour Manille, où nous nous arrêtâmes une quinzaine de jours. Notre nouvelle campagne excédait un peu les limites de notre station, et il était important de passer, pour ainsi dire, en revue les divers intérêts confiés à notre surveillance, avant d'entreprendre un voyage dont nous avions pu apprécier les difficultés et les lenteurs, lorsqu'au mois de mai 1848 nous nous étions rendus aux îles Mariannes. Cette fois, d'ailleurs, il s'agissait d'aller plus loin encore et d'atteindre l'île Oualan, située à près de onze cents lieues du port de Macao.

Le 28 janvier nous reprîmes la mer. Nous avions longtemps à l'avance étudié la route que nous devions suivre, et calculé avec le plus grand soin le tracé qui pouvait nous offrir les chances les plus favorables. Dans une autre saison, nous eussions essayé de franchir le canal des Bashis, et nous eussions été chercher sur les côtes du Japon les vents variables qui nous auraient rapidement poussés vers l'est; mais au commencement de l'hiver, la navigation sous l'équateur nous parut devoir obtenir la préférence. Nous pénétrâmes donc une troisième fois dans le détroit de San-Bernardino, et nous nous dirigeâmes par la mer de Mindoro, sur l'établissement espagnol de Samboangan, devant lequel nous mouillâmes le 3 février. De ce point, la route nous était ouverte vers l'océan Pacifique. Le 8 février, nous avions laissé derrière nous la mer des Moluques, et nous n'avions plus que sept cents lieues à faire pour arriver au terme de notre voyage.

Jusqu'à la hauteur des îles Pellew, nous avançâmes assez rapidement; la brise soufflait souvent du nord, d'autres fois de lourds orages nous amenaient quelques heures de vent d'ouest; mais le méridien des îles Pellew était à peine dépassé, qu'il fallut de nouveau lutter contre les vents d'est obstinés, de pesantes rafales et des grains si violents, qu'ils nous obligeaient à carguer presque toutes nos voiles. De toutes nos traversées, celle-ci fut sans contredit la plus ennuyeuse et la plus pénible. Le métier de marin a ses plaisirs et ses émotions ; il a malheureusement aussi ses longs jours de monotonie. Quand on se traîne lourdement sur une mer assoupie, quand un ciel orageux pèse de toutes parts sur l'Océan, qu'on voit se succéder, sans qu'on puisse lutter contre l'inertie des flots, des heures chaudes et nauséabondes, on se prend malgré soi à envier le sort des prisonniers, dont les yeux ne s'arrêtent pas du moins sur la morne étendue des mers. De toutes les existences enfermées, la plus triste semble alors celle de l'officier de marine. Le navire qu'on aimait n'est plus que le pire de tous les cloîtres. On regrette amèrement de voir s'écouler dans une pareille torpeur le sable stérile de sa vie. Après trois années de campagne, ces moments difficiles soumettent à de rudes épreuves les plus heureux caractères. Ces physionomies sur lesquelles le regard s'arrête périodiquement à la même heure, ces voix dont le timbre ne varie jamais, ces saillies émoussées qui n'ont plus rien d'imprévu, harassent l'esprit et lui causent de secrètes nausées. Par désœuvrement, on se recherche, et l'on gémit après s'être rencontré : c'est une sorte de scorbut moral dont les organisations les plus riches sont les premières à souffrir ; mais dès que les noires vapeurs du ciel se dissipent, dès qu'une brise favorable fait frémir les voiles, l'horizon de la mer et l'horizon de l'âme semblent à la fois s'embellir. On accourt l'un vers l'autre, comme des oiseaux joyeux sortant de dessous la feuillée ; on se sourit, on s'aime, et un rapprochement universel salue la première apparition de la terre.

Le 21 mars, cinquante-deux jours après notre départ de Manille, nous aperçûmes l'île Oualan. Produit d'une éruption basaltique, cette île élève ses pitons aigus jusqu'à 650 mètres au-dessus du niveau de la mer. Elle est, comme l'île Pounipet[1], dont cent lieues environ la séparent, un des sommets culminants de cette vaste cordillère sous-marine qui, du 5e au 8e degré de latitude nord, sur un espace compris entre le 135e et le 160e degré de longitude orientale, a servi de base aux travaux des zoophytes, et donné naissance à de longs récifs, aujourd'hui habités, que couronnent quelques arbres et qu'envahissent parfois les eaux soulevées par les ouragans. L'île Oualan s'aperçoit de plus de 50 milles. Placée sur le passage des navires qui se rendent de la Nouvelle-Hollande en Chine, elle ne pouvait échapper longtemps aux regards des navigateurs. Elle fut signalée, pour la première fois, en 1804,

[1] L'île Pounipet fut visitée, en 1840, par la corvette *la Danaïde*, que commandait alors M. Joseph de Rosamel. Deux officiers de ce bâtiment levèrent le plan de l'île, et l'un d'eux, M. Garnault, recueillit sur les traditions et les mœurs des peuples carolins de curieux renseignements qu'il a bien voulu me communiquer. Parmi ces traditions, il en est une surtout qui semblerait assurer à l'île Pounipet la triste célébrité d'avoir été le tombeau des derniers débris de l'expédition de La Pérouse. — On sait qu'après avoir interrogé avec un soin religieux les souvenirs des vieillards de Vanikoro, le capitaine Dillon et le commandant Dumont d'Urville crurent pouvoir affirmer que les équipages des deux corvettes de La Pérouse n'avaient pas péri tout entiers sur l'île dont les récifs avaient brisé leurs navires. Un certain nombre d'hommes s'étaient embarqués dans une chaloupe qu'on avait mis six mois à construire. Cette embarcation avait dû, suivant les uns, se diriger sur les Moluques ou sur les Philippines ; d'autres inclinaient à penser qu'elle avait pu faire route vers les îles Mariannes. Cette dernière supposition, pour des raisons toutes nautiques qu'il serait trop long de déduire, m'a toujours paru la plus probable. Quoi qu'il en soit, la chaloupe partit de Vanikoro, et les naufragés laissés en arrière n'en eurent jamais de nouvelles. Sur quel point de l'Océanie avait péri cette

par le capitaine américain Crozer, qui lui donna le nom d'île Strong, sous lequel elle est encore désignée par la plupart des marins étrangers. Il paraît toutefois qu'aucun Européen n'y avait débarqué avant les officiers de la corvette *la Coquille*. Poursuivant l'exploration des divers archipels de l'Océanie, le commandant de cette corvette, M. Duperrey, reconnut, le 5 juin 1824, au milieu des récifs qui s'étendent à un mille au large de la pointe nord-ouest, un havre parfaitement abrité. M. Duperrey y jeta l'ancre, et donna au port qu'il venait de découvrir le nom de *havre de la Coquille*. Deux officiers de la corvette, MM. Lottin et Bérard, chargés de lever le plan de l'île, rencontrèrent, sur la côte opposée, un nouveau port défendu des vents du large par la petite île Lélé, sur laquelle la plupart des chefs d'Oualan avaient fixé leur résidence. Ce port reçut le nom de *havre Chabrol*. Le

embarcation ? Le récit du naufrage d'une chaloupe montée par des hommes blancs, qui s'était échouée, disaient les habitants de Pounipet, sur les récifs de leur île, il y avait une soixantaine d'années, éveilla l'attention des officiers de *la Danaïde*, qui finirent par apprendre que dans cette chaloupe se trouvait un pierrier marqué d'une fleur de lis. Les blancs avaient longtemps résisté aux attaques des insulaires ; mais ils avaient été enfin surpris au milieu de la nuit et massacrés jusqu'au dernier. Le pierrier demeura comme un trophée dans l'île. Un navire de commerce anglais l'avait emporté, disaient les habitants, peu de mois avant le passage de *la Danaïde*. Si on jette les yeux sur la carte, on verra quel degré de probabilité acquiert la version qui, d'après ce récit, placerait à Pounipet le second et dernier naufrage des compagnons de La Pérouse se dirigeant vers les îles Mariannes. Tracez une ligne de Vanikoro aux Mariannes, vous verrez qu'elle passe au milieu de l'archipel des Carolines, à cent lieues environ de Pounipet. Cette erreur de cent lieues s'expliquerait aisément, car les Français avaient dû tenir compte de la régularité des vents alizés et des courants qu'ils avaient observés déjà dans l'océan Pacifique. Ils avaient donc probablement gouverné, depuis leur départ, bien à l'est du point qu'ils voulaient atteindre.

récif qui entoure l'île présentait deux autres coupures, qui donnèrent accès au *port Lottin* et au *port Bérard.* Sur tout autre point, le débarquement fut jugé impossible.

De ces quatre mouillages, le havre de la Coquille et le havre Chabrol offrent seuls une sécurité complète; mais il est difficile d'entrer dans le premier, dont la passe se dirige vers l'ouest à travers de nombreux écueils; il est plus difficile encore de sortir du second, dont l'ouverture est directement exposée aux vents d'est.

Les renseignements que je devais me procurer ne pouvaient s'obtenir que dans le port Chabrol; il fallait y aller jeter l'ancre, dussions-nous y demeurer bloqués pendant plusieurs jours. J'envoyai un canot dans le milieu de la passe, brèche étroite autour de laquelle jaillissaient de hautes gerbes d'écume, et je donnai vent arrière entre deux chaînes de brisants à fleur d'eau. Un murmure de surprise et d'admiration se fit entendre à bord de la corvette, quand, portés sur une dernière lame, nous eûmes doublé l'extrémité du récif. Java ni les Moluques n'ont rien qu'on puisse comparer à la majestueuse beauté du bassin qui s'ouvrait devant nous: un demi-cercle de montagnes encadrait, dans un rideau de sombre verdure, une baie calme et profonde. Reliée par un immense banc de madrépores à ce qu'on peut appeler la terre ferme, la petite île Lélé, dont nous rasions la côte, achevait gaiement vers le nord le contour de cette baie; elle agitait au-dessus des eaux bleues le clair feuillage de ses palmiers et les touffes jaunes de ses pandanus. Des blocs de coraux et des prismes de basalte lui faisaient un rivage inaccessible aux flots de la mer. Nos voiles étaient retombées le long des mâts, et nous glissions vers le fond de la rade, comptant sur un reste de vitesse pour atteindre aisément le mouillage. Quelques cases bientôt se montrèrent à travers les arbres; nous nous écartâmes doucement de la rive, et *la Bayonnaise* laissa tomber l'ancre à moins de cinquante brasses du village de Lélé.

Depuis le passage de M. Duperrey, en 1824, et du capitaine Lutke, de la marine russe, en 1827, aucun navire de guerre n'avait, je crois, visité l'île Oualan : aucun du moins n'avait mouillé dans le havre Chabrol; mais les navires qui poursuivent le cachalot au milieu des archipels situés sous l'équateur ne tardèrent point à fréquenter les ports découverts par M. Duperrey. Ils y trouvèrent du bois et de l'eau, les seules choses dont les baleiniers, toujours abondamment pourvus de vivres, aient souvent besoin de s'approvisionner; ils y trouvèrent surtout, ce qui n'est point un médiocre avantage pour des bâtiments de commerce, une population douce et inoffensive. M. Duperrey n'avait vu entre les mains de ces insulaires aucune espèce d'armes. Séparés par une vaste étendue de mer des autres îles, dont ils ignoraient même l'existence, les habitants d'Oualan n'avaient jamais eu d'invasion étrangère à repousser : leurs pirogues ne s'éloignaient point des récifs. S'ils se livraient quelquefois à la pêche, c'était sans courir de dangers et sans déployer d'audace : aucun besoin réel ne les sollicitait à des courses aventureuses. Les arbres à pain et les cocotiers, qui abondent dans l'île, suffisaient amplement à leur nourriture; les indigènes pouvaient y ajouter, à l'aide d'une culture peu laborieuse, l'igname, le taro, la banane et la canne à sucre.

Le régime social de cette population, composée de deux ou trois mille âmes, ne différait guère de celui que Cook et La Pérouse avaient observé dans les autres îles de l'Océanie. Un souverain, quelques chefs, et une classe inférieure vouée aux travaux et à l'obéissance, telle est l'organisation qui se retrouve dans tous les groupes de la Polynésie. Retranché sur la petite île Lélé, où il vivait au milieu d'une aristocratie docile, le vieux souverain, qu'y avaient visité les officiers de *la Coquille*, exerçait une autorité tyrannique sur les habitants et les chefs d'Oualan. Une scission eut lieu entre les deux parties du royaume: les *Kanaks* d'Oualan[1] envahirent l'île Lélé, et un de leurs chefs, le Pepin d'Héristal de cette révolution, fut investi du pouvoir suprême, à la place du vieux souverain, que les vainqueurs reléguèrent dans les montagnes. Au moment où *la Bayonnaise* mouillait dans le havre Chabrol, ce soldat heureux occupait encore le trône sous le sobriquet de *king George*, que lui avaient imposé les baleiniers de Sydney. La vue d'un navire n'avait rien de nouveau pour les sujets du *roi George;* cependant, avec sa vaste carène, *la Bayonnaise* était faite pour frapper leur imagination. Aussi, quand le nuage de voiles que portait sa mâture eut disparu comme par enchantement, quand son ancre eut touché le fond, et que, subitement immobile, elle s'arrêta en face de l'île Lélé, les Kanaks d'Oualan eurent un instant l'idée de fuir dans leurs forêts; mais rien dans nos manœuvres ne vint confirmer leurs craintes. *La Bayonnaise* se balançait nonchalamment sur ses ancres, semblable à un énorme lion endormi au soleil :

> Like a huge lion in the sun asleep.

Les Kanaks ne tardèrent pas à se rassurer. Avant que le soleil eût disparu derrière les hautes montagnes de la baie, l'état-major de la corvette se présentait désarmé au milieu des Polynésiens accroupis sur la rive, et, suivant

[1] *Kanaks,* mot dérivé du dialecte havaïen, qui signifie *hommes;* on l'emploie pour désigner en général les habitants des îles de la Polynésie.

la gracieuse image du poëte, le nouveau monde tendait avec confiance sa main brune à la vieille Europe :

> The new world stretch'd its dusk hand to the old.

Le roi George était absent au moment de notre arrivée. Deux baleiniers américains, mouillés dans le havre de la Coquille, avaient attiré le souverain d'Oualan vers cette partie de ses domaines. Un messager courut l'avertir qu'un bâtiment de guerre, plus puissant à lui seul que toute une flotte de baleiniers, était mouillé sous les murs de sa capitale. Le lendemain, le roi George était de retour à Lélé. Nous lui fîmes savoir que nous le verrions avec plaisir à bord de la corvette. Notre invitation ne pouvait manquer de tenter sa curiosité ; mais le prudent monarque hésitait à livrer sa royale personne aux périls qu'une méfiance peu flatteuse pour nous lui faisait appréhender. Il n'osa cependant s'exposer à blesser notre susceptibilité par un refus, et fit ses préparatifs de départ avec la gravité d'un Curtius prêt à se jeter dans le gouffre. Avant de le laisser sortir de son palais, la reine des îles d'Oualan voulut du moins ne négliger aucune des précautions que lui suggérait sa tendresse. Une matrone habile à conjurer les mauvais sorts fut appelée près du roi, promena lentement sa main décharnée sur son cou et sur ses épaules, en murmurant des mots mystérieux, et Sa Majesté, à demi tranquillisée par la vertu de cette incantation magique, se dirigea d'un pas plus ferme vers le canot qui l'attendait.

Le roi George nous trouva tous réunis sur le pont de la corvette pour le recevoir. On se figurerait difficilement l'émotion de ce chef de sauvages, à la vue de l'appareil militaire dont nous lui avions ménagé la surprise. Il porta un de ses doigts à sa bouche, comme un homme impuissant à traduire son extase, puis un long et sourd murmure, lentement modulé, exprima seul pendant quelques minutes la variété de ses sensations. Un pareil navire était si différent de tous les bâtiments qu'il avait vus jusqu'alors! Quand il descendit dans la batterie, son admiration sembla redoubler. Cette longue rangée de canons, ces énormes projectiles rassemblés autour des pièces, ces sabres, ces fusils, ces haches d'abordage rangés le long des cloisons ou suspendus aux massifs barreaux de chêne, lui donnaient une formidable idée de notre puissance. La parole cependant lui était revenue. Grâce à ses relations fréquentes avec les baleiniers, le roi George pouvait s'exprimer en anglais aussi couramment qu'un marchand de *China street*. Il posa donc sa main, d'un air pénétré, sur mon épaule, et les premiers mots qui sortirent de sa bouche furent, je crois, une flatterie plutôt qu'une naïveté. Les sauvages ne sont pas, sur ce point, aussi sauvages qu'on le pense, et le roi George jugeait probablement qu'en fait d'éloges il ne faut jamais craindre de tomber dans l'exagération. « *Commodore,* me dit-il, *you are like god!* » Puis il ajouta aussitôt, en baissant sa main jusqu'à terre et poussant un long éclat de rire : « Voici les baleiniers, — et vous voilà vous autres, » fit-il en se redressant de toute sa hauteur. Si le pont de la batterie n'eût arrêté son bras, le roi George nous eût donné cent coudées.

Le monarque polynésien avait fait quelques frais de toilette pour venir à bord de *la Bayonnaise*. Au *maro* qui ceignait ses reins il avait ajouté une chemise de coton à raies bleues, qui couvrait ses larges épaules sans rien cacher de ses formes herculéennes. Sa haute stature, ses muscles fortement accusés, indiquaient une vigueur que l'âge n'avait point encore affaiblie. Le roi George pouvait avoir alors de quarante-cinq à cinquante ans. Sa figure, d'une laideur intelligente, portait surtout l'empreinte d'une douceur craintive. Avec un peu plus de fierté et d'énergie dans les traits, il m'eût rappelé le type consacré de Chingachgook. Il était aisé cependant de découvrir dans les plis sensuels de ses lèvres, dans l'éclair, prompt à s'allumer, de ses noires prunelles, toutes les passions brutales du sauvage. L'eau de feu eût pu faire un tigre de cet agneau. Le roi George ne tarda pas à passer de la surprise à la familiarité, et me demanda pour première faveur une bouteille de *brandy*. Je la lui donnai, mais j'accompagnai ce présent d'un long sermon sur les funestes effets des boissons spiritueuses. Le roi George parut m'écouter avec componction. Vous avez raison, me dit-il quand j'eus achevé ma harangue, *brandy very bad for the chiefs!* (l'eau-de-vie ne vaut rien pour les chefs) ; — je boirai la bouteille tout seul. » J'eus lieu de craindre le lendemain, en voyant sa face hébétée, que le malheureux souverain ne m'eût tenu parole.

Le rhum et le tabac sont les seuls articles recherchés sur le marché polynésien. Nous avions heureusement d'autres moyens d'exercer notre libéralité envers notre hôte. Chacun de nous s'empressa de lui apporter son présent, et bientôt le roi George se vit pourvu d'une garde-robe complète. Naïf comme un des géants de Pulci ou de l'Arioste, le sauvage se laissait habiller. Il endossait sans mot dire une longue veste rayée qui emprisonnait son buste comme une camisole de force ; un col de satin serrait son cou comme un carcan. A chaque pièce nouvelle que notre fantaisie ajoutait à son ajustement, il se tournait vers le miroir, en face duquel on l'avait posé, et se regardait avec complaisance. Un gilet à ramages et un large pantalon d'indienne complétèrent sa parure, mais il fut impossible de trouver chaussure à son pied. Le roi George était arrivé à bord de la corvette presque aussi peu vêtu que le lis dont parle l'Écriture ; il crut rentrer dans ses États plus magnifiquement paré que Salomon dans toute sa gloire. Ses sujets, il faut le dire, partagèrent son illusion. Quand, débarqué sur la plage, il se dirigea d'un pas lent et majestueux vers son palais, il n'y eut sur son passage qu'un long hurlement d'enthousiasme. La reine, accourue sa rencontre, demeurait ébahie, et, un doigt dans la bouche, levait les yeux au ciel ; les enfants seuls se rejetaient en criant dans le sein de leur mère : le tricorne d'un de nos aspirants, balancé sur le chef du roi George, avait effrayé ces timides Astyanax.

Quand le souverain d'Oualan, fatigué de tant d'émotions, se fut laissé tomber sur la natte qui couvrait le sol fangeux de son palais, la reine, incapable de comprimer plus longtemps sa curiosité, l'accabla de questions. Qu'avait-il vu ? que lui avait-on dit ? quel motif amenait sur les côtes de leur île ces puissants étrangers ? Vaine importunité : le roi George avait encore une fois perdu la parole. Il continuait à moduler son éternel murmure, semblable au bruit lointain des brisants sur la grève. Il avait vu ce que la langue polynésienne ne pouvait probablement décrire, et savourait intérieurement ses souvenirs. C'était mettre à forte épreuve la patience de sa royale compagne ; mais la douceur des femmes polynésiennes ne se dément jamais. La reine s'assit donc silencieusement en face de son époux, et le contempla dans le muet ravissement d'une épouse soumise. Après un quart d'heure d'attente, son seigneur et maître parut revenir du royaume des esprits. Il raconta d'une voix lente et basse les merveilles qu'avaient contemplées ses yeux. — Le pont était couvert d'hommes ; il était descendu, il y avait des hommes encore. Le village de Lélé eût tenu tout entier dans ce bâtiment. Chaque chef avait sa maison, et en un seul jour on avait déployé devant lui plus de richesses que les baleiniers ne lui en avaient montré depuis sa naissance.

On devine l'effet que ces descriptions emphatiques devaient produire sur l'imagination de la reine. Il fallut que son époux consentît à la conduire le lendemain à bord de la corvette. Elle y vint accompagnée des femmes des principaux chefs. Vêtues, comme le roi l'était la veille, d'une chemise rayée qui ne voilait qu'à demi les bleus dessins de leur tatouage, les jambes entièrement nues, et ayant, pour la plupart une pipe de terre bien noire passée dans le lobe inférieur de leur oreille gauche, ces dames portaient encore, comme aux jours où les virent les officiers de *la Coquille*, l'étroit *maro* tissé des fibres ligneuses du bananier et délicatement nuancé de couleurs indigènes. Elles étaient toutes d'une taille presque lilliputienne. La reine, déjà sur le retour, avait un certain air de fée Urgande, et rappelait, avec sa petite figure ridée, ces bonnes vieilles qu'un chevalier compatissant prenait jadis en croupe, et qui, d'un coup de baguette, transformant au milieu de la nuit la chaumière en palais, se changeaient en nymphes éblouissantes. Il y avait, en vérité, une distinction singulière dans la physionomie douce et étonnée, dans la voix surtout, mélodieuse et plaintive, de cette étrange créature. C'était une fleur complétement fanée, mais qui avait eu sans doute autrefois son parfum. Sans cette affreuse pipe suspendue à son oreille, je l'aurais volontiers comparée à ces roses qu'un savant a pressées dans son herbier, ou qu'un amant oublieux a laissées se flétrir dans son portefeuille. Malheureusement, cette petite reine était horriblement cagneuse. Cette difformité semblait d'ailleurs commune à la plupart des dames de la cour. Les femmes d'Oualan qui sont nées dans une condition plus humble ne présentent pas un pareil vice de conformation ; mais les grandes dames, les princesses, toute la journée accroupies sur leurs nattes, les deux cuisses repliées à la fois sous elles, peuvent à peine, quand elles veulent marcher, se soutenir sur leurs jambes amaigries. On éprouvait une sensation pénible à voir ces pauvres femmes s'avancer en trébuchant sur le pont. J'aurais encore préféré les petits pieds des dames chinoises.

En jetant les yeux sur les princesses qui accompagnaient la reine, on s'étonnait de trouver mêlées au type polynésien des physionomies presque européennes. La figure de ces femmes offrait, chose bizarre, avec des contours plus réguliers qu'on n'en rencontre d'habitude dans l'Océanie, je ne sais quelle délicatesse maladive qui annonçait un précoce étiolement. C'était la pâleur du nénuphar, la clarté défaillante d'une lampe qui s'éteint, l'apparence morbide d'une race qui s'en va. Le roi George m'avait fait de tristes confidences sur l'état sanitaire de son île, et la vue d'un village de lépreux, que nous avions visité la veille, n'avait que trop confirmé ces affreux renseignements. Heureux les insulaires dont un récif mugissant défend les rivages ! La civilisation, du moins, ne leur apportera pas ces affreux stigmates dont elle a marqué la population d'Oualan.

Les sensations de la reine ne furent pas moins vives que celles de son époux. Il n'y eut pas un coin de la corvette qui pût échapper à ses investigations. Elle s'en allait de droite à gauche, furetant partout, trottinant comme une souris blanche, et tout émerveillée à son tour du spectacle qui avait si profondément impressionné la forte tête du roi George. Ses compagnes la suivaient, hurlant de surprise à chaque pas, et n'interrompant leur murmure admiratif que pour pousser parfois un joyeux éclat de rire. La reine ne cherchait point à dissimuler son ravissement. Elle semblait douée d'ailleurs de l'humeur la plus sociable, et son gai babil faisait plaisir à entendre : « J'aime les baleiniers, disait-elle ; ils m'apportent toujours quelque petit cadeau, me font des compliments, m'appellent *good belly queen.* Ils donnent au roi George de l'huile de baleine, du rhum et du tabac. Quand nous passons plusieurs mois sans voir de navires, le peuple et le roi ne sont pas contents. » J'offris une modeste collation au couple royal. Les princesses se tinrent accroupies à la porte de la chambre, et la reine, en riant, leur jeta les miettes du festin ; mais, tout à coup, la physionomie du roi parut se rembrunir, et la reine écarta vivement sa chaise de la table. Mon domestique apportait en ce moment une anguille monstrueuse qu'un de nos canotiers, se promenant sur la plage, avait tuée le matin d'un coup de bâton. « Qu'avez-vous ? » demandai-je au roi George. Il me montra du doigt le poisson que mon domestique venait de déposer devant moi. J'eus alors comme un vague pressentiment de quelque superstition polynésienne. Je m'excusai de mon mieux, et je fis comprendre au roi que si nous avions assommé une des divinités de l'île, c'était par ignorance et sans mauvaise intention. Le roi, à ce discours, haussa les épaules comme un esprit fort qu'on offense. « Il ne faut pas manger de ce poisson, dit-il, parce qu'il donne la lèpre. » La reine fut plus franche ; elle avoua qu'il n'en fallait pas manger parce qu'il était *tabou.* D'où venait cette interdiction, qui prend toujours, on le sait, dans les îles de l'Océanie, un caractère religieux, et dont la violation est infailliblement punie de mort ? J'eus quelque peine à obtenir l'explication que je demandais. Je crus enfin comprendre qu'après un ouragan qui avait dévasté l'île, brisé les arbres à pain et ruiné les plantations de taro, les habitants n'avaient vécu, pendant près d'une année, que des murènes qu'ils allaient poursuivre au moment de la basse mer dans les anfractuosités des bancs de madrépores. C'était pour se ménager cette précieuse ressource que, depuis cette époque, on avait mis les anguilles de mer sous la protection de la superstition publique.

Le soleil allait disparaître quand le roi George se décida enfin à quitter la corvette. Depuis plus d'une heure il avait trouvé une distraction qui semblait être tout à fait de son goût. Une aiguille et une paumelle de voilier à la main il s'occupait gravement à coudre une voile que nos ouvriers réparaient dans la batterie. Je lui promis d'aller lui rendre sa visite, et le soir même, à l'heure où le peuple d'Oualan, assis sur ses talons, dévore gloutonnement la *popoïe*[1], je débarquai à l'entrée du village. Le premier insulaire que je rencontrai s'empressa de me conduire chez le roi. Une porte très-basse me contraignit à me courber jusqu'à terre, pour pénétrer dans une vaste cour qu'entourait une palissade de roseaux. J'avais déjà remarqué qu'aucun des habitants de l'île, fût-il au rang des chefs, n'osait se tenir debout devant le souverain d'Oualan. Les *Kanaks* que ce roi aux allures débonnaires appelait familièrement près de lui, ne l'approchaient jamais qu'en rampant. Une aussi rigoureuse étiquette m'avait paru dépasser un peu les bornes de l'humilité orientale; mais comme la plupart des coutumes qui, au premier abord, étonnent ou scandalisent le voyageur, la posture des sujets du roi George avait son origine dans les nécessités d'une civilisation encore incomplète. Cette origine

[1] La *popoïe*, servie d'ordinaire sur une feuille de bananier, n'est que le fruit de l'arbre à pain pétri avec la noix de coco. On forme de ce mélange une énorme boulette, au milieu de laquelle chaque convive trempe alternativement ses doigts.

mystérieuse, le guichet de la case royale me la révélait. Les despotes polynésiens n'avaient dû pratiquer dans l'enceinte de leur demeure d'aussi étroites ouvertures, assujettir leurs sujets à d'aussi gênantes attitudes, que pour se tenir mieux en garde contre les assauts imprévus de la trahison. Ils ne voulaient pas qu'un ennemi pût venir à eux la tête haute et le bras prêt à frapper. N'ayant à redouter d'autre arme que le casse-tête, ils croyaient n'avoir rien à craindre de l'homme qui se tenait humblement courbé en leur présence. Celui qui se redressait devant la majesté royale, qui osait se placer au niveau ou même au-dessus de son souverain, devenant dangereux, était réputé criminel.

Une natte grossière couvrait le sol de la cour dans laquelle je venais de m'introduire. En face de l'entrée s'élevait la case du roi George. A voir cet édifice de style ogival, uniquement composé de roseaux et de brins d'herbe tressés, on eût dit une énorme ruche destinée à loger des abeilles. Ce palais rustique était cependant un chef-d'œuvre d'industrie et de patience. De toutes les cabanes d'Indiens, c'était, sans contredit, la plus élégante et la plus ingénieuse que j'eusse encore vue. Quant à l'ameublement, il était, je dois le dire, d'une extrême simplicité. Deux bancs de bois, une natte assez fine, un coffre sur lequel était posée une lampe remplie d'huile de baleine, voilà les seuls objets qui paraient la nudité de la royale demeure. La soirée était magnifique ; la lune montait lentement dans le ciel. Le roi George et la reine s'accroupirent sur un coin de leur natte ; je m'assis auprès d'eux, nous allumâmes nos cigares, et la conversation ne tarda point à s'animer. L'anglais du roi George n'était pas malheureusement toujours intelligible ; celui de la reine était un gazouillis difficile à déchiffrer. J'aurais donc quitté l'île Oualan très-imparfaitement édifié sur les points que je m'efforçais d'éclaircir, si le roi n'eût eu l'excellente pensée de faire appeler deux linguistes attachés à sa cour, qui non-seulement nous servirent d'interprètes, mais prirent aussi bientôt une part active à la conversation.

Le roi George, — le moment est venu de lui rendre cet hommage, — pratiquait l'hospitalité comme un Médicis. Sa cour était ouverte à tous les étrangers que la fortune amenait dans son île. Il arrivait souvent qu'un bâtiment de Sidney ou des États-Unis, privé d'une partie de son équipage par la désertion, avait recueilli des renforts sur divers points de l'Océanie. Sa pêche terminée, ce navire ingrat jetait sur la première île venue les Indiens dont les services lui étaient devenus inutiles. Le roi George accueillait avec empressement ces épaves, et, grâce aux revenus considérables de sa liste civile, ses hôtes, si nombreux qu'ils fussent, n'avaient jamais à craindre de manquer de *popoïe*. Les insulaires débarqués à Oualan étaient des gens qui avaient vu le monde. Leur expérience venait souvent en aide aux notions un peu confuses que le roi George avait acquises sur tout ce qui dépassait la limite de ses États. Le méfiant despote voyait d'ailleurs en eux le moyen d'éloigner des affaires quelques chefs trop remuants, dans lesquels il avait découvert depuis peu de secrets compétiteurs. Aussi avait-il transféré la plupart des grands offices de la couronne entre leurs mains. Un Indien de Rotoumah, à la peau noire et aux cheveux crépus, était devenu le capitaine de port du havre Chabrol; entraîné dans sa carrière aventureuse jusque sur les côtes d'Amérique, Tom avait servi dans la cavalerie péruvienne; il parlait à la fois l'espagnol et l'anglais. Un autre étranger venait des îles Sandwich; un troisième, Antonio, était né dans les îles Tonga. Un navire américain l'avait abandonné, après un voyage infructueux, sur l'île Pleasant. Cette île, entourée d'un récif presque infranchissable, se trouve jetée au milieu de l'océan Pacifique comme un écueil. Peu de navires osent s'en approcher. Un *convict* anglais, le *grand Bill,* y régnait par le droit de la force et de la violence. Après avoir empoisonné un déserteur français, longtemps son rival et son seul frein, il était parvenu à exercer une autorité absolue sur les naturels. Antonio saisit la première occasion qui s'offrit à lui d'échapper à ce despotisme farouche ; il paya son passage sur un baleinier du prix de cinq cochons et fut déposé à Oualan. Ce malheureux, ainsi ballotté d'île en île, s'exprimait en anglais avec une merveilleuse facilité ; je lui dois la majeure partie des renseignements que j'ai pu recueillir dans mes conférences avec le roi George.

Le pouvoir n'est pas nécessairement héréditaire dans l'île d'Oualan. A la mort du souverain, tous les chefs se rassemblent dans la maison commune, celle où sont suspendues les grandes pirogues ; ils n'en peuvent sortir qu'après avoir élu le nouveau roi. Les deux candidats à la succession du roi George étaient, en 1850, son frère Canker et son fils aîné, César ; mais nous ne pûmes obtenir du monarque le plus circonspect de la Polynésie qu'il avouât de quel côté penchaient ses préférences personnelles.

Les attributions de la royauté ne se composent pas, dans ce chétif empire, de vaines prérogatives. Au roi seul appartient le sol d'Oualan et de Lélé. C'est à lui qu'appartient également le monopole du commerce. Dès qu'un baleinier se présente, que ce soit dans l'est ou dans l'ouest de l'île, le roi George est toujours le premier à monter à bord. Il offre des fruits, du taro, des ignames ; il demande en échange du tabac et du rhum. Pour le rhum surtout, il se fait invariablement la part du lion. Ses sujets, cependant, émus de ses largesses, le proclament un excellent roi, un habile politique, en un mot, suivant l'expression de la reine, un homme qui a du flair et y voit loin, — *a good look out.* — Quant au sol, le roi George le divise entre différents chefs. Il en a sa part personnelle ; il a, en outre, la dîme qu'il prélève sur la part des autres. La classe inférieure cultive les domaines de l'aristocratie, et ses *fueros* paraissent se borner au droit de ne pas mourir de faim. Les priviléges des chefs sont plus sérieux : dès qu'ils ont payé la dîme, ils ne doivent plus rien au souverain. Ce dernier peut faire appel à leur dévouement, leur représenter la nécessité de contributions volontaires ; mais le plus souvent, dans les occasions où sa liste civile est insuffisante, il faut qu'il puise dans sa *casbah.* Ce grand coffre, présent d'un baleinier, que j'avais remarqué en entrant dans la chambre du roi George, renferme les ressources secrètes à l'aide desquelles il pourvoit à tout. Là sont des chemises rayées, des paquets de tabac, deux ou trois poignées de dollars, dont le roi George ne sait que faire, et, au milieu de ces objets de peu de valeur, les précieux hameçons de nacre, qui sont encore aujourd'hui considérés comme la seule monnaie courante de l'île. Ces hameçons sont apportés à Oualan par les navires européens, qui se les procurent à peu de frais dans les îles Marshall et Gilbert. Ils sont formés de deux morceaux de nacre, l'un large et plat, l'autre arrondi et pointu, qu'assemble un fil de bourre de cocotier. Le roi George a lentement amassé un grand nombre de ces hameçons ; ce sera l'héritage de César, si Canker usurpe la couronne.

Ce que je m'étais proposé par-dessus tout d'approfondir,

c'étaient les sentiments religieux du roi George et de ses sujets. Antonio prétendait que les naturels d'Oualan n'avaient pour toute religion que quelques superstitions grossières. « Lorsque le vent, disait-il, souffle avec violence et roule de gros nuages dans le ciel, je les ai vus s'armer de fusils ou de pierres pour mettre en fuite les esprits des morts, qu'ils croient déchaînés. Quant au dieu qu'ils adorent, je n'ai jamais pu le connaître, à moins que ce ne soient les murènes du récif, le seul objet au monde que ces gens-ci paraissent vénérer. » Les naturels d'Oualan n'auraient-ils donc aucun soupçon d'un être supérieur; aucune idée, même grossière, de la Divinité? J'hésitais à le croire. Essayez cependant de parler au roi George d'un Dieu, auteur tout-puissant de ce monde, créateur des blancs et des Kanaks, il vous répondra, avec un sourire, *qu'il ne l'a jamais vu*, mais que les baleiniers américains lui ont déjà raconté quelque chose de semblable. Quant à la reine, elle vous répliquera plus hardiment que toutes ces idées-là n'ont pas le sens commun : *All humbug !* dit-elle sans hésiter. Les deux époux seront, du reste, unanimes à reconnaître qu'un homme mort et enterré, avec de grosses pierres sur le corps, n'a plus rien à attendre ni à demander. « Quand vous serez mort, *king George*, qu'allez-vous devenir ? — On me mettra dans un trou. » Retournez votre question de cent façons, vous n'obtiendrez pas d'autre réponse. Je me rends garant que le roi George n'a jamais soupçonné l'immortalité de l'âme. Il peut exister, à cet égard, quelques superstitions plus ou moins grossières parmi ses sujets ; à coup sûr, sa philosophie brutale est loin de les partager. Si le roi George se montre débonnaire et pacifique, s'il est généralement réputé comme un *good belly man*, un bon cœur, ou, plus littéralement, un bon ventre, ce n'est point qu'il se flatte de trouver dans une autre vie la récompense de sa conduite sur la terre. Ses vertus politiques ne prennent leur source que dans un heureux naturel, et surtout dans une excessive circonspection. Respecter les hommes blancs et vivre en paix avec les navires qui apportent à Oualan le tabac, les hameçons de nacre et surtout le précieux rhum, voilà les grands principes de morale dont jusqu'ici aucune circonstance n'a pu le faire dévier.

L'indifférence sceptique du roi George semblait avoir gagné le cœur de ses sujets. Rien, dans l'île où nous avions abordé, ne nous révélait l'existence d'un culte religieux. Le peuple d'Oualan, comme l'affirmait Antonio, n'avait foi qu'aux sorciers, ne croyait qu'aux fantômes, et ne respectait que les anguilles. Les légendes si chères aux races polynésiennes, les traditions nationales, conservées partout ailleurs dans les danses et dans les chansons populaires, semblaient, ici, avoir disparu sans laisser de traces et sans causer de regrets. C'est à cent lieues d'Oualan, sur un autre point de l'archipel des Carolines, dans l'île Pounipet, qu'on retrouve quelques souvenirs d'une histoire primitive, qui a dû être commune aux peuples des deux îles, dont l'origine est évidemment la même. Les traditions de Pounipet remontent jusqu'aux jours fabuleux, où une race de géants habitait les îles de la Polynésie. C'était une race active, une infatigable famille de travailleurs. Les uns s'occupaient à tailler les montagnes, les autres creusaient des canaux sinueux et des ports, entouraient Pounipet d'une large ceinture de corail, ou remuaient, en se jouant, les gros blocs de basalte. C'est de cette époque que datent les monuments, dont une végétation fougueuse finira peut-être un jour par effacer les ruines, mais qui rappellent encore au navigateur étonné les travaux des Aztèques et ceux des Égyptiens.

Toute une ville bâtie, sans ciment, de prismes pentagones, couvre de ses débris le sol où la génération présente a placé ses tombeaux. Ces ruines sont l'œuvre indestructible des géants. Les Indiens de Pounipet n'en approchent jamais sans frémir. Ils racontent que les architectes qui construisirent ces solides murailles, quand ils n'eurent plus de pierres à entasser l'une sur l'autre, se livrèrent bataille et ne songèrent plus qu'à s'entre-tuer. Trois seulement survécurent, un père et ses deux fils. Les enfants entreprirent d'élever un pic aigu, qui devait monter jusqu'au ciel. Le père employa ses loisirs à couper l'île en deux ; il ouvrit d'abord le canal qui forme aujourd'hui le port de Métalélim : les deux roches qui divisent la passe lui servaient à poser, au-dessus de l'eau, ses larges pieds. Quand il eut poussé ses travaux jusqu'au fond de la baie, il voulut faire passer son canal à travers la montagne qu'édifiaient péniblement ses fils. Chacun d'eux s'obstinant à défendre son œuvre, une lutte dénaturée s'ensuivit, et la race des géants disparut. En ce moment débarquaient, sur la plage de Métalélim, cinquante hommes qu'une pirogue amenait de lointains rivages. Ils contemplèrent avec effroi les travaux gigantesques de leurs devanciers, et bâtirent leurs huttes de paille sur le bord de la mer. Ce fut d'eux que sortirent les cinq tribus de Pounipet.

Ainsi se conservent, à quelques lieues d'Oualan, les traditions de deux migrations distinctes. La première a érigé les monuments que Cook et La Pérouse ont observés dans l'île de Pâques, qu'Anson et les officiers de *l'Uranie* ont admirés aux Mariannes, que l'on retrouve à Pounipet, sur les points les plus étrangers l'un à l'autre de l'Océanie, et jusque dans l'île oublieuse que nous étions venus visiter. — A cette race industrieuse ont succédé des colonies nouvelles : ces derniers émigrants semblent n'avoir connu que les premiers rudiments de la civilisation. Leurs prédécesseurs, si on les jugeait à leurs œuvres, auraient apporté avec eux les arts et les besoins d'une vie sociale beaucoup plus avancée.

Ce que les officiers de *la Danaïde* purent entrevoir des idées religieuses des habitants de Pounipet, pendant leur séjour dans l'île, indiquait un peuple doux et paisible. Point de ces sacrifices humains, ni de ces mutilations sanglantes, par lesquels tant d'autres peuplades de l'Océanie s'imaginent rendre hommage à la Divinité. Chaque habitant semble avoir choisi sa déité protectrice. Pour les uns, le pigeon est l'objet d'un culte superstitieux ; pour les autres, c'est, comme à Oualan, la murène. Ils entourent ces dieux de leur choix d'un respect inviolable. Tout Indien coupable d'un meurtre sacrilége, quand bien même ce meurtre serait involontaire, doit fuir de sa tribu. Un culte aussi simple ne demande ni temples ni ministres. Les tribus de Pounipet ont cependant des hommes habiles à lire dans l'avenir et à converser avec les esprits. Le pouvoir mystérieux qu'on leur attribue donne à ces thaumaturges une considération et une puissance à peine inférieures à celles des chefs. Dans toutes les cérémonies importantes, ils sont invariablement appelés à jouer un rôle. Leur place est marquée dans les fêtes, et la première coupe de *kawa* est pour eux. C'est surtout à guérir les malades que leur savoir s'applique. Si l'on veut chercher dans l'étude des superstitions populaires le berceau des nations dispersées sur la surface du globe, on ne reconnaîtra pas, sans une certaine surprise, dans les pratiques médicales de ces sorciers polynésiens, les procédés des bonzes chinois et ceux des magiciens mongols. Dès qu'un Indien se plaint d'être malade, ses parents s'empressent d'appeler à son aide le grand médecin de la tribu. Le mal est-il léger, il suffit des infusions que le médecin ordonne ; mais si le cas est grave, il faut avoir recours aux moyens surnaturels. Il existe dans l'île de Pounipet des sommets sacrés près desquels les Indiens ne s'aventurent jamais ; c'est sur ces hauts lieux que l'âme du malade s'est enfuie. Il faut la contraindre à venir ranimer le corps qu'elle a déserté. Il importe surtout de ne pas perdre un instant : car des ailes gigantesques, qui croissent à vue d'œil, vont, si l'on ne se hâte, emporter vers les cieux cette âme vagabonde. Le médecin se met donc en route ; il ose gravir la montagne. — S'il réussit à saisir l'âme qu'il est venu chercher, il l'enferme soigneusement dans une noix de coco, et, à son retour, la verse avec le lait sur la tête du malade. Trop souvent, hélas ! l'âme a quitté la terre, elle est partie : le médecin l'a vue qui volait, battant l'air de ses noires membranes. Où ces ailes, — question difficile à résoudre ! — l'auront-elles portée ? « Elle est allée bien loin, répondent les naturels du pays, bien loin, bien loin d'ici ! Les âmes qui l'ont précédée l'attendent pour la recevoir et lui faire les honneurs de ce nouveau séjour ; mais il faut les prier ; il faut préparer au parent que l'on pleure un bienveillant accueil ; il faut dire quelles étaient ses vertus, sa bonté, son courage, afin que les morts se réjouissent du compagnon que la terre leur envoie. C'est pourquoi les vassaux, les amis, les parents doivent se réunir souvent sur la tombe du défunt pour célébrer ses louanges et pour chanter ensemble de longs hymnes de deuil. » A ces naïfs discours, qui ne croirait reconnaître les vieux enfants des steppes de l'Asie, les honnêtes et crédules Mongols, sous la tente desquels ont si longtemps vécu nos deux héroïques missionnaires, le Père Huc et le Père Gabet?

J'avais pressenti l'intérêt qui devait s'attacher à la théodicée mystique des Carolins ; mais ce n'est point le roi

George qui pouvait satisfaire ma curiosité sur cette question. Nous nous entendions mieux quand nous parlions des ressources agricoles de son île. Le roi George était fier, à juste titre, de la merveilleuse fécondité de ses États, et comme s'il eût voulu m'en éblouir, il ne cessait de me la vanter. Après sa seconde visite à bord de la corvette, il avait convoqué tous les chefs dans la case commune : il leur avait raconté les splendeurs de *la Bayonnaise*, il leur avait en même temps fait sentir qu'il convenait de mettre leur souverain en état de reconnaître l'accueil et les présents qu'il avait reçus de ces redoutables étrangers. Bientôt, en effet, des pirogues chargées de taros, de fruits de l'arbre à pain, d'ignames, de cannes à sucre et de noix de coco vinrent inonder le pont de la corvette des libéralités du roi George. Je voulus protester, exposer à ce généreux prince qu'il finirait par affamer son île : il sourit de mes craintes, et compta sur ses doigts dix espèces de racines, qui pouvaient au besoin suppléer les fruits de l'arbre à pain et ceux du cocotier. La canne à sucre était la seule rareté de l'île, la seule propriété qui parût soumise au *tabou*. A toutes ces richesses je voulus ajouter, pour les années d'ouragan, de nouvelles ressources : j'offris au roi un panier de pommes de terre, deux ou trois sacs de riz de montagne et un baril de haricots de Canton. Je doute, hélas ! malgré les promesses réitérées qui me furent faites, que jamais ces semences aient été confiées à la terre : les naturels d'Oualan sont incapables d'accorder une pensée à l'avenir ; pour eux, le jour présent compose toute la vie, ils ont l'insouciance des enfants, et cèdent sans effort à la mollesse qu'inspire le climat énervant des tropiques. La recherche d'une jouissance nouvelle ne vaut pas, à leurs yeux, les fatigues au prix desquelles il faudrait l'obtenir. Les animaux qui leur ont été laissés, à diverses reprises, par les baleiniers, ont depuis longtemps recouvré leur indépendance : les cochons courent les bois, les poules abandonnées vivent à l'état sauvage. Avec les magnifiques pigeons à gorge d'opale et de rubis, qui remplissent les forêts de l'île, ces poules nous offraient une chasse à la fois abondante et facile : c'est assurément un des gibiers les plus délicats qu'aient savouré nos palais cosmopolites. Les poules sauvages d'Oualan ne le cèdent en rien, pour le goût et pour le fumet, aux faisans d'Europe.

L'objet de notre mission, cependant, était rempli ; il ne nous fallait plus qu'une circonstance favorable pour sortir du port. Des baleiniers y avaient été arrêtés des mois entiers, et ces navires avaient pris le parti de ne plus mouiller que dans la baie située sous le vent de l'île, celle dans laquelle M. Duperrey avait jeté l'ancre et qu'il avait nommée du nom de son bâtiment. Dans le havre Chabrol, la brise, qui souffle quelquefois de terre pendant la nuit, vient mourir à l'entrée de la rade. On trouve dans le passage une mer sourdement agitée, en dehors des récifs un abîme sans fond. Nous ne devions donc songer à franchir ce canal resserré entre deux brisants, ni à l'aide de nos câbles, ni avec le secours insuffisant de nos embarcations ; le vent seul pouvait nous fournir le moyen de gagner la pleine mer, et le vent était toujours contraire. Ce qu'il y avait de plus grave, peut-être, dans cette situation, c'est que toute tentative faite pour en sortir devait être couronnée de succès, sous peine d'amener un résultat funeste. Un navire baleinier d'un faible tonnage pouvait bien, s'il manquait sa sortie, tourner sur ses talons et rentrer dans le port ; mais une pareille manœuvre était à peu près interdite à *la Bayonnaise*. Avec quelle impatience nos regards suivaient dans le ciel la marche des gros nuages que les vents alizés chassaient constamment devant eux ! Avec quelle anxiété, abusés par une bouffée trompeuse, nous allions dans la passe observer la direction de la brise ! Le roi George nous promettait quelques heures de vent plus propice pour le jour de la pleine lune. Épiant cet instant favorable, si nous descendions sur la côte, nous osions à peine perdre la corvette de vue ; mais, sans dépasser les limites de la baie, nous trouvions de majestueux ombrages, sous lesquels nous pouvions, pendant des journées entières, promener nos ennuis. Le figuier des banians, avec sa forêt de racines qui pendent comme une chevelure de ses longs rameaux, couvrait d'un abri touffu le sol sablonneux sur lequel croissaient, pêle-mêle, les arums et les pandanus. Le *barringtonia*, au feuillage dur et sombre comme celui du laurier, répandait sur la terre ses milliers de fruits pareils à la mitre d'un évêque, qu'on voyait germer de toutes parts et pousser vers le ciel d'innombrables rejetons. A quelques pas du bord de la mer, toute trace de sentier disparaissait. La forêt vierge, avec ses branches entrelacées, ses troncs serrés l'un contre l'autre, s'étendait jusqu'au sommet des montagnes. Il fallait renoncer à percer ces dédales inextricables. Les insulaires qui n'avaient pu trouver place sur l'île Lélé occupaient le rivage de la grande île. Ils cultivaient sans efforts quelques racines nutritives ou des cannes à sucre, et vivaient du produit de leurs cocotiers. Quelques-uns, n'ayant pour tout vêtement que le *maro* indigène, nous rappelaient le beau type carolin que nous avions admiré à Guam ; c'était la même perfection de formes, la même pureté de lignes respirant à la fois la vigueur et la souplesse : c'est ainsi que l'homme dut sortir des mains du Créateur. Un statuaire n'eût pu se lasser de contempler ces sauvages dans le calme de leurs poses, dans la noblesse innée de leurs attitudes : c'était l'idéal de la sculpture, la beauté mâle et forte devinée quelquefois par le génie. A côté de ces hommes, que n'avait point atteints la lèpre héréditaire, fatal présent de la civilisation, se montraient des cadavres vivants, lentement rongés par d'affreux ulcères. Le regard se détournait de ces malheureux, qui semblaient supporter avec une résignation apathique le fléau qui les dévorait ; c'était un hideux spectacle, qui ne pouvait manquer d'exciter dans nos cœurs une profonde compassion. Par quels crimes cette race innocente a-t-elle pu mériter la colère céleste? On s'est ému du sort des populations de la côte d'Afrique ; les peuples de l'Océanie devraient, à plus de titres encore, éveiller les élans de notre sympathie. On ignore peut-être, en Europe, de quels affreux désordres, de quelles criminelles violences les archipels de la Polynésie sont devenus le théâtre. Les *convicts* de Sydney, les déserteurs des navires baleiniers ont infesté ces îles ; ils ont associé des populations douces et inoffensives à leurs odieux excès et à leurs sanglantes querelles : ils les en ont rendues victimes. Des tribus ont été massacrées ; des navires sont venus enlever des cargaisons de tripang et de nacre le mousquet à la main ; des exécutions sommaires ont eu lieu ; le plus chétif Européen s'est arrogé le droit de haute et basse justice sur des peuples sans défense ; et toute une génération de flibustiers, sous le nom de *frères de la côte*, a planté le drapeau d'une ignoble tyrannie sur des archipels heureux et libres il y a moins d'un demi-siècle. On a dit, non sans raison, que nos navires de guerre devraient se montrer plus souvent dans ces parages ; j'ajoute que ce n'est point assez : les peuples polynésiens ne peuvent plus vivre que sous la tutelle de l'Europe ; les ressorts de leur civilisation sont brisés aujourd'hui ; ils ne sauraient plus être les naïfs sauvages que Cook nous a dépeints. Il faut les sauver du joug que des aventuriers sans mandat ont appesanti sur eux ; il faut surtout les sauver des funestes passions qui les dévorent. Je souhaite ardemment, pour ma part, que la France ait son rôle dans cette œuvre providentielle, mais si des soins plus pressants doivent la détourner d'une pareille entreprise, j'appelle de mes vœux le protectorat de toute autre puissance : il n'en est point dont l'intervention, dans ces circonstances désespérées, ne puisse être utile et tutélaire.

On n'a pas oublié, sans doute, le temps où la France semblait avoir conçu le projet d'assurer à son commerce quelque point de refuge et de ravitaillement dans ces mers, où l'Angleterre, l'Espagne et la Hollande s'étaient déjà emparées de toutes les positions importantes. L'île Oualan, explorée pour la première fois par un navire français, eût pu trouver place dans un système qui tendait moins à créer des colonies agricoles qu'à poser quelques jalons sur les grandes routes commerciales du globe. Cette île, que l'équipage d'un navire de guerre eût facilement tenue en respect, eût admirablement relié Taïti, Basilan et Mayotte. Je ne connais point de prétentions qui eussent pu, dans ce cas, prévaloir sur les nôtres. Notre action bienfaisante se fût étendue sur trois archipels. Les îles Carolines, les îles Marshall auraient vu de meilleurs jours à l'ombre de notre pavillon, et peut-être le commerce du tripang, de la nacre et de l'écaille de tortue eût-il récompensé par d'importants profits la pensée généreuse qui aurait décidé notre occupation. Ce système d'expansion fut ruiné, dès sa naissance, par les embarras dont le protectorat de Taïti devint la source ; une nouvelle situation politique pourrait ouvrir à la France de nouveaux horizons. Si jamais le monde européen fait enfin trêve à ses stériles querelles, il n'entrera sans doute dans la pensée de personne d'enfermer notre action dans les étroites limites de la Méditerranée. Ce jour-là, je demande qu'on n'oublie point l'archipel si intéressant des Carolines.

En dépit de l'attrait que devait nous inspirer cette phase toute nouvelle de notre campagne, nous ne pouvions nous empêcher de maudire les délais qui nous retenaient à Oualan. Le 28 mars enfin, une légère brise d'ouest s'éleva du fond de la baie. J'allai immédiatement, dans ma baleinière, observer quel vent soufflait dans la passe. La houle était à peu près tombée, et, en dehors des récifs, la brise variait du nord-nord-est au nord-est. C'était un moment précieux à saisir. En quelques minutes, nous fûmes sous voiles ; nos quatre embarcations nous remorquaient avec ardeur, et la marée nous était favorable. C'est ainsi que nous nous engageâmes dans la passe. Un instant la brise nous manqua complétement, nos huniers s'affaissèrent lourdement le long des mâts. La marée et l'effort de nos canots nous soutenaient à peine contre la houle. Tout à coup la brise qui régnait au large frappe nos voiles hautes, nos vergues sont rapidement orientées, et la corvette s'élance en avant ; mais la proue est tournée vers le récif du sud. La vague déferle en mugissant sur ce banc de madrépores dont nous nous sommes déjà rapprochés. Toutes les manœuvres que l'on pouvait exécuter sont faites ; il faut en attendre le résultat. Un profond silence règne à bord de *la Bayonnaise.* Notre inquiétude est déjà dissipée ; la corvette s'est rangée au vent, et, comme un dauphin qui fend l'onde, elle plonge gaiement sa proue dans l'écume qu'elle soulève. Les derniers écueils sont bientôt derrière nous, et nous voguons sans crainte sur une mer profonde.

Notre traversée de retour fut aussi rapide que notre voyage de Manille à Oualan avait été pénible et contrarié. Quelques jours après notre départ, nous passions entre les îles de Rota et de Guam, nous coupions la chaîne des Bashis le 12 avril, et le 17 nous jetions l'ancre sur la rade de Macao.

## CHAPITRE XVII.

Mort de l'empereur Tao-kouang. — Son successeur Y-shing. — Départ de *la Bayonnaise*.

Pendant les trois mois que nous avions employés à parcourir l'océan Pacifique, une date mémorable prenait place dans les annales du Céleste Empire. Les premiers Chinois qui montèrent à bord de *la Bayonnaise* nous étonnèrent par l'apparence insolite de leur crâne ; le rasoir avait respecté leurs cheveux depuis plus d'un mois. La dynastie tartare était-elle donc descendue du trône ? Les fils de Han se préparaient-ils à reprendre cette antique coiffure dont le sabre des Mantchoux avait exigé le sacrifice, et dont on ne trouvait plus la trace que sur les vieux vases de porcelaine ? Non, l'empire n'avait pas changé de maître ; mais les Chinois portaient le deuil de leur père. Après trente années de règne, le fils de Kia-king, le petit-fils du glorieux Kien-long, avait rejoint dans la tombe les cinq souverains de la dynastie mantchoue, laissant à son successeur un empire ébranlé et un avenir plein d'incertitudes.

L'empereur Tao-kouang, avant de mourir, avait désigné pour lui succéder le quatrième de ses fils, qui prit, en montant sur le trône, le nom de Y-shing. Ce prince était issu d'une femme tartare, car, suivant les lois de la dynastie Taï-tsing, les descendants des femmes chinoises ne peuvent avoir de droits à la couronne. L'avénement du nouveau souverain ne fut marqué par aucune réforme.

Le respect que les princes, comme les moindres sujets du Céleste Empire, sont tenus de montrer pour la mémoire paternelle, interdit, pendant une année au moins, à l'héritier du trône tout acte qui pourrait sembler une censure de la politique suivie par son prédécesseur. Bientôt cependant, des rumeurs, accueillies par les uns, repoussées comme invraisemblables par les autres, annoncèrent aux habitants de Canton qu'une conspiration avait été ourdie par un des frères du vieil empereur, et qu'avec l'assistance de Lin, mandarin bien connu pour ses tendances rétrogrades, cet oncle rebelle avait réussi à enlever le trône et la vie à son neveu. C'est alors que l'on put juger de la parfaite indifférence des populations de l'empire pour ce qui pouvait se passer à Pe-king. Ces bruits, qui eussent ému si profondément une nation moins habituée à considérer la suprême puissance comme le couronnement indispensable de l'édifice social, et son action tutélaire comme indépendante de la personne du souverain, éveillèrent à peine l'attention des Cantonnais. On les vit vaquer à leurs affaires avec le même calme et la même patience laborieuse que par le passé. Ils laissèrent les Européens mettre tout à leur gré les deux nationalités en présence, et se figurer les Chinois, sous la conduite du vieux Lin, prêts à s'élancer contre les Mantchoux, à la tête desquels venait se placer naturellement le Tartare Ki-ing. Pour eux, ils continuèrent à cultiver leurs champs, à régler leurs comptes, à vendre leurs denrées, comme si les troubles du nord ne les eussent touchés en aucune façon. L'œil le plus pénétrant n'eût pu distinguer, à cette époque, le moindre symptôme d'agitation, dans une province que l'on a toujours signalée à bon droit comme la plus turbulente du Céleste Empire. Je fus profondément frappé de cette apathie, et j'y crus reconnaître une des causes qui entravent le plus énergiquement, en Chine, le progrès des révolutions. Je compris combien les mécontents, s'ils osaient arborer la bannière de la révolte, auraient de peine à passionner le peuple et à éveiller son zèle pour des projets étrangers en réalité à ses intérêts intimes, combien, en un mot, dans une société où chacun vivait de son labeur, où les priviléges héréditaires étaient inconnus, il faudrait que l'administration commît de fautes et d'excès pour soulever contre elle l'indignation publique. Le gouverneur de Hong-kong voulut cependant être fixé sur le degré de confiance qu'il devait accorder à ces vagues rumeurs. Il expédia dans le golfe de Pe-tche-li son secrétaire, M. Johnstone, qui s'embarqua sur le navire à vapeur *le Reynard*. La mission de M. Johnstone avait, dit-on, pour but ostensible de complimenter le jeune empereur sur son avénement au trône, pour objet réel de solliciter l'ouverture d'un nouveau port plus rapproché que Chang-haï de Tien-tsin. Cette tentative de M. Bonham pour engager une correspondance directe avec la cour de Pe-king n'obtint même pas du gouvernement chinois l'honneur d'une réponse.

Il faudrait avoir des siècles devant soi pour pouvoir se flatter de voir aboutir la moindre affaire dans l'extrême Orient. Tout marche, à cette extrémité du monde, avec une lenteur incroyable. Depuis notre arrivée sur les côtes de Chine, au mois de janvier 1848, nous n'avions cessé de nous croire à la veille d'une crise décisive. Les mois s'étaient écoulés, les complications s'étaient évanouies, et le Céleste Empire avait continué à se mouvoir dans son orbe accoutumé. Un nouveau règne pouvait nous promettre l'intérêt d'une phase encore inconnue : les tendances libérales d'un réformateur allaient enfin triompher, si l'on en croyait certaines imaginations enthousiastes ; c'était au contraire le rapide déclin de l'empire qui devait, suivant une version plus probable, signaler l'avénement d'un nouvel Augustule. Toutes ces prédictions nous trouvèrent incrédules ou indifférents. D'autres pensées occupaient déjà notre esprit, car nous venions de recevoir l'ordre de déposer entre les mains de M. Forth-Rouen les archives de la station, et d'opérer notre retour en France en doublant le cap Horn, après avoir touché aux îles Sandwich et à Taïti.

Je n'essayerai point de retracer la joie que cette nouvelle répandit à bord de la corvette. Les deux mers qui nous séparaient des rivages de l'Europe n'étaient plus, à nos yeux, qu'un détroit à franchir. Il nous semblait que le jour où nous aurions quitté la rade de Macao, l'espace allait s'effacer rapidement devant nous. Une station dont on ignore le terme, c'est presque un exil : dès qu'on nous ouvrait le chemin du port, nous n'étions plus des exilés, nous redevenions de joyeux et confiants voyageurs.

Nos préparatifs de départ furent bientôt terminés ; mais nous voulûmes visiter une dernière fois Hong-kong et Canton. Notre première visite à Hong-kong avait eu lieu sous les auspices du brave commandant Lapierre. Nous avions dû nous montrer touchés, à cette époque, de l'éminent service que la marine britannique venait de rendre, sur les côtes de la Corée, aux naufragés de *la Gloire* et de *la Victorieuse,* et des égards dont elle avait su entourer cet honorable malheur. Une pareille circonstance devait assurer l'avenir de nos relations avec les autorités et les principaux habitants de la colonie anglaise. L'annonce de la révolution de Février nous avait inspiré, il est vrai, quelques doutes sur le maintien de la paix européenne, et nous avait commandé une légitime défiance. Quand la marche des événements nous permit de renouer des rapports un instant interrompus, les Anglais eurent le bon esprit de ne témoigner aucun ressentiment d'une conduite qu'ils n'eussent point manqué, en pareille circonstance, d'imiter, et qu'ils avaient franchement déclarée *sailor-like*, ce qui, pour des Anglais, est tout dire. Je me trouvai heureux, pour ma part, de pouvoir, avant de quitter les côtes de Chine, prendre congé d'officiers que j'estimais, et dont j'avais admiré les intrépides manœuvres dans le golfe du Tong-king et dans le canal des Jonques ; mais ce fut surtout aux négociants américains, qui nous avaient témoigné une si généreuse sympathie pendant cette crise difficile, que j'éprouvais le besoin de parler de ma reconnaissance. M. Forbes était parti, depuis près d'une année, pour les États-Unis; ses compatriotes étaient devenus les miens : je les vis presque tous à Canton, et j'échangeai avec eux les vœux les plus sincères. Puisse leur honorable et persévérante industrie prospérer sur ces lointains rivages ! Puissent leurs efforts servir d'exemple aux nôtres, et le *hong* français être en état de rendre un jour à la marine américaine ce que la maison Russell et Sturgis a fait tant de fois pour la marine française !

Le 4 mai 1850 devait être le dernier jour que nous passerions sur la rade de Macao. C'était une magnifique journée de printemps, tiède et sereine. Une légère brise du sud ridait à peine la surface de la baie. Nos amis nous avaient accompagnés jusqu'à bord, et, dans ce moment si longtemps attendu, si impatiemment désiré, je ne sais quelle secrète émotion venait attrister notre départ. Nos voiles, cependant, frémissaient impatientes au haut des mâts ; la marée nous pressait de partir ; nous donnâmes le signal. Un effort vigoureux arracha l'ancre de la vase épaisse dans laquelle elle était enfoncée, et *la Bayonnaise*, s'inclinant gracieusement sous ses huniers, s'élança vers le canal que nous devions franchir pour gagner la haute mer.

Notre fidèle *comprador,* Ayo, n'attendait que ce moment. Il était déjà descendu dans son bateau, et surveillait d'un œil attentif nos manœuvres. Quand il vit *la Bayonnaise* tourner sur elle-même, il fit faire volte-face à sa barque, qui, sous ses deux voiles de nattes, se jouait depuis quelques minutes autour de la corvette, et à l'instant une explosion formidable de pétards se fit entendre. De longues guirlandes d'artifices, qui pendaient du haut de chaque mât, éclatèrent l'une après l'autre comme une fusillade ; le gong déchira l'air de son aigre tocsin, et Ayo, souriant au milieu de cette pluie de feu, calme au milieu de ce vacarme, nous adressa de la main ses derniers *tchin-tchin.* Peu à peu le bruit s'éteignit, la fumée se dissipa, et le plus honnête Chinois que nous eussions connu fit voile vers Macao.

Les navires de guerre qui, venus en Chine par le cap de Bonne-Espérance, avaient reçu, comme *la Bayonnaise,* l'ordre de doubler le cap Horn pour rentrer en Europe, avaient suivi une route bien différente de celle qui nous était tracée. Ils avaient tous passé au sud de la Nouvelle-Hollande ou de la terre de Van-Diémen. Pour nous, qui avions la mission de toucher aux îles Sandwich, c'était dans les régions moyennes de l'hémisphère septentrional, par 34 ou 35 degrés de latitude, que nous devions aller chercher les vents variables. Nous ne pûmes atteindre le passage des Bashis qu'après plusieurs jours d'une laborieuse navigation. Des calmes d'abord, puis bientôt de violents vents d'est retardèrent notre marche. Enfin, le 16 mai, dans la soirée, nous parvînmes à sortir de la mer de Chine. Notre manœuvre ne pouvait plus être douteuse; il fallait nous hâter de gagner les côtes du Japon. C'était là que nous attendaient probablement les vents d'ouest. Nous savions que nous allions traverser des parages peu connus, mais nous étions loin de nous promettre l'émotion d'une découverte.

Le 31 mai, vers quatre heures du matin, nous n'étions plus qu'à quatre-vingts lieues environ de Jédo, cette immense capitale d'un mystérieux empire, quand on vint m'annoncer qu'on croyait apercevoir la terre devant nous. Cette nouvelle était loin de cadrer avec mes calculs, et je crus à une illusion. Je montai cependant sur le pont, et je vis, en effet, à quelques milles de la corvette, cinq ou six sommets aigus, autour desquels paraissaient voler des milliers d'oiseaux. Je refis mes calculs, je consultai la carte ; il n'y avait plus à en douter, nous avions découvert une île. Comme de vieux époux qui ont longtemps attendu un héritier, et dont le ciel couronne enfin les vœux, nous nous trouvions pris au dépourvu ; nous n'avions point de nom préparé pour l'enfant que nous envoyait la Providence. Fallait-il l'appeler l'île de *la Bayonnaise?* Fallait-il attacher à sa venue en ce monde un souvenir emprunté aux péripéties de notre campagne ? La brise était fraîche, et nous approchions rapidement de notre île. Ses sommets cependant tardaient bien à grandir. Les premiers rayons du soleil portèrent un coup fatal à nos illusions. C'était l'éternelle histoire des bâtons flottants. Notre île n'était qu'une longue chaîne de roches, dont le sommet le plus élevé avait à peine six mètres de hauteur. Nous pouvions remercier le ciel que la nuit n'eût pas été plus noire, car nous eussions couru le risque d'aller nous briser sur cette terre inconnue. Nous en passâmes aussi près que la prudence pouvait nous le permettre, et quand nous eûmes constaté que ce n'était qu'un misérable écueil, nous refusâmes de lui donner le nom de notre corvette. Nous l'inscrivîmes sur la carte de l'océan Pacifique avec cette désignation dédaigneuse : *Ile vue par la Bayonnaise, le* 31 *mai* 1850, *par* 32° 0′ 41″ *de latitude nord et* 137° 39′ 12″ *de longitude est.*

Dès que nous eûmes doublé les côtes du Japon, nous trouvâmes de longs jours, un air frais et vivifiant, des brises qui nous faisaient faire des enjambées de quatre-vingts lieues d'un midi à l'autre. Nous eûmes soin de nous maintenir dans des parages si favorables, et nous ne redescendîmes vers le sud qu'après avoir dépassé le méridien des îles Sandwich. En approchant du tropique du Cancer, les vents alizés enflèrent de nouveau nos voiles. Le 29 juin 1850, nous étions mouillés sur la rade extérieure d'Honoloulou.

## CHAPITRE XVIII.

### Les îles Sandwich.

J'ai souvent essayé de dégager de toutes les controverses dont les peuples de l'océan Pacifique sont devenus l'objet, un système qui pût rattacher leur existence à celle des deux grandes races orientales que sépare une ligne de démarcation bien tranchée. Si mon hypothèse pouvait être admise, la race noire et la race mongole auraient, par leur mélange, donné naissance aux populations de la Malaisie. Au sud de l'équateur, de la terre des Papous jusqu'aux Nouvelles-Hébrides, la première de ces races se présenterait encore dans toute sa pureté. Les peuples de la Polynésie proprement dite ne seraient, au contraire, que des colonies mongoles. Comment les fils de Sem se sont-ils répandus des îles Sandwich aux côtes de la Nouvelle-Zélande? Comment ont-ils peuplé le groupe des Carolines et l'archipel des Pomotou, les îles Tonga et les îles Marquises? C'est une question que je n'essayerai point de résoudre; mais rien ne me semble plus propre à expliquer la conformité de mœurs, de langage et de caractères physiques des diverses tribus polynésiennes, que l'idée de deux races s'épanchant sur la surface des mers, aussi loin que les vents peuvent les porter, s'arrêtant, — la première avec la mousson d'ouest, au groupe des îles Viti, — la seconde, avec les tempêtes de l'hémisphère nord, aux côtes du continent américain ou aux rivages des

19.

îles Sandwich. Quand nous débarquâmes à Honoloulou, ma première impression confirma l'hypothèse qui m'avait séduit. Je crus me trouver au milieu des Carolins de l'île Oualan.

Les Polynésiens ne composent donc qu'un seul peuple à mes yeux. A peu d'exceptions près, les mêmes destinées les attendent, et la transformation qu'ils subissent, — aux îles Sandwich sous la direction des missionnaires américains, à Taïti sous l'influence de la domination française, — mérite d'autant plus d'être étudiée, qu'il s'agit sans aucun doute de fixer, dans un avenir peu éloigné, la condition future de cette intéressante portion de l'humanité.

Il faut distinguer deux sortes d'îles dans la Polynésie : les unes, comme l'écume d'une fournaise ardente, ont jailli du fond de l'Océan, pour élever jusqu'aux cieux leurs sommets sillonnés par la lave ; les autres, couronnées par les travaux des madrépores, ont à peine dépassé le niveau de la mer. Les vents et les oiseaux y ont apporté quelques graines, les flots y ont jeté sur la rive quelques noix de coco, et sur ce récif, dont la végétation avait fait une île, la vague est venue plus tard déposer des habitants. Ces îles basses sont de véritables camps de pêcheurs. Leur territoire n'offre aucune prise à la culture. Ce n'est point à cette formation incomplète qu'appartiennent les îles Sandwich. L'archipel découvert par Cook, en 1778, n'a rien de commun avec la longue chaîne des Pomotou, ni avec les îles à demi submergées du groupe des Carolines. Les îles Sandwich, au nombre de dix, peuvent être comparées aux Açores ou aux Canaries. Situées par 20 degrés environ de latitude nord, elles se trouvent sur le passage des navires que les vents alizés conduisent des ports de la Californie aux côtes méridionales du Céleste Empire. Les quatre îles les plus importantes de ce groupe ont reçu de leurs premiers habitants les noms d'Hawaï, de Mawi, de Wahou et de Taouaï. Wahou, qui possède un excellent port, est devenu le centre commercial de l'archipel. Les baleiniers viennent s'y ravitailler avant de pénétrer dans la mer d'Ochotzk ou dans le détroit de Behring, et la ville d'Honoloulou, qui leur doit sa prospérité, est aujourd'hui la première ville de la Polynésie. Bien que la superficie totale des îles Sandwich soit peu inférieure à celle de la Sicile ou de la Sardaigne, la population de cet archipel ne paraît guère dépasser cent ou cent vingt mille âmes. Sur un territoire sept fois moindre, l'île Majorque, dans la Méditerranée, offre deux fois plus d'habitants. C'est qu'aux Sandwich les naturels ne se sont pas encore éloignés des bords de la mer. L'intérieur des îles est presque entièrement inculte ou dépeuplé. Comme dans toutes les contrées d'origine volcanique, le sol des Sandwich est profondément découpé. Des cratères éteints ou prêts à vomir sur la plaine leur feu qui sommeille, des vallées encaissées entre deux murailles de lave, de hautes chaînes de montagnes brusquement interrompues par des précipices, tel est l'aspect général de ces îles, où l'on rencontre, suivant la hauteur à laquelle on s'élève, la même diversité de climats qu'à Java ou aux Philippines.

Il est généralement admis aujourd'hui que les Espagnols avaient eu connaissance des îles Sandwich avant le capitaine Cook ; mais ce grand navigateur est le premier qui ait appris à l'Europe l'existence d'un archipel, auquel il imposa le nom d'un des lords de l'amirauté britannique. Son navire apparut un matin aux naturels de Taouaï *comme une forêt flottante,* et l'archipel des Sandwich, qui avait échappé pendant bien des siècles à une attraction fatale, se trouva ramené, par cette découverte, dans le tourbillon général de l'univers. Il serait difficile d'apprécier le degré de civilisation qu'avaient atteint les premiers colons de la Polynésie, avant que le hasard des flots les séparât du reste de l'humanité; je serais porté à croire cependant qu'ils apportèrent avec eux dans ces solitudes les germes d'une hiérarchie sociale que la force seule n'eût point suffi à fonder. De temps immémorial, il avait existé aux Sandwich une distinction profonde entre la classe des chefs et la classe inférieure. Adorés pendant leur vie, les chefs étaient déifiés après leur mort. La terre et l'Océan étaient leur propriété. Le peuple n'avait d'autre mission que de servir et d'engraisser de son labeur cette race sacrée. Aussi pouvait-on reconnaître du premier coup d'œil un chef hawaïen à sa haute stature et à son embonpoint. L'archipel était divisé en plusieurs monarchies féodales. Le pouvoir du souverain, placé sous la protection des superstitions publiques, était sans limites. Une troupe de hiérophantes, dont les fonctions étaient héréditaires, prêtaient à ses volontés le secours de leurs artifices. Les interdictions qu'ils avaient prononcées étaient accueillies comme un arrêt des dieux, et nul ne pouvait les enfreindre sans encourir la peine capitale. Le *tabou* était donc la première loi de l'État; quelques-unes des prescriptions de ce code rigoureux enchaînaient à leur joug jusqu'au souverain lui-même. Ainsi, sous le chaume royal comme dans la plus humble cabane, les deux époux n'auraient jamais osé s'asseoir à la même table; les hommes et les femmes devaient prendre leurs repas dans des appartements séparés. Par un singulier abus de pouvoir, c'était surtout contre les femmes que s'était acharnée une législation qui ne connaissait ni infractions légères ni châtiments gradués : en violant le *tabou*, c'était la Divinité qu'on offensait. Il fallait s'attendre au dernier supplice, si l'on osait lancer une pirogue à la mer pendant l'un des jours interdits, si, par le plus léger bruit, on troublait la solennité des prières, si on laissait involontairement son ombre se projeter sur la personne du roi, si, lorsqu'on prononçait le nom du souverain dans une chanson, lorsqu'on rencontrait le serviteur qui lui portait son *maro*, on ne se prosternait point à l'instant jusqu'à terre. La peine de mort était prononcée contre les coupables dans de secrets conclaves, et exécutée mystérieusement au milieu de la nuit. De hideux licteurs rôdaient dans les ténèbres, assommaient ou lapidaient les victimes qu'ils étaient parvenus à saisir, et traînaient ces horribles offrandes jusque sur les autels des dieux. On n'eût point édifié un nouveau temple sans le consacrer par quelques-uns de ces sanglants sacrifices.

Quels étaient donc ces dieux dont on courtisait ainsi la faveur? Les Hawaïens reconnaissaient six divinités principales, purs esprits, qui habitaient la région des nuages. Ils les honoraient sous la forme de grossières idoles, et leur prêtaient les passions des chefs dont ils étaient habitués à vénérer les puérils et cruels caprices. Les habitants des Sandwich avaient, comme ceux des Carolines, une idée confuse de l'immortalité de l'âme : ils croyaient que les esprits des morts erraient pendant quelque temps autour de leurs cadavres, fantômes irrités qui fuyaient, au sein des antres les plus obscurs, la lumière du jour, et en sortaient, après le coucher du soleil, pour venir étrangler leurs ennemis. Ces fantômes prenaient enfin leur vol vers la région céleste qu'habitait Wakea, le père de la race hawaïenne. Un homme avait-il observé fidèlement pendant sa vie les rites religieux, respecté le *tabou*, offert aux jours voulus des prières et des sacrifices, son âme obtenait de rester dans ce séjour de félicité. L'âme des mécréants, au contraire, impitoyablement chassée de cet asile, était poussée, par une force invincible, dans l'abîme. Ces notions religieuses, qui rappellent jusqu'à un certain point les superstitions bouddhiques, étaient étrangères à la masse du peuple. Dans l'asservissement où il vivait, le peuple n'avait guère le loisir d'égarer ses pensées au delà de la tombe. Il laissait aux chefs et aux prêtres l'espoir d'une autre vie, et croyait à peine que de pareils soucis pussent le concerner.

L'arbre à pain et le cocotier sont les deux trésors de la Polynésie. Dans les îles où ces fruits spontanés abondent, les autres productions du sol sont un luxe à peu près superflu. Aux îles Sandwich, la subsistance des habitants n'eût point été assurée, s'ils n'eussent ajouté, aux ressources insuffisantes de leurs côtes, la culture du taro et de la patate douce. Le peuple avait donc à subir dans cet archipel, malgré la fécondité du sol et la beauté du climat, la dure loi du travail. Il lui fallait déchirer le sein de la terre et créer, à l'entrée des vallées ou sur le penchant des collines, des barrages destinés à rassembler les eaux qui devaient fertiliser la plaine. Ce n'était point, cependant, à ces soins agricoles que se bornaient les obligations de la classe inférieure. Avec ses haches de pierre, elle creusait patiemment, dans de larges troncs d'arbres, les pirogues des chefs ; elle en perçait les bordages à l'aide d'os humains lentement aiguisés, et les cousait ensuite l'un à l'autre avec les fils tordus du cocotier; elle tissait les mailles des grands filets de pêche, fabriquait les manteaux de plumes écarlate dont se paraient les rois dans les cérémonies religieuses, poursuivait, au profit de ses maîtres, le poisson sur les flots, l'oiseau des tropiques sur les montagnes, et fournissait les victimes humaines que l'on offrait aux dieux. L'arrivée des navires européens fut la source d'un nouveau labeur pour la population hawaïenne.

Ce que les métaux précieux avaient été pour l'Amérique, le bois de sandal le fut pour les îles Sandwich. Ce funeste présent de la nature attira sur leurs rivages les trafiquants étrangers. Les boissons enivrantes, les étoffes de soie, le fer, les armes à feu, éveillèrent la cupidité des chefs, qui n'avaient pour payer ces trésors que le produit de leurs forêts. Dans l'espace de vingt ou trente ans, près de six mille tonneaux de bois de sandal furent exportés des îles Sandwich par les navires anglais ou américains, et vendus aux Chinois de Canton. Ce ne fut bientôt que dans les gorges les plus reculées et les plus sauvages, sur les sommets les plus inaccessibles, que l'on put rencontrer ces troncs aromatiques. Non moins pénible que le travail des mines, cette âpre exploitation des forêts n'eût point tardé à creuser le tombeau d'un peuple habitué à subir son fardeau sans murmure, si, par un bonheur providentiel, l'incurie et l'imprévoyance d'une génération n'eussent si complétement moissonné ce champ fatal, qu'elles n'y laissèrent rien à glaner pour les générations futures.

Le bois de sandal n'était point un appât qui pût mettre en péril l'indépendance des îles Sandwich, mais il contribua puissamment à hâter l'unité d'une monarchie indigène. Il joua dans les destinées de ce chétif empire le rôle que le coton joua plus tard en Égypte. Ce fut ce produit, payé presque au poids de l'or par les habitants du territoire céleste, qui mit aux mains d'un chef entreprenant les armes avec lesquelles il parvint à dompter ses ennemis. En 1792, quand le capitaine Vancouver, — quatorze ans après Cook, six ans après La Pérouse, — visita l'archipel des Sandwich, Kamehameha régnait sur les trois districts d'Hawaï. Ce prince, dans lequel, — singulier effet de la promiscuité polynésienne, — deux souverains s'obstinaient à reconnaître leur fils, avait déjà livré de sanglantes batailles aux chefs qui avaient entrepris de contester ses droits à ce premier héritage. Ses armes étaient alors la massue de bois de fer et la lance garnie d'une double rangée de dents de requin. Kamehameha demanda au capitaine anglais des mousquets et de la poudre. Vancouver sut résister à ses importunités; mais le fils naturel du roi de Mawi ne tarda pas à trouver des capitaines moins scrupuleux ; deux matelots européens, qu'il avait retenus prisonniers, combattirent à ses côtés et portèrent la terreur dans les rangs des indigènes. En 1796, l'archipel tout entier reconnaissait sa domination.

Kamehameha n'était point seulement un colosse, dont la massue pouvait écraser la couronne sur la tête de ses compétiteurs ; il possédait, avec les muscles de fer et les membres d'un géant, l'habileté cauteleuse et la subtilité tenace d'un homme qui avait dû combattre avant de régner. Parvenu, à la suite de sept guerres sanglantes, au faîte de la puissance, il n'abusa point de son triomphe. Il sut contenir les ressentiments des vaincus par sa fermeté vigilante, et rendre la paix au royaume par sa judicieuse clémence. Il mourut dans son palais d'Hawaï, composé de six huttes de paille, le 8 mai 1819. Une femme, qu'il avait associée depuis longtemps à ses plus secrets desseins, Kaahumanu, issue du vieux sang des chefs hawaïens, fit monter sur le trône l'héritier dont les dernières volontés du souverain lui avaient confié la tutelle, mais elle se réserva la réalité du pouvoir.

Les coutumes primitives s'étaient maintenues presque sans altération durant le règne de Kamehameha. Le *tabou* était encore, dans cette partie de l'Archipel polynésien, la base du gouvernement et la loi suprême. Déjà cependant l'Évangile avait été apporté par les missionnaires anglais jusqu'aux îles Sandwich. Les récits des Hawaïens, qui commençaient à visiter les archipels de l'Océanie sur les navires baleiniers, les railleries des étrangers qui venaient chercher à Honoloulou du bois de sandal, ne pouvaient manquer de porter aux vieilles superstitions de sérieuses atteintes. Kaahumanu osa concevoir la pensée d'une révolution religieuse.

Quelques jours après la mort de Kamehameha, le nouveau souverain des Sandwich, Liholiho, avait revêtu la pourpre hawaïenne, le manteau de plumes que le peuple honorait encore comme l'insigne de la suprême puissance. En présence des chefs et des prêtres rassemblés pour cette cérémonie, Kaahumanu invita le jeune roi à violer le *tabou.* A cette proposition, Liholiho ne put s'empêcher de reculer d'effroi ; mais le Rubicon était passé : Kaahumanu devait périr ou briser le joug qu'elle avait entrepris de secouer. Le souverain oublia dans l'ivresse ses scrupules et ses terreurs. Il viola le *tabou,* et le vieil édifice des rites hawaïens s'écroula sous l'audace d'une femme.

Un chef releva l'étendard de l'idolâtrie. Il était jeune, courageux et rempli d'une sombre ferveur. Les prêtres l'entourèrent et lui promirent la couronne. A leur voix, une partie du peuple accourut sous la bannière rebelle. Les deux armées se rencontrèrent dans une des plaines d'Hawaï. La victoire fut longtemps disputée ; le défenseur des dieux succomba enfin sous les coups des athées et des révolutionnaires. Le peuple se hâta de briser des idoles qui se montraient impuissantes à protéger leurs adorateurs. Toutefois ce scepticisme n'était qu'un premier pas vers des croyances nouvelles. Dépouillés de la foi de leurs pères, les naturels d'Hawaï subirent avec empressement le joug que leur apportèrent, en 1820, les missionnaires des États-Unis. En quelques années, les îles Sandwich appartinrent au protestantisme. La conversion des principaux chefs et l'exemple tout puissant de l'altière princesse, qui avait la première osé violer le *tabou*, amenèrent sur les bancs des écoles méthodistes des enfants et des femmes, des hommes dans la force de l'âge et des vieillards décrépits, troupeau d'aveugles habitués à marcher dans le sentier que choisissaient leurs maîtres. La Bible remplaça donc sans difficulté le *tabou*, et les commandements de Dieu devinrent dans les îles Sandwich la base officielle de la morale publique. Peu de temps après, une constitution fut promulguée ; les droits des chefs et les charges de la classe laborieuse furent minutieusement définis, l'administration de la justice fut régularisée, et chaque année, vers le mois d'avril, on vit s'ouvrir à Honoloulou l'assemblée dans laquelle les principaux chefs, assistés de sept députés élus par le peuple, étaient admis à discuter les lois et à voter l'impôt. A l'abri de cette fiction, les missionnaires concentrèrent dans leurs mains les pouvoirs politiques et exercèrent sur la population un empire absolu. Un grave incident vint cependant les troubler dans la jouissance de leur rapide conquête. Deux prêtres catholiques débarquèrent, en 1827, à Honoloulou, et comptèrent bientôt, dans la classe inférieure, de nombreux prosélytes. Les missionnaires protestants parurent oublier, dans cette circonstance, les principes que leurs coreligionnaires avaient tant de fois invoqués. Apôtres de la liberté religieuse, s'ils n'armèrent point eux-mêmes la persécution contre une Église rivale, ils négligèrent d'arrêter le cours des plus odieuses violences, et laissèrent le pouvoir temporel devenir le champion d'une intolérante orthodoxie. Il fallut que le pavillon français intervînt dans cette querelle, et que nos frégates se chargeassent d'obtenir pour les habitants des Sandwich le droit, — qu'on leur contestait, — d'adorer le Dieu des chrétiens selon le rite des États-Unis ou suivant le rite de l'Église française. Les missionnaires protestants avaient prédit qu'en brisant l'unité religieuse de la monarchie hawaïenne, on allait jeter dans ces îles paisibles le germe de graves désordres et de dangereuses commotions. L'événement ne justifia point leurs prophéties. Les Sandwich purent compter vingt-cinq mille catholiques, sans que le successeur de Liholiho, le roi Kamehameha III, en fût moins solidement assis sur son trône, sans que les volontés de ses conseillers en fussent moins strictement obéies.

C'est une belle mission que celle qui attend nos navires dans ces mers lointaines, où on les voit trop rarement apparaître ; ils n'y vont pas défendre les intérêts d'un étroit fanatisme ; ils sont chargés d'y protéger les droits les plus sacrés de la conscience humaine, et de réclamer pour l'humanité tout entière la liberté de choisir ses autels et de chercher son dieu. Tel était le devoir qui avait conduit, à diverses époques, devant Honoloulou, les frégates *l'Artémise* et *la Vénus,* les corvettes *la Bonite* et *la Boussole; la Virginie* et *la Poursuivante. La Bayonnaise* venait à son tour jeter l'ancre à l'entrée de ce port. Nous n'avions plus ni réclamations à faire valoir, ni griefs à redresser. M. le contre-amiral Le Goarant, qui nous avait précédés de quelques mois, s'était amplement acquitté de ce soin. Nous venions rappeler au gouvernement des Sandwich que la France ne perdrait jamais de vue cet important archipel, et que, sérieusement attachée à son indépendance, elle ne souffrirait point qu'une domination étrangère vînt s'y établir sous le manteau de l'intolérance religieuse.

*La Bayonnaise* ne devait s'arrêter que quelques jours à Honoloulou, et nous vîmes arriver sans regret le terme fixé à notre mission. Des sentiers envahis par des flots de poussière, un peuple dans cet âge ingrat où les nations ont perdu la naïve élégance de leurs vieilles coutumes sans avoir eu le temps d'acquérir aucun des raffinements de la civilisation, un gouvernement tremblant sous la férule des docteurs qu'il maudit et redoute, des trafiquants de tous les climats guettant de ce poste avancé l'occasion d'un voyage aux bords dorés de la Californie, telles étaient les séductions que la métropole des Sandwich pouvait nous offrir. Chaque matin, avant que le soleil eût rendu presque impraticables les quais poudreux d'Honoloulou et ses rues sans ombrage, nous venions débarquer au fond du canal qui serpente doucement entre deux longues chaînes de madrépores. Il était impossible de contempler sans intérêt l'activité de ce marché polynésien, dont les produits allaient incessamment s'échanger contre l'or du nouveau monde. Des navires venant de San-Francisco, et prêts à repartir pour Hong-kong ou pour Calcutta, arrivaient à chaque instant sur la rade; d'autres se lançaient sous toutes voiles dans la passe étroite qui s'ouvre entre les coraux, et jetaient aux Kanaks rassemblés sur le récif une amarre qui servait à les traîner jusqu'au milieu du port. Si nous nous détournions vers les rues adjacentes, nous y trouvions encore le mouvement d'une grande ville et l'empreinte bizarre d'une civilisation naissante: de nombreux cavaliers se croisaient sur la chaussée avec d'intrépides amazones, dont les écharpes écarlate et les tresses de cheveux flottaient au vent. Ces hardies écuyères, galopant à califourchon, étaient, nous assuraient nos guides, des princesses ou des dames de haut lignage; les cavaliers qui leur souriaient familièrement ou qui se hâtaient de les saluer jusqu'à terre étaient les descendants des vieux guerriers de Kamehameha, des chefs dont les pères avaient vu les navires de Cook et de La Pérouse. La face osseuse et la peau rouge de ces fonctionnaires hawaïens juraient étrangement avec leur costume exotique : on eût dit Lucifer vêtu en *gentleman* et prêt à s'insinuer sournoisement dans un prêche. Les fonctionnaires indigènes des Sandwich, dût l'ombre de Kamehameha en gémir, n'ont pas d'autre ambition que de copier servilement les habitudes de leurs pasteurs ; ils s'appliquent à parler correctement l'anglais, devenu aux Sandwich la langue officielle et la langue commerciale ; ils commandent la milice ou recueillent les impôts, font adroitement et patiemment leurs affaires, prennent du thé deux ou trois fois par jour, et lisent, avec la gravité convenable, la Bible ou le *Common prayers*, quand ils ne sont pas ivres.

Je ne voudrais point assurément méconnaître les bienfaits des missions protestantes : elles ont arrêté les peuples de l'Océanie sur le bord de l'abîme où cette race insouciante allait s'engloutir ; mais en étudiant le nouvel état social des îles Sandwich, je me rappelais involontairement l'Indien des Philippines heureux et libre encore sous le joug de la foi qu'il confesse, trouvant dans les cérémonies du culte le plus cher de ses délassements, dans les croyances de sa foi naïve moins de sujets de découragement que d'espoir. Ni le zèle ni la ferveur n'ont manqué aux missionnaires des Sandwich ; je crains qu'il ne leur ait manqué l'onction et l'indulgence. S'ils avaient fait un peuple heureux, j'applaudirais sans restriction à leur œuvre. Je me sens peu de sympathie pour la communauté maussade dont ils se sont contentés d'être les chefs.

## CHAPITRE XIX.

### Taïti et la reine Pomaré.

Le 4 juillet 1850, nous quittâmes avec joie la rade d'Honoloulou. Nous n'avions plus qu'une île à visiter dans l'océan Pacifique ; mais cette île était Taïti. Située à huit cents lieues de l'archipel des Sandwich, entre le 17e et le 18e degré de latitude méridionale, la reine de l'Océanie, après vingt-huit jours de traversée, se montre enfin à nos regards. Ses sommets couronnés d'une verdure éternelle, ses rivages bordés de forêts de palmiers, au pied desquels le flot blanchissant vient mugir, n'ont pas trompé notre attente. Au milieu des pics qu'il domine, un piton plus hardi dessine sur l'azur du ciel cinq fleurons de basalte ; c'est le *Diadème,* dont le massif sépare la vallée de Papenoo de celle de Fataoua. Groupées autour de ce géant qui veille sur la vallée sainte, de nombreuses collines s'abaissent doucement vers la plage ; la rive s'arrondit comme une coupe d'agate qu'un bras invisible élèverait au-dessus des flots ; le récif qui la protége s'infléchit avec elle. L'œil suit complaisamment la mollesse de ces beaux contours et la frange d'écume qui les borde. Prêtez l'oreille, vous entendrez le bruit sourd de la vague qui vient se briser sur les madrépores et retombe incessamment dans l'abîme. Ne dirait-on pas l'aboiement irrité d'un cerbère, menace encore lointaine que le vent apporte au navire? N'approchez qu'avec précaution de ces bords enchantés ; craignez l'écueil qui se cache sous ces eaux si bleues et en apparence si profondes. Attendez, pour serrer de plus près la côte, que vous ayez doublé la pointe Vénus et que les cocotiers de Matavaï balancent leur tête au-dessus du frais canal qu'ils ombragent. Vos yeux cherchent avec impatience l'entrée du port ; si une main amie ne vous la signale, vous essayerez probablement en vain de la découvrir. Au milieu du tumulte des brisants, n'apercevez-vous pas ce sillon immobile où le calme des cieux se reflète ? C'est la passe de Papeïti. Guidée par un pilote habile, *la Bayonnaise* s'engage sans crainte dans cette étroite coupure, anneau brisé de la chaîne qui entoure Taïti. Le vent d'une haleine plus fraîche a gonflé nos voiles : notre ancre tombe au centre d'un bassin limpide. A notre droite se déploie la ville, composée d'un seul rang de maisons ; notre poupe est tournée vers l'îlot de Motou-Outa.

Ce n'est pas dans ce port que vinrent aborder Wallis et Bougainville. Le havre de Papeïti n'était point encore découvert. Ces heureux navigateurs jetèrent l'ancre sur des rades moins sûres que celle qui venait de s'ouvrir pour *la Bayonnaise ;* mais combien leurs sensations durent être plus vives et plus neuves que les nôtres ! Un essaim de pirogues se jouait autour de leurs navires, des regards étonnés suivaient tous leurs mouvements, un peuple simple et doux les accueillait comme des demi-dieux. Le sauvage et l'homme blanc étaient alors une merveille l'un pour l'autre. Les naturels de Taïti contemplaient avec une crainte respectueuse ces étrangers dont leur candeur s'exagérait la puissance ; le marin comparait avec envie sa rude et pénible existence aux jouissances faciles, aux plaisirs sans labeur d'un peuple qui semblait n'avoir jamais connu ni la crainte ni le travail. Cette société primitive subsistait, malgré ses imperfections, par l'absence des besoins et par l'ignorance presque absolue de la convoitise. L'arbre à pain et le cocotier, les forêts de *féi* (bananier sauvage) portaient des fruits pour le peuple comme pour les plus grands chefs. La vie des Taïtiens était en réalité insouciante et facile. Une température constamment égale et modérée, un sol plus fécond que celui des îles Sandwich, une mer plus poissonneuse, leur faisaient des conditions d'existence moins pénibles et moins laborieuses qu'aux habitants de ce grand archipel. Aussi la poésie, fille des doux loisirs, mêlait-elle quelquefois ses inspirations à leurs fêtes et son rhythme gracieux à leurs amours. Le bonheur des Taïtiens n'était fait cependant que pour eux. Quel Européen aurait pu le goûter longtemps sans lassitude? Ces enfants de la nature, étrangers aux passions qui s'allument dans nos cœurs, passaient sur cette terre comme des êtres plongés dans un demi-sommeil. Nulle inquiétude secrète n'aiguisait leurs désirs. Leurs appétits, aisément satisfaits, ne leur faisaient connaître ni les charmes ni les tourments de la volupté. Ils arrivaient ainsi jusqu'au terme fatal, sans regret des jours écoulés, sans souci des jours à venir, comme les feuilles que le vent roule sur le chemin, comme les vagues qui s'approchent insensiblement du rivage. L'arbre de la science porte des fruits amers; mais l'homme qui les a une fois approchés de ses lèvres aspire à des jouissances plus nobles que celles de cette existence apathique.

Le premier contact de la civilisation est presque toujours funeste aux peuples sauvages. Aucun d'eux n'a payé un plus terrible tribut à cette loi fatale que les heureux habitants de Taïti. Avant de les associer au bienfait de sa législation protectrice et de ses consolantes croyances, l'Europe leur apporta les fléaux qui dévorent et les vices qui dégradent. On vit, dans l'espace d'un quart de siècle, le chiffre de la population, que Cook avait porté à plus de 200 000 âmes, s'abaisser à moins de 7000 habitants. Les plus riches districts de cette île féconde se trouvèrent transformés en déserts, et les goyaviers s'emparèrent des terrains qu'avait autrefois fécondés la culture. Les missionnaires protestants eurent la gloire de sauver les débris de cette race des fureurs de l'ivresse et des ravages de l'anarchie. Le roi Pomaré II, réfugié à Moréa, abjura entre leurs mains le culte des idoles. Les missionnaires l'aidèrent à remonter sur le trône, et, grâce à leurs conseils, vers la fin de 1814, la paix avait reparu à Taïti.

Le christianisme venait de triompher avec Pomaré II. Les fidèles du culte idolâtre firent de vains efforts pour atténuer les conséquences de leur défaite. La conversion des naturels eut l'entraînement d'une manifestation politique. Il n'y eut que les factieux et les esprits frondeurs qui persistèrent à méconnaître le Dieu qui avait donné la victoire au souverain légitime. Les nouvelles idées religieuses répondaient d'ailleurs à un besoin réel. Les autels des idoles étaient renversés ; le peuple n'avait plus ni espoir ni terreurs ; tout frein avait disparu, toute poésie allait s'évanouir ; le christianisme fut la planche de salut dans ce grand naufrage. Longtemps avant que la loi eût fait aux Taïtiens un devoir de se rendre au temple érigé par les missionnaires, l'attrait de la prière prononcée en commun les y avait attirés. Le nouveau culte leur rendait les réunions si chères à leur race, les chants religieux, les inspirations expansives dont ce peuple discoureur et bavard cherche avec ardeur l'occasion. Les beautés littéraires de la Bible, image d'une civilisation qui se rapprochait bien plus de l'état social des Taïtiens que du nôtre, exercèrent aussi sur ce peuple naïf leur charme irrésistible. Peu de jours suffisent pour apprendre à déchiffrer une langue qui ne possède que douze lettres juxtaposées sans aucune combinaison. Aussi la plupart des habitants de Taïti se trouvèrent-ils bientôt en état de lire eux-mêmes la traduction des livres saints, que les missionnaires répandaient avec profusion dans les îles de la Polynésie. Leur langue gracieuse et simple se colora en quelques années d'une teinte biblique qui parut lui prêter de nouvelles douceurs, et le *Cantique des cantiques* devint le thème inévitable de toutes les déclarations d'amour. C'est ainsi que le livre de Dieu prit insensiblement, à Taïti, possession des intelligences. A cette limite poétique devait s'arrêter l'influence morale du protestantisme. Les dogmes de la vie future, les menaces de châtiments éternels ou les promesses de récompenses infinies, ne rencontrèrent de la part des Taïtiens qu'une souveraine indifférence. Ils écoutèrent avec une indulgente bonhomie, sans les croire et sans les contester, les vérités austères qu'ils ne pouvaient comprendre. Les préceptes de la loi chrétienne n'avaient point la sanction de l'opinion publique. Des amendes rigoureuses et la délation organisée pouvaient seules leur assurer une obéissance apparente. Si l'on reportait sa pensée à l'état d'anarchie d'où les missionnaires protestants avaient tiré la société taïtienne, il fallait bénir leurs efforts ; mais la vieille civilisation, malgré ses abus, méritait bien encore quelques regrets, car elle n'avait fait place qu'à une civilisation incomplète. La supériorité incontestable des étoffes et des instruments européens, la faculté de se les procurer par de faciles échanges avaient causé la ruine de toute industrie indigène. On ne voyait plus les jeunes filles tisser sur leur métier le *maro* qui devait s'enrouler autour de leur ceinture ; les garçons ne battaient plus sur la pierre de basalte l'écorce du mûrier pour fabriquer la *tapa ;* ils ne creusaient plus les grandes pirogues avec lesquelles ils parcouraient jadis les îles de leur archipel. Ils achetaient des mousquets au lieu de fabriquer des casse-têtes, et poussaient le dédain des produits nationaux jusqu'à négliger d'enclore ou de cultiver leurs champs, pour se nourrir de la farine et du biscuit que leur apportaient les baleiniers. Jamais Taïti n'avait connu un pareil état d'oisiveté, jamais son sol complaisant et fécond n'avait été moins propre à nourrir une population nombreuse. A l'époque où fut proclamé dans les îles de la Société le protectorat de la France, l'influence des missionnaires protestants avait donc porté tous les fruits qu'on devait en attendre, et notre domination, admirablement assortie au caractère aimable, à la gaieté naïve de ces bons insulaires, pouvait avoir aussi sa mission providentielle.

Il ne faut point s'étonner, cependant, que cette substitution n'ait pu avoir lieu sans des luttes sanglantes et de tristes orages. La présence des Français à Taïti ne blessait point seulement les préjugés religieux des indigènes, elle alarmait aussi la vénération que les Polynésiens ont vouée de tout temps à leurs chefs. Il fallut donc combattre et conquérir pour notre drapeau le droit de cité dans l'Océanie. Si nous eûmes, durant cette période regrettable, des ennemis secrets et d'autant plus dangereux qu'ils agissaient dans l'ombre, nous eûmes aussi des alliés pleins d'ardeur, qui nous apprirent à mieux apprécier les qualités d'un peuple spirituel et brave qu'on était parvenu à fanatiser contre nous. A Mahahena, sur les hauteurs de Hapapé et dans la vallée de Papenoo, nous vîmes des Taïtiens figurer dans nos rangs. Le premier qui gravit le pic de Fataoua fut un chef indigène. Une sorte de fusion s'établit entre les deux races sur le champ de bataille. La terre de Taïti nous devint plus chère par le sang que nous y avions versé et par les glorieux souvenirs qui peuplent encore chacun de ses vallons. Ce qui, dans la pensée de nos ennemis, devait ébranler notre conquête lui apporta au contraire une consécration nouvelle. Les Indiens éprouvèrent le pouvoir de nos armes et se montrèrent touchés de notre clémence. L'intrépide gouverneur qui avait commencé la guerre eut l'honneur de la finir. Quand *l'Uranie,* portant le pavillon du contre-amiral Bruat, fit voile pour l'Europe, au mois de décembre 1846, la tranquillité d'une île si longtemps bouleversée par les séditions était assurée, et l'esprit impressionnable du peuple taïtien se chargeait de défendre de l'oubli la gloire de nos compatriotes.

Ce fut un véritable bonheur pour nous, qui errions depuis tant de mois d'un rivage à l'autre sans jamais rencontrer le drapeau de la France, de pouvoir nous reposer enfin à l'ombre des couleurs nationales. Je comprends la prédilection de nos officiers pour cette colonie lointaine. Sur aucun point du globe on ne pourrait trouver un climat plus salubre, des sites plus enchanteurs, une population plus aimable et plus douce. La végétation même semble à Taïti vouloir modérer sa force, pour ne point étouffer les plantes nourricières. Les Taïtiens sont encore dignes d'habiter ce paradis terrestre. Ce ne sont plus sans doute les beaux sauvages de Cook; ce ne sont point heureusement les *gentlemen* des îles Sandwich. On peut, au point de vue de l'art, regretter leur poétique nudité, leur élégant tatouage, *coquetterie de l'homme pauvre et voile du paresseux qui ne savait pas fabriquer d'étoffes*[1] ; mais on aurait tort de croire que cette race ingénieuse a perdu tout son charme en subissant l'empire de nos idées et de nos coutumes. Les femmes de Taïti, surtout, ont allié à leur grâce naturelle je ne sais quelle teinte légèrement

[1] Telle est la gracieuse excuse que les Taïtiens convertis au christianisme ont su trouver pour cette coutume païenne.

spiritualiste, qui contribue à rendre plus profonds et plus durables les attachements qu'elles inspirent. Taïti n'offre au voyageur qui passe que le rebut de sa population : le colon qui s'y crée un foyer domestique s'étonne de trouver chez ces simples et naïves créatures un abandon plein de candeur, je dirai presque de pureté. L'affection des femmes taïtiennes qui ont pris au sérieux leurs unions morganatiques est douce et bienveillante comme leur sourire. Elles n'ont point les transports jaloux des femmes de Java ; elles sont également éloignées de l'indifférence des Tagales de Manille. Elles ignorent les fureurs de l'amour, elles en possèdent toutes les délicatesses. J'ai tenu dans mes mains plus d'une lettre d'adieux dont la résignation touchante — on en jugera par une citation — eût attendri le cœur de don Juan lui-même.

» O mon bien-aimé, mon esprit est troublé maintenant, il ne peut s'apaiser ; il est comme l'eau fraîche et profonde qui ne dort jamais et s'agite pour trouver le calme. Moi, je suis comme la branche que le vent a brisée : elle est tombée à terre et ne pourra plus se rattacher au tronc qui la portait. Tu es parti pour ne plus revenir. Ton visage m'a été caché, et je ne le verrai plus. Tu étais comme la liane que j'avais fixée près de ma porte : ses racines s'enfonçaient au loin dans la terre. Mon corps voudrait te rejoindre, mais il cherche vainement à se transplanter ; il se brise et tombe comme la pierre qui roule jusqu'au fond de la mer immense. O mon ami, tel est mon amour, il est lié à moi comme ma propre vie.

« Salut à toi, ô mon petit ami bien-aimé, au nom du vrai Dieu, en Jésus le Messie, le roi de la paix. »

La langue taïtienne n'est point faite pour exprimer les idées fortes et sérieuses : elle se prête merveilleusement aux modulations de la poésie. Les anciennes chansons ne s'attachaient souvent qu'à rassembler à la suite l'un de l'autre des mots harmonieux. Le rhythme musical semblait être, dans ces compositions, le seul souci du poëte ; c'était aux auditeurs de trouver dans les phrases décousues, dont une accentuation chantée indiquait soigneusement la cadence, une allusion lointaine ou une allégorie. Quelquefois, cependant, une pensée inspirée par l'amour venait éclore dans le cerveau du poëte, et donnait un sens plus précis aux mélodies que le peuple répétait en chœur. Le plus souvent, la grâce des vers taïtiens était involontaire ; on eût pu adresser aux bardes qui les avaient composés, ce couplet que les jeunes filles de Papeïti aiment encore à s'entendre redire :

« La fleur des collines répand son parfum sans avoir de but ; — l'oiseau qui chante ne sait point si on l'entendra — Ainsi ta beauté, sans que tu y songes, s'exhale de toi comme un parfum. »

Au milieu de ces chants, si vagues dans leur expression, inégal et timide effort d'une veine paresseuse, on s'étonne d'entendre résonner parfois une épithète homérique. Chacune des îles de l'archipel, dans les chansons des Taïtiens, a son surnom, qui presque toujours l'accompagne. C'est Raiatéa *à la jambe molle,* Borabora *à l'aviron silencieux,* Huahiné *qui s'entête à la danse.*

Taïti était la Lesbos et non la Sparte de l'Océanie ; elle avait plus de chants d'amour que de chants de guerre. Les îles Sandwich, les îles Viti préféraient l'épopée à l'idylle. Les îles Tonga redisaient, sur un mode attendri, les plaintes maternelles de leur reine Fiti-Maou-Pologa, dont le fils fut emporté par les vents loin de son île natale. Sa pirogue, longtemps errante sur des flots inconnus, aborda enfin aux rivages de Samoa. Un songe avait rassuré la reine, mais n'avait pas consolé sa douleur. Chaque matin, elle venait s'asseoir sur la plage, et les yeux tournés vers le nord, elle donnait un libre cours à son affliction.

« Regardez, disait-elle, le nuage du matin se lève. — Où repose ce nuage vermeil ? — Est-ce sur la baie d'Oneata ? — cette baie où est à présent mon fils ? — mon fils chéri est loin de ma maison !

— Que mes larmes soient un océan ! — Mon fils est allé jusqu'à Samoa. — On dit qu'il joue aux boules sur le bord de la mer. — C'était un enfant qui gagnait tous les cœurs ; il était comme le *tiaré*[1], — dont le parfum apporté par les vents — réjouit au loin le voyageur qui passe !

La souveraine de Taïti, Pomaré, n'a jamais, comme la reine des Tonga, composé de vers ; elle aime à réciter ceux que, dès son enfance, lui ont appris ses folâtres compagnes. Vous l'entendez souvent murmurer de ces mots sans suite qui tombent mollement en cadence, dont le sens échappe à votre esprit, mais caresse en secret les souvenirs de la reine. Cette princesse, qui, par ses terreurs et ses indécisions, faillit perdre sa couronne, et mit un instant en péril la paix du monde, qui eut une folle jeunesse et une maturité soucieuse, qui, plus calme aujourd'hui, ne veut vivre désormais que pour ses enfants, héritiers de Taïti et des Pomotou, de Raiatéa, de Borabora et de Huahiné, — cette reine, en un mot, sur laquelle ont été fixés, pendant quelques mois, les yeux de l'Europe, voulut bien honorer notre corvette de sa visite. Nous la reçûmes avec les égards et le cérémonial qu'on n'accorde, en Europe, qu'aux têtes couronnées. Le canon gronda aussitôt qu'elle parut sur la plage ; lorsqu'elle posa le pied sur le pont de *la Bayonnaise*, la musique l'accueillit par les airs qu'elle aimait. Elle occupa, pendant le dîner qui lui fut offert, un fauteuil élevé sur une large estrade. Admis à bord de la corvette, les Taïtiens purent contempler leur reine, dominant ses hôtes étrangers de toute la hauteur de ce trône. Pomaré fut sensible à tant d'attentions. Son visage basané se dérida pour nous. Elle resta longtemps à bord de la corvette et voulut, avant de

[1] Le *tiaré* est la plante que les botanistes anglais ont nommée *gardenia*, et dont les femmes polynésiennes mêlent, à cause de son odeur suave, la fleur à leurs cheveux.

partir, poser sa couronne de fleurs sur un front qui s'inclina gaiement pour subir ce modeste diadème. — Le volage époux de Pomaré, Arii-Faite, ne sut exprimer ses sensations que par un appétit digne de Gargantua ; mais, parmi les princesses qui avaient suivi leur grave souveraine, nous trouvâmes de plus agréables convives. La jeune Aïmata[1], compagne destinée par la reine à l'héritier du trône; Arii-Taïmai[2], majestueuse beauté d'un âge déjà plus mûr, se montrèrent naïvement heureuses de la fête à laquelle on les avait conviées. Lorsqu'au milieu d'une pluie de feu, tombant du haut des vergues, elles descendirent dans le canot qui les attendait le long du bord, elles semblaient regretter la discrète prévoyance qui abrégeait pour elles les plaisirs de cette longue soirée.

J'aurais mauvaise grâce à protester contre l'enthousiasme que les femmes de Taïti ont inspiré à tant de voyageurs. Leur gaieté sans malice et leur sourire candide sont pourtant, selon moi, leur plus grand attrait. Après avoir parcouru près de la moitié du monde, je me trouvais encore de l'avis des aimables princesses qui venaient de nous quitter et dont j'admirais intérieurement le bon goût : ce ne sont, me disais-je avec elles, ni les Chinoises, ni les Malaises, ni les Polynésiennes, ce sont les femmes françaises qui sont *jolies, vahiné farani ménéné ;* mais, quelle que puisse être mon opinion sur la beauté des femmes de l'Océanie, je ne m'en intéresse pas moins à l'avenir d'une race qui sait allier les plus nobles aux plus doux instincts. Dans la plupart de ces archipels semés au milieu de la mer du Sud, vous trouverez un peuple brave sans férocité, aussi prompt à pardonner les offenses qu'à les ressentir, amoureux des longs discours et des chants

[1] Aïmata, en taïtien, *qui mange les yeux.*

[2] Arii-Taïmai, *la princesse qui pleure.*

mélodieux, fait pour les hasards de la guerre comme pour les loisirs de la paix, ennemi de toute contrainte et plus capable peut-être de vertu que d'hypocrisie. Si ce n'est point à nous que l'avenir réserve la tutelle de ces populations, puisse du moins le ciel leur envoyer des maîtres indulgents ! La domination qui voudrait assujettir brusquement au travail une race habituée à vivre d'air et de liberté, qui tenterait de ruiner la joyeuse insouciance de ce peuple, lui ravirait du même coup le souffle qui l'anime. Que notre civilisation se montre donc une fois réellement bienfaisante envers ces pauvres sauvages, qu'elle a si souvent entrepris de moraliser et qu'elle n'a, jusqu'à présent, réussi qu'à détruire !

Des complications politiques, que le gouverneur des îles de la Société parvint à dénouer sans notre concours, nous retinrent pendant près d'un mois dans le port de Papeïti. Le moment arriva enfin où il nous fut permis de poursuivre notre voyage. Le 21 août 1850, dès la pointe du jour, nous étions en dehors des récifs. La brise du matin nous abandonna quand nous avions encore en vue les navires mouillés sur la rade ; mais bientôt les vents alizés vinrent enfler nos voiles. Les sommets de Taïti s'abaissèrent l'un après l'autre sous l'horizon, ceux de Moréa ne tardèrent pas à disparaître ; avant le coucher du soleil, *la Bayonnaise* n'avait plus devant elle que les vastes solitudes de l'océan Pacifique. Cinquante-trois jours nous suffirent pour doubler le cap Horn et atteindre la baie de Rio-Janeiro. Le vent nous secondait ; *la Bayonnaise* semblait avoir des ailes. Tout retard désormais nous était importun. Nous n'eussions point touché sur les côtes du Brésil, si les instructions du ministre de la marine ne nous en eussent fait un devoir. Nous résolûmes du moins de ne pas nous y arrêter. Le 19 octobre, nous bordions nos huniers pour un dernier appareillage, et le 6 décembre 1850, après avoir coupé six fois l'équateur, après avoir parcouru près de vingt-six mille lieues, nous laissions tomber l'ancre sur la rade de Cherbourg, que nous avions quittée au mois d'avril 1847.

Près de trois années se sont déjà écoulées depuis le retour de *la Bayonnaise* au port[1]; mais, grâce à la fidélité d'affectueux souvenirs, je ne suis point resté complétement étranger aux événements qui se sont accomplis pendant ces trois ans dans les mers de la Chine. Je pressentais que l'extrême Orient ne tarderait point à attirer encore une fois les regards de l'Europe. La fièvre révolutionnaire semble agiter enfin ce monde impassible. Une troupe de bandits rassemblés par la famine a pris en quelques mois, vis-à-vis du gouvernement de la Chine, les proportions d'une armée de rebelles. La faiblesse de ce gouvernement est parvenue à transformer des projets de pillage en projets politiques, et le drapeau d'un prétendant flotte aujourd'hui sur les murs de Nan-king. Quelle sera l'issue d'un conflit auquel le peuple n'a point encore pris part? Les descendants de Kang-hi iront-ils rejoindre les fils de Gengis-Khan dans les vastes déserts de la terre des Herbes? La Chine verra-t-elle, ainsi que le proclament les insurgés, le retour de ces temps heureux où des mandarins intègres n'accordaient le bouton académique qu'aux veilles studieuses des lettrés? Est-ce Confucius qui va triompher de Bouddha et de Lao-tseu? — Je me garderai bien de prédire le jour où la dynastie Taï-tsing devra se résigner à descendre du trône : la route est encore longue des bords du Yang-tse-kiang à Pe-king. Si la révolte cependant continuait ses progrès, si les succès des

[1] Ceci était écrit en 1850.

insurgés finissaient par provoquer un véritable mouvement national, on serait en droit d'attribuer à la crise ainsi agrandie une portée immense. Les peuples n'errent point éternellement dans le même sentier. Ce ne serait pas le règne des traditions antiques, mais des destins inconnus qui s'ouvriraient alors pour la race chinoise. Nos enfants assisteront probablement à d'étranges métamorphoses. Les distances s'effacent, les nations insensiblement se confondent. Quand des navires à vapeur remonteront le cours du Yang-tse-kiang et du Houang-ho, quand des chemins de fer sillonneront le territoire céleste et pénétreront jusqu'au cœur du Thibet, Bornéo et Célèbes, Mindanao et la Nouvelle-Guinée ne manqueront plus de bras pour exploiter les richesses de leur sol. Des bords de la Californie aux côtes du Camboge s'étendra tout un monde, plus fécond et plus prospère peut-être que notre vieille Europe. Je me félicite d'avoir pu visiter, avant une transformation qui me semble inévitable, ces parages reculés, cette arène ouverte à l'activité des générations futures. Si j'ai pu supporter sans trop d'amertume les incertitudes d'un exil de quatre ans, c'est à l'intérêt éveillé en moi par ces régions lointaines de l'extrême Orient que j'en dois rendre grâce; c'est aussi — dois-je l'ajouter en finissant? — aux compagnons de voyage qui ont partagé avec moi les épreuves et les fatigues d'une si longue campagne. De tous les souvenirs que je veux conserver des jours que nous avons passés ensemble, celui de leur amitié sera le dernier à s'effacer de ma mémoire.

# RAPPORT

SUR

# LA CAMPAGNE DE LA CORVETTE

# LA BAYONNAISE

# DANS LES MERS DE CHINE

Rade de Cherbourg, 6 décembre 1850.

Monsieur le Ministre,

J'ai l'honneur de vous annoncer l'arrivée de la corvette *la Bayonnaise* sur la rade de Cherbourg, et de vous transmettre, conformément à vos instructions, un résumé succinct de la campagne que ce navire vient d'accomplir pendant les années 1847, 1848, 1849 et 1850. Ce résumé n'est qu'un rapport de mer, et j'en ai écarté tout ce qui n'aurait point eu un intérêt purement nautique.

Au mois de janvier 1847, je fus nommé au commandement de *la Bayonnaise*, que le ministre de la marine destinait à remplacer la corvette *la Victorieuse* dans les mers de Chine. Le rôle d'équipage fut ouvert le 1er février. Le 10 avril, la corvette fut conduite en rade; et, le 24 du même mois, elle appareilla de Cherbourg. En prescrivant à M. le préfet maritime de hâter notre départ par tous les moyens possibles, le ministre s'était flatté de l'espoir que nous pourrions encore trouver dans les mers de Chine les derniers souffles de la mousson de sud-ouest.

Malgré de nombreuses relâches, dont une surtout, celle de Rio-Janeiro, les avait obligées de s'écarter considérablement de la route directe, les frégates *la Cléopâtre, l'Érigone* et *la Sirène* ne comptaient, au moment de leur arrivée à Manille ou à Macao, que cent quarante et un et cent quarante-neuf jours de mer. Les navires américains, très-fins voiliers pour la plupart, et qui ne s'arrêtent d'ordinaire qu'à l'entrée du détroit de la Sonde, ont souvent accompli cette traversée en quatre-vingt-quinze ou cent jours [1]. Il était donc à présumer qu'un navire de guerre, partant de France à la fin du mois d'avril, devait, s'il n'était astreint à s'arrêter que dans les deux ports qui se trouvaient placés directement sur sa route, Simon's-Bay et Anjer, arriver à Macao avant l'équinoxe de septembre, limite encore suffisante pour remonter la mer de Chine avec la mousson. En accordant à ce navire vingt jours de relâche, on pouvait évaluer à cent vingt ou cent trente jours de mer la durée de sa traversée et supposer, avec toutes les chances possibles de n'être point déçu dans ses calculs, qu'il aurait atteint sa destination cinq mois après son départ. Mais, pour obtenir ce résultat, il fallait s'interdire tout détour inutile et s'abstenir surtout d'une relâche au Brésil, de toutes les relâches la plus préjudiciable à une prompte traversée. Des exigences politiques, auxquelles M. le ministre de la marine ne fut pas maître de résister, prévalurent sur ces considérations : je reçus l'ordre de toucher d'abord à Lisbonne et de me diriger ensuite vers les côtes du Brésil et le port de Bahia.

Notre traversée de Cherbourg à Lisbonne fut longue et pénible, et notre séjour dans ce dernier port se prolongea au delà de notre attente, par suite des graves événements qui agitaient alors le Portugal. Ce ne fut que le 8 juin que nous pûmes reprendre la mer pour notre destination définitive. Il était évident que ce retard involontaire modifiait forcément tout le plan de notre campagne, et que nous devions aviser à nous rendre en Chine par un des chemins que suivent les navires qui accomplissent ce voyage à contre-mousson.

Les instructions du ministre n'avaient rien prévu pour un cas pareil, et je n'avais, pour me guider dans le choix qu'il me fallait faire, que l'ouvrage d'Horsburgh sur la navigation des mers de l'Inde et de la Chine, ouvrage très-précieux sans doute, mais qui n'est plus au niveau des connaissances récemment acquises par l'expérience du commerce le plus actif et le plus entreprenant du globe.

[1] Voir le tableau n° 2, p. 393.

Les navires qui portent en Chine l'opium de Calcutta et de Bombay ne connaissent point, pour la mousson du N. E., d'autre route que celle qu'ils suivent pendant la mousson du S. O. Ils remontent la mer de Chine à grand renfort de voiles, et s'engagent même très-rarement dans le passage de Palawan. Quelques-uns se tirent de cette pénible traversée sans trop de fatigues et d'avaries ; mais nous en avons vu de moins heureux, qui n'arrivaient au port que désemparés et après une lutte opiniâtre et prolongée. En général, il y a moins de risques et de difficultés à remonter la mer de Chine dans toute la force de la mousson du N. E., vers la fin de décembre et de janvier, que dans les mois d'octobre et de novembre : en octobre, il y a lieu d'appréhender les typhons qui manquent rarement d'éclater vers cette époque ; en novembre, au lieu de rencontrer, entre Luçon et la côte de Cochinchine, des vents d'E. N. E., comme il arrive ordinairement au mois de janvier, on les trouve plus fréquemment du N. N. E., et on doit se féliciter si l'on n'a pas en outre à essuyer quelque violent coup de vent du N. N. O.

Remonter la mer de Chine dans les mois d'octobre et de novembre, ainsi que le font les *clippers*, n'est donc pas chose impossible à un navire de guerre, mais il faut s'attendre, si on se décide à suivre cette route, à beaucoup de fatigue et à quelque danger. En choisissant le passage de Palawan, on échappe à une partie des fatigues, mais on augmente peut-être encore les risques de cette traversée. La seule route facile et sûre pendant la mousson du N. E. est l'océan Pacifique, dans lequel on peut toujours pénétrer par le détroit de Dampier, celui de Gilolo ou la mer des Moluques. Cette route avait été suivie par tous les navires de guerre français qui, dans des circonstances semblables à celles où je me trouvais, avaient eu à faire le choix d'un itinéraire. Tenter une voie nouvelle, c'eût été engager ma responsabilité plus que je ne me sentais disposé à le faire. Je me résolus donc à suivre les traces de *la Cléopâtre* [1], de *la Sabine* et de *la Gloire*.

Le 8 septembre, je quittai la baie de Simon's-Town, et dès que j'eus dépassé les îles Saint-Paul et Amsterdam, je fis route pour le détroit d'Ombay.

Les contrariétés que j'ai éprouvées dans ce détroit et dans la mer des Moluques, les maladies dont notre équipage contracta le germe pendant notre séjour forcé dans ces parages,

[1] Commandée par M. de Courson, en 1821.

m'ont inspiré quelques doutes sur les avantages de l'itinéraire qui m'était recommandé par l'exemple de plusieurs traversées heureusement accomplies, et je ne crois point inutile de présenter ici un résumé des recherches auxquelles je me suis livré depuis cette époque, touchant les voyages d'Europe en Chine.

Un navire partant de France au mois de février ou de mars, partira dans les circonstances les plus favorables, surtout s'il ne doit toucher qu'au cap de Bonne-Espérance et à Anjer. Il est donc probable qu'en armant un navire pour les mers de Chine, ce sera au mois de mars, au plus tard au mois d'avril, qu'on se proposera de lui faire quitter le port. Mais si des délais imprévus ont déjoué ces calculs, si le navire ne peut appareiller que vers la fin du mois de mai ou dans les premiers jours de juin, il ne faut plus compter sur la mousson du S. O., et il y a lieu de se demander quel itinéraire il est préférable d'indiquer au navire attardé. Je n'hésiterais pas à répondre que si le navire est bon marcheur, bien construit, et n'est point surtout écrasé d'artillerie, il peut remonter la mer de Chine, comme le font les *clippers,* sans s'aventurer dans le passage de Palawan; s'il y a intérêt à le faire arriver promptement à sa destination, c'est assurément la meilleure route à suivre. Mais cette route est aussi sans contredit la dernière que doive adopter un bâtiment qui n'a point à faire passer avant toute autre considération l'économie de temps. Si le chemin direct se trouve ainsi écarté, si l'on ne veut plus rechercher que l'itinéraire le plus sûr, le plus exempt de chances funestes, soit pour la sûreté du navire, soit pour la santé de l'équipage, je crois qu'à la route même des détroits on pourrait substituer avec avantage un circuit beaucoup plus allongé.

Pendant les mois d'octobre et de novembre, il faut s'attendre à rencontrer dans le détroit d'Ombay des calmes désespérants et des courants contraires dont la vitesse est ordinairement de 3 ou 4 milles. Ces contrariétés se produisent à chaque coude que présente la route, à chacun des passages où le canal se resserre : elles ne cessent que lorsqu'on a gagné l'océan Pacifique. Dès le mois de décembre, la mousson du N. O., mieux établie, suspend l'action des courants, en modifie même quelquefois la direction, et, à l'aide de grains violents, on franchit souvent à cette époque, avec une grande rapidité, l'espace qui sépare les mers australes de l'océan

Pacifique. Si l'on ne devait quitter le cap de Bonne-Espérance que dans le courant du mois de novembre, je ne verrais point d'objection sérieuse contre le passage du détroit d'Ombay. Deux mois plus tôt, je conseillerais d'adopter une autre route.

La route qui par le détroit de Macassar va déboucher dans la mer de Célèbes et dans la mer de Mindoro a été suivie par quelques navires de guerre, mais aux mois d'octobre et de novembre elle ne sera point exempte des calmes qui accompagnent partout l'époque du changement des moussons; en approchant de Luçon, on se trouvera en outre fort exposé à essuyer quelque typhon qui mettrait en grand danger un navire surpris dans ces canaux étroits que traversent en tous sens des courants aussi violents qu'irréguliers.

Tous ces inconvénients ne sauraient évidemment arrêter un navire de guerre chargé d'une mission pressée; mais ils constituent un fâcheux début pour une longue campagne, car un équipage qui n'est point encore acclimaté ne se trouvera pas impunément retenu par les calmes dans ces dangereux parages.

J'avais rencontré à Lisbonne l'escadre anglaise, commandée par M. le vice-amiral Parker. Cet officier général, qui avait dirigé l'expédition de 1840, m'avait fait pressentir les difficultés d'un voyage à contre-mousson. Il pensait qu'en se rendant directement du Brésil à Sydney et de Sydney à Macao, on atteindrait presque aussi rapidement les côtes de Chine. Ce long circuit lui semblait d'ailleurs préférable aux funestes chances d'un séjour prolongé dans les détroits. Je n'hésite point aujourd'hui à partager cette opinion. La corvette *le Rhin*, commandée par M. Bérard, mouillait à Hobart-Town soixante-quatre jours après son départ de Bahia. Que l'on parte d'Hobart-Town ou de Sydney, on peut compter sur une traversée de soixante ou soixante-dix jours au plus, des côtes de la Nouvelle-Hollande à Macao[1]. Ainsi, cent trente jours après avoir quitté le Brésil, ou cent dix jours après avoir quitté le cap de Bonne-Espérance, on doit avoir atteint, malgré la longueur du circuit, un des ports de la Chine; il y a tout lieu de croire qu'on y arrivera avec un équipage beaucoup plus valide que si l'on avait choisi toute autre route. Je pense donc que, si les circonstances ne sont point trop pressantes, il y

[1] Voir le *Tableau* nº 3, page 394.

aurait avantage à tracer cet itinéraire à ceux de nos bâtiments de guerre qui devront se rendre en Chine à contre-mousson, à moins qu'on ne préfère leur faire doubler le cap Horn; mais ce passage du cap Horn devrait s'effectuer en hiver, et c'est encore une épreuve qu'il est préférable d'épargner à un navire qui doit en avoir bien d'autres à subir.

Nous arrivâmes sur la rade de Macao le 4 janvier 1848. Nous comptions cent cinquante-huit jours de mer depuis notre départ de Lisbonne; la corvette n'avait fait aucune avarie, mais l'équipage avait été rigoureusement éprouvé par ces affections miasmatiques dont nous devions conserver le germe, et que nous avons vues reparaître avec une rapidité désespérante chaque fois que les circonstances en ont favorisé le développement. Cependant, l'influence vivifiante de la mousson du N. E. ne tarda point à se faire sentir parmi nous; nos malades commencèrent à se rétablir, et, le 8 mars, après avoir visité deux fois le port de Hong-kong et remonté la rivière de Canton jusqu'à Wampoa, nous partîmes pour Manille. Cette traversée fut prompte et facile; il en fut de même de la traversée de retour, que nous accomplîmes en cinq jours.

Le 3 mai, nous quittâmes de nouveau Macao pour nous rendre aux îles Mariannes. On nous avait assuré que la mousson du S. O. s'étendait jusqu'à ces îles, et que nous pouvions compter sur un passage de vingt-cinq jours au plus; nous devions éprouver combien ces renseignements étaient défectueux. De gros vents de N. E., qui s'élevèrent peu de jours après notre départ, nous empêchèrent de franchir le passage des Bashis. Je me décidai à prolonger la côte occidentale de Luçon et à donner dans le détroit de San-Bernardino. Je ne possédais aucune carte détaillée de ce détroit; mais je savais que les navires anglais se rendant de Sydney à Manille adoptaient généralement cette route, de préférence à celle des Bashis, et cela seul indiquait que le passage n'offrait point de grands dangers.

Le détroit de San-Bernardino se resserre sur trois points : entre la partie septentrionale de Mindoro et l'île Verte; entre la pointe méridionale de Luçon et l'île Capul; entre l'îlot de San-Bernardino et l'extrémité septentrionale de Samar. Dans ces trois goulets se font sentir avec une grande rapidité des courants de marée fort irréguliers. La brise, généralement très-faible, ne permet pas de les dominer, et le canal, dans lequel on trouve rarement moins de soixante-dix à quatre-vingts brasses, n'offre point la ressource d'attendre un changement de marée en laissant tomber une ancre. Le véritable point critique du détroit, c'est le passage entre l'île Capul et Luçon. Près de la pointe de cette dernière île, trois îlots, qui s'en détachent à peine, réduisent encore la largeur du canal. Un banc de corail presque à fleur d'eau, connu sous le nom de banc de Calentan, forme, au large de l'îlot le plus occidental, un petit écueil blanchâtre que l'on n'aperçoit, même pendant le jour, qu'à très-petite distance. Ce fut à deux heures de la nuit qu'une brise longtemps attendue nous permit de nous engager dans ce canal. Nous étions très-près de l'écueil quand nous l'aperçûmes; nous nous en écartâmes en laissant porter vers l'île Capul : mais la sonde nous signala bientôt un nouveau danger. L'ordre fut donné de mouiller au moment où nous ne trouvions plus que quatre brasses; on tarda quelque temps à exécuter cet ordre, et l'ancre tomba par seize brasses de fond. Ce mouillage se trouva très-opportun; en effet, la marée vint à changer, et deux navires de commerce qui nous avaient dépassés furent ramenés par le courant et entraînés bientôt vers les îles Naranjos avec une rapidité effrayante. La vitesse du courant, mesurée au loch, était alors de cinq nœuds, et pour l'étaler nous fûmes obligés de laisser tomber une ancre de bossoir; ce ne fut que lorsque la vitesse de la marée diminua un peu, que les deux navires qu'elle emportait purent revenir sur leurs pas et s'éloigner de la côte. Plusieurs bâtiments, m'a-t-on assuré à Manille, se sont trouvés dans le même embarras; la marée, en sortant du canal de Capul, se dirige vers les îles Naranjos, et si la brise vient à manquer en ce moment, les embarcations sont d'un faible secours contre un courant aussi violent que celui dont nous avons pu constater l'existence.

Le Dépôt hydrographique de Madrid s'occupe, dit-on, de publier une nouvelle édition des cartes des Philippines; si ce travail est aussi complet qu'on a droit de l'attendre des officiers auxquels il a été confié, le passage du détroit de San-Bernardino en deviendra plus facile. Sans autre secours que les cartes actuelles, il ne présente point de bien grandes difficultés; mais il exige cependant quelques précautions dont j'ai cru devoir signaler la nécessité.

Entrés dans le détroit le 13 mai, nous en sortîmes le 19. Il nous restait quatre cents lieues à faire pour atteindre l'île de Guam. C'eût été peu de chose si la mousson du S. O. se fût étendue, comme on nous l'avait annoncé, jusqu'aux îles Mariannes. Mais, si le cours des vents alizés se trouve quelquefois interrompu dans l'océan Pacifique, ce n'est que dans les mois d'août, de septembre et d'octobre. Au mois de juin, nous le trouvâmes aussi constant, aussi invariable que dans toute autre saison de l'année. Ce ne fut qu'au bout de quarante jours de lutte que nous pûmes mouiller dans le port de San-Luis d'Apra. Les grandes bordées auxquelles nous avions eu d'abord recours nous avaient peu réussi, et il nous parut que le parti le plus avantageux à prendre était encore de nous avancer vers l'E., en louvoyant à petits bords et en profitant des moindres variations de la brise. Nous ne gagnâmes en moyenne, pendant cette traversée, que dix lieues par jour, et c'est sur cette base qu'il sera toujours prudent d'établir ses calculs quand on voudra se rendre de Manille aux îles Mariannes, pendant au moins neuf mois de l'année.

Le 10 août nous appareillâmes de San-Luis d'Apra pour nous rendre aux îles Lou-tchou. Le lendemain de notre départ, un typhon, dont nous ne ressentîmes point toute la violence, nous obligea de mettre à la cape. Les vents passèrent successivement du N. E. au N. O., à l'O., au S. O. et enfin au S. E. Le temps ne tarda point alors à s'embellir, mais une longue houle de l'O. se fit sentir pendant quelques jours encore. Le 26 août, nous jetâmes l'ancre sur la rade extérieure de Nafa. Les approches de ce port ne sont point sans danger; un récif de corail s'étend à une grande distance de la côte. L'excellente carte que nous devons aux ingénieurs hydrographes embarqués sur la corvette *la Sabine* a rendus superflus les détails dans lesquels je pourrais entrer à ce sujet.

Je ne m'arrêtai qu'un jour devant Nafa et je me dirigeai de nouveau sur Manille. Mon intention avait été de passer par le canal des Bashis; mais, le 31 août, je pressentis le typhon qui fit de si grands ravages à cette époque sur les côtes de la Chine. Le baromètre baissa subitement, et le temps prit pendant la nuit une apparence très-menaçante. Je renonçai à passer entre les îles Bashis et me dirigeai vers le sud pour aller chercher encore le détroit de San-Bernardino. Cette route nous fit sortir de la zone que devait embrasser le typhon, et nous épargna probablement un des plus rudes coups de vent dont on ait gardé la mémoire à Hong-kong et à Macao. Le 12 septembre, nous étions mouillés dans la baie de Manille.

Le 1er décembre, nous partîmes de Manille pour Macao. Accomplie durant toute l'année par les navires de commerce, cette traversée n'exige, pendant la mousson du N. E., qu'un navire solide et un gréement éprouvé. On s'élève avec des brises variables et à l'abri des hautes terres de Luçon jusqu'au cap Bolina; quelquefois, pour plus de sûreté, jusqu'à la hauteur de la pointe Dilly. On peut alors traverser le canal avec deux ou trois ris aux huniers, et passer sous le vent des Pratas. Il est rare qu'en approchant des côtes de Chine le temps ne s'embellisse pas et que le vent, qui est quelquefois N. N. E. dans le canal, ne tourne pas à l'E. N. E.

Nous arrivâmes à Macao le 8 décembre, et, après avoir montré encore une fois notre pavillon dans la rivière de Canton, nous reprîmes la mer, le 1er janvier 1849, pour visiter les ports du nord de la Chine. C'était encore un voyage à contre-mousson que nous allions entreprendre. Nous louvoyâmes à petits bords jusqu'à la pointe Breaker, virant à terre dès que la sonde nous donnait plus de vingt-cinq brasses. Rendus à la hauteur de la pointe Breaker, nous traversâmes le canal de Formose et vînmes atterrir sur la pointe méridionale de cette île. Nous la serrâmes de près et passâmes à quelques milles au vent de Vele-Rete, dont le sommet nous parut élevé de quelques pieds au-dessus de l'eau. La brise avait rapidement fraîchi; la mer était creuse et fatigante, mais la solidité de notre mâture nous permettait de conserver les basses voiles et les huniers avec deux ris. Je voulus passer à bonne distance du banc de *la Cambrian,* et ne revins au vent qu'à sept heures du soir après l'avoir dépassé. Pour doubler l'îlot septentrional des Bashis, il nous fallut conserver jusqu'à onze heures, malgré des grains violents, une voilure peut-être exagérée. La corvette se comporta admirablement en cette circonstance critique. Dès que nous eûmes la mer libre devant nous, je m'empressai de diminuer de voiles et nous passâmes le reste de la nuit à la cape. Le lendemain, je pris la bordée du Nord.

Les eaux de l'océan Pacifique, qui s'engouffrent par les diverses issues que lui offre la chaîne des îles Bashis, remontent avec une grande vitesse le long de la côte orientale de Formose. Ce courant, dont l'existence n'a été bien connue que depuis la guerre des Anglais contre la Chine, est d'un grand secours quand on veut se rendre à Chang-hàï pendant la mousson du N. E. Aussi, la route plus directe du canal de Formose est-elle complétement abandonnée aujourd'hui pour la route extérieure. Dès que les îles Bashis sont dépassées, il n'y a plus de difficulté sérieuse jusqu'à l'entrée du Yang-tse-kiang. Je ferai remarquer cependant que la carte du Dépôt de la marine, dressée sur celle d'Horsburgh, est défectueuse de tous points, et qu'il est urgent d'en rédiger une nouvelle édition assujettie aux traveaux plus récents des capitaines Kellett et Collinson. J'ai joint à ce rapport une liste des positions géographiques que nous avons pu rectifier par nos propres observations.

Nous n'étions plus qu'à quelques milles des îles Chu-san et nous nous félicitions déjà de la rapidité de notre traversée, lorsque le vent, fixé au S. O. depuis deux jours, tourna à l'O. et au N. O. Pendant trois jours, il nous fallut lutter contre un coup de vent très-violent. Notre équipage, qui commençait à s'habituer au climat des tropiques, eut beaucoup à souffrir du froid intense qui succéda brusquement à cette tiède température. Quand cette brise de N. O. eut épuisé sa force, elle fit place à une jolie brise d'E. qui nous permit de donner dans le Yang-tse-kiang. La sonde nous servit de guide pour continuer notre route pendant une partie de la nuit; à une heure du matin, nous laissâmes tomber l'ancre par cinq brasses à quelques milles de l'île Gutzlaff, et, au jour, nous appareillâmes avec l'espoir d'atteindre le mouillage de Wossung avant le coucher du soleil.

Tant que l'on aperçoit l'île Gutzlaff, les îles Sha-weï-shan et les roches Amherst, il y a peu à se préoccuper des courants, puisque l'on peut toujours connaître sa position et rectifier sa route. Mais, dès que ces îles ont disparu, on se trouve à la merci de marées violentes, d'une direction irrégulière et sans autre guide que la sonde; car la terre à demi noyée, que l'on commence à découvrir par bâbord, n'offre à l'œil qu'une ligne indécise. La sonde et l'inspection de la carte ne permettent même pas d'apprécier à quelle distance on se trouve de cette côte basse. La mer marnant de trois brasses à l'embouchure du Yang-tse-kiang, il faudrait connaître exactement le moment de la marée pour opérer la réduction des sondes obtenues. Le parti le plus sûr dans cette situation embarrassante est de serrer toujours la côte de bâbord du chenal, où le fond ne monte que lentement, et de se tenir prêt à mouiller dès qu'on peut craindre de s'être écarté de la bonne route. De cette façon, on naviguera par un moindre brassiage qu'en se rapprochant des bancs du Nord ; mais on n'aura point à craindre un brusque saut de fond. Si on s'échoue, ce sera sur un fond mou et non pas sur un fond dur comme sur les bancs du Nord. Il est vrai que ces bancs ont été souvent balisés par les soins du consul d'Angleterre à Chang-haï; mais ces balises sont emportées chaque été par les typhons ou par les crues du fleuve.

C'est pour avoir cherché à suivre le milieu même du chenal que je me trouvai exposé à un des plus grands dangers qu'ait courus la corvette pendant notre longue campagne. Les îles Gutzlaff et Sha-weï-shan avaient disparu depuis quelque temps et nous faisions route au N. O. avec un sillage de quatre à cinq nœuds. Le courant, qui, pendant la durée d'une marée, fait successivement tout le tour du compas, portait alors directement sur les bancs du Nord; en quelques minutes, la sonde nous donna vingt-six, vingt-deux et dix-huit pieds ; nous n'en avions plus que seize au moment où l'ancre tomba. Dès que le navire eut fait tête, je reconnus, à la direction du courant qui passait rapidement le long du bord, que nous devions être sur les bancs du Nord. En effet, un canot que je mis à la mer ne trouva que neuf pieds d'eau à un quart d'encablure de la corvette. Il fallait se hâter de sortir de cette position ; car le jusant commençait, et il ne fallait pas dix minutes pour nous échouer. Une fois échoués, nous devions nous trouver à sec à la mer basse. J'avais heureusement conservé nos voiles établies. Une petite ancre à jet, mouillée dans une direction convenable, assura notre appareillage, et, certain pour le moment de notre position, je me dirigeai vers la côte du Sud, dont on apercevait encore le vague contour. Je me félicitai d'autant plus d'être sorti de ce mauvais pas, que la brise devint bientôt très-fraîche, et que ce fut avec un sillage de onze nœuds que nous atteignîmes, à cinq heures du soir, le mouillage de Wossung. Le lendemain, un pilote nous fit remonter la rivière de ce nom, puissant affluent du Yang-tse-kiang, et nous vînmes jeter l'ancre sous les quais de Chang-haï.

Le 14 février, nous sortîmes de la rivière de Wossung et descendîmes le Yang-tse-kiang. L'expérience que nous avions acquise en remontant ce fleuve nous servit pour le descendre, et, sauf un brusque mouillage près d'une pointe qui se prolonge sous l'eau, aucun incident ne troubla notre sortie. Cette pointe

la mer de Célèbes, nous vînmes jeter l'ancre le 4 juin devant l'établissement hollandais de Menado. Ce mouillage n'est tenable que du mois de mai au mois d'octobre. Dès que les vents de N. O. sont à craindre, il faut aller mouiller de l'autre côté du cap Coffin, sur la rade de Kema. Les navires de guerre hollandais ne mouillent, en aucune saison, à Menado. Ce mouillage est, en effet, le plus dangereux qu'on puisse imaginer. Un talus rapide de sable volcanique vous oblige à jeter l'ancre par quarante brasses à une encablure de la plage. Un peu plus au large, on ne trouverait point de fond pour mouiller. Pendant la mousson du S. E., qui règne assez régulièrement du mois de mai au mois d'octobre, on peut rester sans trop d'inquiétude sur cette rade foraine; mais il faut ne pas surjaller son ancre en mouillant et s'amarrer l'arrière à terre avec un fort grelin. Car le fond augmente si rapidement que, si l'on évitait au S. E., la moindre rafale ferait dérader. Le premier soin, quand on viendra prendre le mouillage de Menado, doit donc être d'envoyer à l'avance un canot sur l'accore du banc pour signaler l'endroit où l'on peut laisser tomber l'ancre, et il ne sera même pas inutile de faire élonger à l'avance par ce canot un grelin amarré à terre, dont il gardera le bout; avec cette double précaution, on ne sera point exposé à mouiller par un trop grand fond ou à dérader après avoir mouillé.

De Menado, mon intention était de me diriger sur le port franc de Macassar. Deux routes pouvaient m'y conduire : le détroit de Macassar ou la mer des Moluques. Je préférai la dernière et je crois que c'était en effet la plus prompte et la plus sûre. Il nous fallut louvoyer avec un temps toujours pluvieux et des brises inégales pour atteindre le passage entre les îles Xulla et l'île Bourou. Mais, dès que cette dernière île fut dépassée, le temps s'éclaircit, la mousson d'E. s'établit fraîche et régulière et nous conduisit rapidement par les détroits de Wangi-wangi et de Salayer jusqu'au mouillage de Bonthain. Je ne m'arrêtai qu'un jour devant cet établissement hollandais. J'avais appareillé à six heures du matin ; au coucher du soleil, j'étais sur la rade de Macassar. Le passage entre la pointe de Célèbes et l'île de Tanakeke m'avait inquiété par l'irrégularité des sondes que j'avais rencontrées ; mais l'inspection d'un plan de ce canal qui me fut donné à Macassar me prouva que mes inquiétudes n'étaient pas fondées. On ne trouve pas moins de cinq et six brasses sur le plateau que j'avais traversé.

La rade de Macassar est très-sûre en toute saison, et on y a le grand avantage d'être mouillé fort près de terre. Le climat est aussi sain qu'on peut l'espérer sous les tropiques. C'est donc une excellente relâche pour un navire de guerre : un équipage fatigué s'y refera beaucoup mieux que sur tout autre point des mers de l'Indo-Chine.

Notre traversée de Macassar à Batavia fut trop facile pour offrir quelque intérêt.

Nous ne nous arrêtâmes que quinze jours à Batavia, et nous fîmes route pour Singapore en nous dirigeant sur le détroit de Banca. Ce détroit, dont il existe une excellente carte, a sur le détroit de Gaspar l'avantage de présenter dans tout son parcours des mouillages sûrs; tout navire ne tirant pas plus de vingt pieds d'eau conservera facilement un fond suffisant pour être à l'abri de toute inquiétude.

Le 8 août, à neuf heures du soir, nous mouillâmes sur la rade de Singapore; le 12 nous fîmes route pour sortir du détroit et regagner Macao avec la fin de la mousson du S. O. Le 26 août, nous avions repris notre poste sur cette rade; ayant accompli en cent seize jours, dont soixante-quinze jours de mer, cette intéressante et instructive excursion.

Peu de temps après notre arrivée sur la rade de Macao, dans la nuit du 13 au 14 septembre, nous essuyâmes un violent typhon auquel nos chaînes résistèrent avec un succès presque inespéré. Le 16, nous entrâmes dans le port intérieur, dont nous pûmes franchir la barre en débarquant notre artillerie. Les considérations qui m'avaient déterminé à entrer dans ce port m'y retinrent jusqu'au 12 novembre; je profitai de ce repos forcé pour abattre la corvette en carène et remplacer une partie de notre doublage en cuivre, dont la prompte détérioration rendait cette opération nécessaire.

Le 3 janvier 1850, après une courte apparition à Wampoa, nous partîmes pour Manille, où nous ne nous arrêtâmes que quinze jours. Le 28, nous reprîmes la mer. Cette nouvelle campagne excédait les limites de notre station, mais elle m'avait été représentée comme nécessaire, et je n'hésitai pas à entreprendre un voyage de onze cents lieues à contre-mousson, malgré la fatigante épreuve que j'avais déjà faite de ce genre de navigation, en me rendant au mois de mai 1848 aux îles Mariannes. Il s'agissait cette fois de pousser plus loin encore et d'atteindre la plus orientale des îles Carolines, l'île Oualan:

Je me dirigeai d'abord vers Samboangan par le détroit de San-Bernardino et la mer de Mindoro. De Samboangan, où je ne séjournai que quelques heures, je fis route vers les îles Serangani, afin de gagner l'océan Pacifique en passant au N. de Gilolo et de Morty. Je savais, par la relation du dernier voyage de *l'Astrolabe* et de *la Zélée*, que ces corvettes, en voulant entrer dans la mer des Moluques par le passage que je choisissais, avaient couru de très-grands dangers et avaient failli être jetées par les courants sur l'île Sanguir. Je me tins donc en garde contre l'action de ces courants dont la rapidité m'était ainsi signalée à l'avance, et j'eus lieu de me féliciter des précautious que j'avais cru devoir prendre. Bien que j'eusse porté toute la nuit cinq et six quarts au vent de la route qu'il me fallait faire pour doubler les derniers îlots qui forment la chaîne des îles Sanguir; bien que le sillage eût souvent atteint neuf et dix nœuds, je m'aperçus, quand le jour vint à se faire, que j'avais passé à très-petite distance de l'îlot septentrional. Bien des doutes s'élevèrent sur notre position à la vue de cet îlot; on hésitait à croire que les courants eussent pu avoir une telle influence sur notre route; mais l'exemple de *l'Astrolabe* et de *la Zélée* était là pour appuyer l'opinion contraire. La vue des îles Tulour, que nous aperçûmes le soir même dans une éclaircie, dissipa toute incertitude, et vint nous convaincre qu'en passant entre les îles Serangani et les îles Sanguir nous avions été entraînés vers le S. par un courant dont la vitesse ne pouvait être évaluée au-dessous de cinq milles à l'heure. Si l'on songe en effet que la masse d'eau qui vient frapper perpendiculairement la côte orientale de Mindanao tend à s'échapper par cette issue, on ne sera pas étonné de cette rapidité du courant, qui ne dépasse point d'ailleurs la vitesse des courants de marée observés dans le détroit de San-Bernardino.

Après avoir rangé d'assez près la pointe méridionale des îles Tulour, sans avoir aperçu à l'O. de ces îles le rocher de l'Iphigénie ou au S. le récif Douglas, nous entrâmes dans l'océan Pacifique. Jusqu'à la hauteur des îles Pellew, nous avançâmes assez rapidement : les vents dépendaient souvent du N.; quelquefois, de lourds orages nous amenaient quelques heures de vents d'ouest. Mais le méridien des îles Pellew était à peine dépassé qu'il fallut lutter de nouveau contre des vents d'E. obstinés, de pesantes rafales et des grains que nous devions recevoir presque à sec de voiles. De toutes nos traversées, celle-ci fut sans contredit la plus pénible. Enfin, le 21 mars, cinquante-deux jours après notre départ de Manille, nous aperçûmes l'île Oualan : le lendemain, nous n'étions plus qu'à quelques milles du port Lélé, auquel M. Duperrey donna, en 1822, le nom de *havre Chabrol.*

Les renseignements que je devais me procurer ne pouvaient s'obtenir qu'au port Chabrol. Il fallait donc me décider à y entrer, malgré la difficulté que je devais éprouver à en sortir. J'envoyai un canot dans le milieu de la passe, étroite coupure ouverte dans la chaîne de récifs qui entoure l'île, et je donnai vent arrière entre les deux brisants, dont j'avais eu soin de faire signaler les extrémités par des bouées. Dès que j'eus franchi la passe, la corvette se trouva abritée par la petite île Lélé, et un révolin venant du fond du port masqua nos voiles; mais sur notre aire nous atteignîmes un mouillage convenable et laissâmes tomber l'ancre par neuf brasses à une demi-encablure du village.

L'objet de notre mission fut bientôt rempli ; il fallait maintenant une circonstance favorable pour sortir du port. Des baleiniers y avaient été arrêtés des mois entiers; ces navires avaient pris le parti de ne plus mouiller que dans le port sous le vent, où M. Duperrey avait jeté l'ancre, et qu'il avait nommé *havre de la Coquille.* Dans le havre Chabrol, la brise de terre allait rarement jusqu'à la passe; si elle dépassait l'île Lélé, elle était généralement trop faible pour qu'on pût avec son aide refouler la houle que les vents alisés soulèvent constamment entre les récifs. Ce qu'il fallait surtout craindre, c'était de s'aventurer dans la passe sur la foi d'une brise incertaine; car il était fort douteux, si le vent venait à manquer, qu'on eût alors l'espace nécessaire pour achever son évolution et revenir sur ses pas. Se touer était impossible, puisqu'on trouvait plus de cent brasses en dehors des récifs; se faire remorquer par ses canots était impraticable avec la houle qui régnait constamment dans la passe. Ce qu'il y avait de plus grave peut-être dans cette situation, c'est que toute tentative faite pour en sortir devait réussir, sous peine d'amener un résultat funeste. Un navire baleinier d'un faible tonnage pouvait bien, s'il manquait sa sortie, tourner sur ses talons et rentrer dans le port; mais je doute fort qu'une pareille manœuvre eût pu réussir avec un navire du rang de *la Bayonnaise.*

A l'avance, toutes mes dispositions avaient été prises pour profiter de la première occasion favorable. Chacun des canots qui devaient nous remorquer portait une petite ancre à jet et un grelin, afin de nous procurer au besoin un point d'appui sur les récifs pour hâter notre évolution, s'il nous fallait au milieu de la passe songer à rebrousser chemin. Nous attendîmes quelques jours, souvent trompés par de fausses apparences de brises qui n'arrivaient jamais jusqu'aux récifs. Enfin, le 20 mars, au point du jour, une petite brise d'O. parut s'élever. J'allai immédiatement dans ma baleinière observer l'état de la passe ; la houle était à peu près tombée, et en dehors des brisants le vent, au lieu de souffler de l'E., variait du N. N. E. au N. E. Je jugeai que c'était un moment précieux à saisir. Dans quelques minutes, nous fûmes sous voiles ; nos quatre canots nous remorquaient et la marée nous était favorable. Nous nous engageâmes ainsi dans la passe ; un moment, la brise nous manqua complétement, les huniers vinrent battre contre les mâts ; la marée et l'effort de nos canots nous soutenaient à peine contre la houle. Tout à coup la brise qui régnait au large frappe nos voiles hautes ; nos vergues sont orientées en un instant, la corvette prend de l'aire, dépasse nos canots, mais sent encore à peine l'effet de son gouvernail. Il y eut un moment où l'on put craindre qu'elle ne se rangeât point au vent assez rapidement pour doubler les récifs de tribord. Cette inquiétude ne dura qu'un instant, et quelques minutes de cette fraîche brise suffirent pour nous mettre en dehors de tous les dangers. Notre traversée jusqu'à Macao ne fut marquée par aucun incident ; elle eût été très-prompte si, après avoir dépassé les îles Bashis, nous n'eussions trouvé dans la mer de Chine, au lieu de la mousson du N. E., que nous nous attendions à y rencontrer, des brises incertaines et variables. Nous mouillâmes cependant à Macao le 17 avril, dix-neuf jours après avoir quitté le port de Oualan.

A Macao, nous trouvâmes l'ordre de rentrer en France par l'océan Pacifique en touchant aux îles Sandwich, à Taïti et à Rio-Janeiro. Nous nous hâtâmes de faire nos préparatifs de départ, de montrer une dernière fois notre pavillon à Hong-kong et à Wampoa, et le 4 mai nous étions sous voiles. Il nous arriva cette année ce qui nous était arrivé les deux années précédentes : après quelques jours de calmes, nous éprouvâmes un retour de la mousson du N. E.; il nous fallut, pour sortir de la mer de Chine au mois de mai, manœuvrer comme nous l'avions fait au mois de janvier 1849, quand nous nous étions rendus à Chang-haï. Cette fois cependant, au lieu de passer entre la pointe méridionale de Formose et l'écueil de Vele-Rete, nous coupâmes la chaîne des Bashis plus au S., et entrâmes dans l'océan Pacifique par le canal qui sépare l'île d'Orange de l'île Batan. C'était la troisième fois que nous passions dans ce canal. J'avais déjà remarqué une grande erreur dans la position géographique et le gisement assignés à ce groupe des îles Bashis. Nos observations, dont je consignerai le résultat à la fin de ce rapport, permettront d'opérer sur nos cartes une rectification que je crois nécessaire.

Pour nous rendre aux îles Sandwich, il fallait nous hâter de remonter vers le N., afin de gagner la région des vents variables. De faibles brises d'E., quelques calmes nous contrarièrent pendant les premiers jours; mais, dès que nous pûmes atteindre le parallèle de 32°, le vent tourna insensiblement au S. E. et au S. S. E. Nous commençâmes à avancer rapidement vers notre destination. Les courants qui nous avaient d'abord portés à l'O. remontèrent alors avec rapidité vers le N., et les différences que nous trouvâmes, pendant quelques jours, entre nos latitudes observées et estimées, nous expliquèrent l'incertitude qui règne encore sur la position réelle de plusieurs îles ou îlots situés près des côtes du Japon. Je n'oserais donc point répondre que la chaîne de roches que nous décrouvrîmes le 31 mai, à quatre heures et demie du matin, fût autre chose que le rocher du *Sylph* ou l'île du *Sud;* mais on devra remarquer que la position des roches vues par *la Bayonnaise*, position que les circonstances nous ont permis de déterminer avec une grande exactitude, diffère essentiellement de celle assignée par nos cartes aux îlots situés dans les mêmes parages [1].

Dès que nous eûmes doublé les côtes du Japon, nous remontâmes jusqu'au 35e degré. Favorisés par de belles brises variables du S. O. au N. O., nous ne descendîmes vers le S.

[1] Voir le *Tableau* nº 4, page 394. — A peu près à la même époque, ces roches ont été vues par la corvette hollandaise *le Courrier*, commandée par le capitaine Van-Braam, qui, les prenant pour une nouvelle découverte, leur a donné le nom d'*île de Guillaume III*.

qu'après avoir dépassé le méridien des îles Sandwich, où nous conduisirent les vents alizés. Le 29 juin, nous étions mouillés sur la rade extérieure d'Honoloulou. Pour prendre ce mouillage, si aucun autre navire ne se trouvait sur rade, il serait bon d'envoyer à l'avance un canot signaler l'accore du banc fort escarpé sur lequel on doit jeter l'ancre. Faute d'avoir pris cette précaution, beaucoup de navires mouillent par un trop grand fond et déradent. Nous avons vu, pendant notre séjour à Honoloulou, un navire américain s'en aller ainsi au large avec cent brasses de chaîne à la traîne, et ne pouvoir reprendre le mouillage qu'au bout de vingt-quatre heures.

Le 4 juillet, nous appareillâmes pour Taïti. Nous courûmes d'abord au S., suivant le conseil qui nous en avait été donné à Honoloulou, pour éviter les calmes que nous eussions rencontrés en rangeant de trop près les hautes terres de Hawaii; mais, quand nous voulûmes serrer le vent, nous trouvâmes que la brise inclinait généralement plus vers l'E. que vers le N. Aussi, bien que sous la ligne des brises orageuses d'O. et de S. O. nous eussent permis de redresser un peu notre route, la bordée nous porta sous le vent de Taïti, et il nous fallut quelques jours de louvoyage pour pouvoir atterrir au vent de cette île. Nous reconnûmes la pointe Vénus le 31 juillet à trois heures du soir. Le calme nous arrêta à la porte du port, et ce ne fut que le lendemain à midi que nous pûmes donner, avec une légère brise du S. O., dans la passe de Papeïti.

Les ordres du gouverneur des établissements français dans l'Océanie nous retinrent jusqu'au 20 août à Taïti. Pendant ce temps, nos malades, admis dans l'hôpital de la marine, se rétablirent avec une rapidité merveilleuse; nous partîmes pour Rio-Janeiro avec un équipage plus valide qu'il ne l'avait été pendant toute la campagne. Notre traversée de Taïti à Rio-Janeiro s'accomplit en cinquante-trois jours, et, bien que nous ayons doublé le cap Horn à la fin de l'hiver, je ne connais point de traversée qui nous ait paru plus facile et plus douce. Il est vrai que nous ne rencontrâmes point de glaces et que notre corvette essuya admirablement les coups de vent de S. et S. E. qui vinrent interrompre quelquefois la série des grandes brises d'O., qui nous poussaient vers le port.

Nous avions atterri sous le vent de Rio-Janeiro, bien que nous eussions toujours tenu le plus près. Heureusement, nous n'éprouvâmes point de calmes sous la terre; nous eûmes même la chance inespérée d'avoir pendant la nuit une brise d'O. et de N. O. qui nous permit, en nous guidant sur le feu de l'île Raza, de donner dans la passe; à deux heures du matin, nous laissâmes tomber l'ancre en dedans du fort Villegagnon.

Le 19 octobre, nous avons quitté la rade de Rio-Janeiro; le 6 novembre, nous avons coupé la ligne pour la sixième fois depuis notre départ de France, et, le 24 novembre à minuit, nous avons reconnu les Açores. A notre atterrage sur les côtes de France, nous avons rencontré des vents de S. et S. S. O. accompagnés d'une brume très-épaisse. Le 4 décembre, à dix heures cinquante minutes du soir, nous avons reconnu les feux du cap Lézard, et avons jeté l'ancre sur la rade de Cherbourg, le 6 décembre, mille trois cent vingt-trois jours après avoir quitté ce port. Nous comptons en ce moment six cent quatre-vingts jours de mer, et avons parcouru vingt-cinq mille cinq cent vingt-sept lieues.

Ainsi s'est terminée cette longue campagne, pendant laquelle nous n'avons eu à regretter ni une avarie, ni aucun de ces accidents auxquels pouvait nous exposer une navigation active et souvent périlleuse. En rappelant cette heureuse fortune, j'aime à l'attribuer au concours empressé et plein de lumières des officiers distingués dont j'étais entouré. La bienveillance qui a présidé à l'armement de la corvette, à Cherbourg, de la part de toutes les autorités du port, les excellentes qualités de ce bâtiment, construit sur les plans de M. de Moras, ont contribué puissamment à rendre ma tâche plus facile. L'équipage de *la Bayonnaise* doit avoir également sa part dans cette dette de reconnaissance. Il s'est montré constamment dévoué, dur aux fatigues et animé du meilleur esprit. Il a payé malheureusement son tribut au climat des tropiques. Nous avons eu à déplorer la mort de seize hommes, dont trois seulement ont péri par accident. Dans l'espace de quarante-quatre mois, il est entré à l'hôpital deux mille huit cent cinquante-deux malades, et il a fallu toute l'habileté de nos deux chirurgiens, M. Léclancher et M. Lerond, pour que nos pertes n'aient pas été plus considérables.

Je suis avec respect, Monsieur le ministre, votre très-obéissant serviteur.

*Le capitaine de vaisseau, commandant* la Bayonnaise,

E. JURIEN.

## N° 1. — TABLEAU DES RELACHES DE LA BAYONNAISE.

| NOMS des LIEUX. | DATES des ARRIVÉES. | DATES des DÉPARTS | DATES de MER | DATES de RADE | DISTANCES parcourues sur les routes corrigées. | MILLES parcourus d'après le loch. | COURANTS ÉPROUVÉS NORD. | COURANTS ÉPROUVÉS SUD. | COURANTS ÉPROUVÉS EST. | COURANTS ÉPROUVÉS OUEST. |
|---|---|---|---|---|---|---|---|---|---|---|
| | | | j. h. | j. h. | milles | milles | milles | milles | milles | milles |
| Cherbourg.... | ............ | 24 avril 1847. | » » | » » | » | » | » | » | » | » |
| Falmouth..... | 28 avril 1847. | 2 mai...... | 3 17 | 3 20 | 205 | 380 | » | 10 | » | 17 |
| Lisbonne..... | 18 mai...... | 8 juin...... | 16 7 | 20 20 | 1,155 | 1,721 | 47 | 62 | 22 | 127 |
| Santa-Cruz... | 13 juin...... | 14 idem... | 4 23 | 1 6 | 728 | 711 | 2 | 47 | 49 | 21 |
| Bahia........ | 7 juillet .... | 23 juillet .... | 23 0 | 16 0 | 3,188 | 3,304 | 55 | 131 | 116 | 134 |
| Simon's-Town. | 22 août...... | 8 septembre. | 30 6 | 16 19 | 4,007 | 4,195 | 173 | 87 | 23 | 518 |
| Batou-Guédé.. | 31 octobre... | 3 novembre. | 51 1 | 2 15 | 6,182 | 7,119 | 266 | 330 | 117 | 726 |
| Amboine. .... | 7 novembre. | 15 idem... | 4 9 | 8 0 | 340 | 294 | 42 | 31 | 9 | 54 |
| Ternate. ..... | 6 décembre. | 12 décembre. | 20 10 | 6 9 | 498 | 1,126 | 1 | 394 | 209 | 90 |
| Macao........ | 4 janv. 1848. | 12 janv. 1848. | 23 11 | 7 12 | 2,824 | 3,053 | 115 | 140 | 48 | 171 |
| Wampoa...... | 14 idem... | 20 idem... | 2 7 | 6 0 | 65 | » | » | » | » | » |
| Macao........ | 21 idem... | 27 idem... | 0 23 | 5 17 | 65 | » | » | » | » | » |
| Hong-kong ... | 27 idem... | 8 février.... | 0 9 | 11 14 | 39 | 56 | » | » | » | » |
| Macao........ | 8 février ... | 20 idem... | 0 6 | 11 19 | 40 | 59 | » | » | » | » |
| Hong-kong.... | 20 idem... | 28 idem... | 0 16 | 7 10 | 34 | 42 | » | » | » | » |
| Macao........ | 28 idem... | 8 mars..... | 0 6 | 8 22 | 39 | 43 | » | » | » | » |
| Manille. ..... | 15 mars..... | 1 avril..... | 7 16 | 16 6 | 689 | 849 | 10 | 20 | 2 | 26 |
| Macao. ...... | 6 avril. .... | 3 mai. ..... | 5 17 | 26 15 | 692 | 751 | 11 | 26 | 4 | 67 |
| Guam........ | 26 juin. .... | 10 août...... | 53 20 | 44 22 | 3,265 | 4,963 | 243 | 65 | 31 | 652 |
| Nafa......... | 26 août. .... | 27 idem... | 16 7 | 1 2 | 1,353 | 1,395 | 41 | 49 | 9 | 119 |
| Manille ...... | 12 septembre. | 2 décembre. | 16 0 | 80 13 | 1,188 | 1,634 | 24 | 16 | 14 | 56 |
| Macao........ | 10 décembre. | 14 idem... | 7 21 | 4 5 | 688 | 838 | 25 | 15 | 12 | 34 |
| Wampoa...... | 16 idem... | 21 idem... | 2 8 | 5 6 | 65 | » | » | » | » | » |
| Macao........ | 22 idem... | 1 janv. 1849. | 0 18 | 8 16 | 65 | » | » | » | » | » |
| Chang-haï. ... | 23 janv. 1849. | 11 février. .. | 23 9 | 18 15 | 1,680 | 2,443 | 86 | 307 | 121 | 171 |
| Chin-haï...... | 18 février. .. | 24 idem... | 0 | 5 23 | 107 | 136 | » | » | » | » |
| Chu-san...... | 5 mars..... | 13 mars..... | 9 9 | 7 17 | 19 | 31 | » | » | » | » |
| Amoy........ | 15 idem... | 18 idem... | 2 5 | 2 17 | 463 | 485 | 35 | 37 | » | » |
| Macao........ | 20 idem... | 3 mai...... | 2 7 | 43 19 | 334 | 375 | 8 | 7 | » | 14 |
| Samboangan.. | 22 idem... | 25 idem... | 19 7 | 2 20 | 1,180 | 1,483 | 77 | 95 | 81 | 129 |
| Menado. ..... | 4 juin...... | 9 juin...... | 10 4 | 4 17 | 420 | 526 | 36 | 23 | 27 | 79 |
| Bonthain...... | 22 idem... | 25 idem... | 13 12 | 2 12 | 918 | 1,090 | 56 | 35 | 69 | 66 |
| Macassar. .... | 25 idem... | 1 juillet.... | 0 14 | 5 10 | 60 | 70 | » | » | » | » |
| Batavia. ..... | 8 juillet. ... | 1 août...... | 7 8 | 23 16 | 760 | 724 | » | 18 | » | 44 |
| Singapore. ... | 8 août...... | 12 idem... | 7 21 | 3 9 | 591 | 623 | 54 | 1 | 3 | 58 |
| Hong-kong. .. | 26 idem... | 26 idem... | 13 22 | 0 6 | 1,560 | 1,544 | 151 | 4 | 107 | 7 |
| Macao. ...... | 26 idem... | 3 janv. 1850. | 0 14 | 130 6 | 39 | 55 | » | » | » | » |
| Manille. ..... | 9 janv. 1850. | 28 idem... | 6 3 | 19 9 | 681 | 701 | 10 | 47 | 3 | 36 |
| Samboangan .. | 3 février. .. | 4 février.... | 6 0 | 0 19 | 544 | 622 | 16 | » | » | 20 |
| Oualan....... | 22 mars..... | 28 mars..... | 46 1 | 5 13 | 2,688 | 3,769 | 261 | 172 | 112 | 319 |
| Macao........ | 17 avril..... | 22 avril..... | 20 16 | 4 13 | 3,186 | 3,321 | 14 | 201 | 23 | 125 |
| Hong-kong ... | 23 idem... | 24 idem... | 1 0 | 1 6 | 39 | 49 | » | » | » | » |
| Wampoa...... | 25 idem... | 27 idem... | 0 19 | 2 2 | 65 | 65 | » | » | » | » |
| Macao........ | 28 idem... | 4 mai...... | 0 12 | 6 10 | 65 | 65 | » | » | » | » |
| Honoloulou. .. | 29 juin...... | 4 juillet. ... | 57 1 | 4 22 | 6,230 | 7,809 | 501 | 87 | 251 | 375 |
| Papeïti ...... | 1 août...... | 21 août...... | 38 4 | 19 12 | 2,790 | 3,590 | 138 | 45 | 68 | 399 |
| Rio-Janeiro... | 14 octobre... | 19 octobre... | 53 19 | 5 5 | 7,386 | 8,285 | 251 | 363 | 76 | 315 |
| Cherbourg.... | 6 décembre. | ............ | 48 0 | » » | 6,099 | 6,687 | 309 | 82 | 42 | 589 |
| | | | j. h. | j. h. | milles | milles | milles | milles | milles | milles |
| | | Total....... | 680 3 | 642 18 | 65,318 | 76,581 | 3,058 | 2,846 | 1,648 | 5,568 |
| | | | | | lieues | lieues | lieues | lieues | lieues | lieues |
| | | | | | 21,773 | 25,527 | 1,019 | 949 | 549 | 1,856 |

## RELÈVEMENTS DES DIVERS MOUILLAGES DE LA CORVETTE *la Bayonnaise.*

### *Mouillage de Santa-Cruz (Ténériffe).*

13 juin 1847. — 35 brasses (57 mètres) d'eau.

| | |
|---|---|
| Le fort Saint-Juan. . . . . . . . . . . . . | S. 67° O. |
| La Tour-Carrée (Paroisse). . . . . . . . | N. 85° O. |
| La Tour-Ronde (Franciscains). . . . . . | N. 65° O. |
| 1re batterie (San Pedro). . . . . . . . . | N. 52° O. |
| 2e — (Isabel).. . . . . . . . . . . . | N. 33° O. |

### *Mouillage de Bahia.*

9 juillet 1847.

| | |
|---|---|
| Le fort Antonio. . . . . . . . . . . . . | S. 20° O. |
| Obélisque. . . . . . . . . . . . . . . . | S. 9° E. |
| Le fort Marcello. . . . . . . . . . . . . | N. 70° E. |
| La pointe de la baie. . . . . . . . . . . | N. 11° E. |

### *Mouillage de Simon's-Bay.*

22 août 1847. — 10 brasses 1/2 (17 mètres) d'eau, fond de sable.

| | |
|---|---|
| Arche de Noé. . . . . . . . . . . . . . | S. 44° E. |
| Fort. . . . . . . . . . . . . . . . . . . | S. 23° E. |
| La batterie Nord. . . . . . . . . . . . | N. 3° E. |
| L'extrémité Nord de la baie. . . . . . . | N. 48° E. |
| Le feu flottant. . . . . . . . . . . . . | S. 81° E. |
| Roman's Rocks. . . . . . . . . . . . . | S. 78° E. |

### *Mouillage de Batou-Guédé.*

31 octobre 1847. — 29 brasses (47 mètres) sable vaseux.

| | |
|---|---|
| Le Mât de pavillon. . . . . . . . . . . | S. 25° E. |
| Roche. . . . . . . . . . . . . . . . . . | N. 57° E. |
| La pointe Nord de la baie. . . . . . . . | N. 30° E. |

*Mouillage de Ternate.*

6 décembre 1847. — 17 brasses (28 mètres) d'eau, fond de gravier mêlé de corail.

| | |
|---|---|
| Débarcadère du Sud | S. 62° O. |
| Mât de pavillon | N. 75° O. |
| La pointe N. E. de Ternate | N. 5° O. |

*Mouillage de Macao.*

27 janvier 1847. — 18 pieds 1/2 (6 mètres) d'eau, sable vaseux.

| | |
|---|---|
| Partie Est des Neuf-Iles | N. 35° E. |
| Fort San-Francisco | N. 72° O. |
| Koho, pointe Est | S. 15° E. |

*Deuxième mouillage de Macao.*

8 février 1848. — 4 brasses (6m,5) d'eau, sable vaseux.

| | |
|---|---|
| Partie Est des Neuf-Iles | N. 29° E. |
| Port San-Francisco | N. 72° O. |
| Partie Est de Koho | S. 9° E. |

*Troisième mouillage de Macao (mouillage d'hiver).*

7 avril 1848. — 19 pieds (6m,2) d'eau.

| | |
|---|---|
| Extrémité Est des Neuf-Iles | N. 23° E. |
| Fort San-Francisco | N. 79° O. |
| Ty-pa, pointe Est | S. 32° O. |
| Koho, pointe Est | Sud. |
| Ty-lo, pointe Sud | S. 51° E. |
| Ty-lock | S. 57° E. |
| Sy-lo | S. 66° E. |
| Sam-cok | S. 74° E. |
| Lan-tao, pointe S. O. | N. 85° E. |

*Mouillage de Hong-kong.*

27 janvier 1848. — 10 brasses (16 mètres).

| | |
|---|---|
| Ile Green | S. 89° O. |
| Pointe Wou-chu-chow | N. 32° O. |
| Hong-kong | Est. |
| Mont Possession | S. 40° O. |

*Deuxième mouillage de Hong-kong.*

23 avril 1850. — 10 brasses (16 mètres).

| | |
|---|---|
| Ile Green, pointe Nord. . . . . . . . . | S. 70° O. |
| Sommet Ouest de Hong-kong. . . . . . | S. 6° E. |
| Chung-yue, pointe Sud. . . . . . . . . . | N. 57° O. |

*Mouillage de Manille.*

15 mars 1848. — 23 pieds (7m,5) d'eau.

| | |
|---|---|
| Phare. . . . . . . . . . . . . . . . . . . | N. 26° E. |
| Cathédrale. . . . . . . . . . . . . . . . | N. 50° E. |
| Calvaire. . . . . . . . . . . . . . . . . . | N. 62° E. |
| Fort du Sud. . . . . . . . . . . . . . . | S. 58° E. |
| Télégraphe de Cavite. . . . . . . . . | S. 22° O. |
| Pointe de Cavite. . . . . . . . . . . . | S. 32° O. |

*Deuxième mouillage de Manille.*

12 septembre 1848.

| | |
|---|---|
| Phare des jetées. . . . . . . . . . . . . | N. 20° E. |
| Extrémité Sud de la ville. . . . . . . . | N. 52° E. |
| Tour de Cavite. . . . . . . . . . . . . | S. 22° O. |
| Pointe de Calumpan. . . . . . . . . . . | S. 45° O. |
| Église de Nabotas. . . . . . . . . . . . | Nord. |

*Troisième mouillage de Manille.*

9 janvier 1850. — 22 pieds (7m,2) d'eau, sable vaseux.

| | |
|---|---|
| Église de Banotes. . . . . . . . . . . . | N. 2° E. |
| Phare des jetées. . . . . . . . . . . . . | N. 42° E. |
| Cathédrale. . . . . . . . . . . . . . . . | N. 72° E. |
| Flèche de Cavite. . . . . . . . . . . . | S. 26° E. |

*Mouillage d'Apra (île Guam).*

26 juin 1848.

| | |
|---|---|
| Ile Oroté. . . . . . . . . . . . . . . . . | S. 71° O. |
| Fort Santa-Cruz. . . . . . . . . . . . . | S. 41° E. |
| Ile aux Chèvres, pointe Ouest. . . . . | N. 44° E. |
| Brisants du large, pointe Ouest. . . . | N. 62° O. |

*Deuxième mouillage d'Apra (île Guam).*

27 juin 1848.

Ile Oroté. . . . . . . . . . . . . . . . . . N. 84° O.
Fort Santa-Cruz. . . . . . . . . . . . . . S. 77° E.
Ile aux Chèvres, pointe Est. . . . . . . N. 52° E.
— pointe Ouest. . . . . . N. 20° E.
Extrémité des brisants. . . . . . . . . . N. 39° O.

*Troisième mouillage d'Apra (île Guam).*

29 juin 1848.

Pointe Oroté. . . . . . . . . . . . . . . . N. 89° O.
Ile aux Chèvres, pointe Ouest. . . . . . N. 13° E.
— pointe Est. . . . . . . N. 56° E.
Balises, pointe Sud (fort). . . . . . . . S. 51° E.
Deuxième balise. . . . . . . . . . . . . . S. 15° E.
Bouée du plateau. . . . . . . . . . . . . S. 10° E.

*Quatrième mouillage, en grande rade.*

9 août 1848.

Ile aux Chèvres, pointe Ouest. . . . . . N. 41° E.
Pointe N. O. de Guam. . . . . . . . . . . N. 43° E.
Fort Santa-Cruz et piton de reconnaissance. . . . . . . . . . . . . . . S. 64° E.
Extrémité de la pointe Oroté. . . . . . S. 86° O.

*Mouillage de Nafa.*

26 août 1848.

Lou-tchou, pointe S. O. . . . . . . . . . S. 36° E.
Ile de la Table. . . . . . . . . . . . . . . S. 75° E.
Pointe de l'Abbaye. . . . . . . . . . . . . N. 70° E.
Ile du large, pointe Est. . . . . . . . . . N. 9° E.
— pointe Ouest. . . . . . . . N. 23° O.
Ile Amakerrima, pointe Est. . . . . . . N. 63° O.
— pointe Ouest. . . . . . S. 77° O.

*Mouillage à l'entrée du Yang-tse-kiang.*

21 janvier 1849. — 10 brasses 1/2 (17 mètres) d'eau, fond de vase.

Gutzlaff. . . . . . . . . . . . . . . . . . . S. 44° O.

| | |
|---|---|
| Penchowa, pointe Ouest. . . . . . . . . | S. 3° E. |
| — pointe Est. . . . . . . . . . | S. 22° E. |
| South-Saddle, pointe Ouest. . . . . . . | S. 39° E. |
| — pointe Est. . . . . . . . . | S. 47° E. |
| North-Saddle, pointe Nord. . . . . . . | S. 56° E. |

*Mouillage extérieur de Wossung.*

22 janvier 1849. — 6 brasses (9m,7) d'eau.

| | |
|---|---|
| Fort de l'Est. . . . . . . . . . . . . . . . | N. 33° E. |
| Extrémité des Remparts. . . . . . . . . . | N. 7° E. |
| Mât de pavillon de Wossung. . . . . . . | S. 50° O. |

*Mouillage à l'embouchure de la rivière de Wossung.*

12 février 1849.

| | |
|---|---|
| Wossung, mât de pavillon. . . . . . . | S. 38° O. |
| Pointe extérieure de la rive droite. . . . | S. 75° E. |
| Ile Bush, pointe Est. . . . . . . . . . . | N. 11° E. |
| — pointe Ouest. . . . . . . . . . | N. 7° O. |
| Pointe extérieure de la rive gauche. . . | N. 22° O. |

*Mouillage dans le Yang-tse-kiang.*

13 février. — 5 brasses (8 mètres), fond de vase.

| | |
|---|---|
| Ile Bush, pointe Est. . . . . . . . . . . . | N. 35° O. |
| — pointe Ouest. . . . . . . . . . . | N. 44° O. |
| Ilot, pointe Est. . . . . . . . . . . . . . | N. 53° E. |
| — pointe Ouest. . . . . . . . . . . . | N. 34° E. |

*Mouillage près de l'île Gutzlaff.*

14 février. — 7 brasses (11 mètres), fond de vase.

| | |
|---|---|
| Gutzlaff. . . . . . . . . . . . . . . . . . | S. 52° O. |
| Penchowa, pointe Est. . . . . . . . . . . | S. 57° E. |
| — pointe Ouest. . . . . . . . . . | S. 38° E. |
| Groupe des îles Rugged, extrémité N. O. | S. 48° O. |

*Mouillage près de l'île Kintang.*

15 février. — 11 brasses (18 mètres) d'eau.

| | |
|---|---|
| Square-Island, pointe N. O. . . . . . . . | S. 49° O. |
| Cone-Hill. . . . . . . . . . . . . . . . . . | S. 57° O. |
| Ile Deadman, pointe Est. . . . . . . . . . | S. 4° E. |

| | |
|---|---|
| Ile San-chan, pointe Est. . . . . . . . . | S. 16° E. |
| Pointe S. O. de Kin-tang. . . . . . . . . | S. 20° E. |
| Ile de Ta-ou-tze, pointe Nord. . . . . . . | S. 85° E. |
| Ile Ta-ping, pointe N. O. . . . . . . . . | N. 27° E. |

*Deuxième mouillage près Kin-tang.*

5 mars 1849. — 23 pieds (7m,5) d'eau.

| | |
|---|---|
| Ile Square, pointe Nord. . . . . . . . . . | S. 75° O. |
| Ile Ta-Yew. . . . . . . . . . . . . . . | S. 62° O. |
| Ile Deadman, pointe Est. . . . . . . . . | S. 18° O. |
| Pointe S. O. de Kin-tang. . . . . . . . . | S. 14° E. |

*Mouillage à l'entrée de la rivière de Ning-po.*

27 février 1849. — 5 brasses (8 mètres) d'eau.

| | |
|---|---|
| Peak-Island, pointe Est. . . . . . . . . | S. 6° E. |
| Pointe Look-out. . . . . . . . . . . . . | N. 65° E. |
| Ile du Passage. . . . . . . . . . . . . . | N. 33° E. |
| Pointe de la Citadelle. . . . . . . . . . . | N. 11° O. |

*Deuxième mouillage à l'entrée de la rivière de Ning-po.*

28 février.

| | |
|---|---|
| Pointe de la Citadelle. . . . . . . . . . . | N. 82° O. |
| Ile du Passage, pointe Ouest. . . . . . | N. 33° E. |
| Pointe Lookout. . . . . . . . . . . . . . | N. 74° E. |

*Troisième mouillage dans la rivière de Ning-po.*

1er mars 1849.

| | |
|---|---|
| Pointe de la Citadelle. . . . . . . . . . . | N. 5° E. |
| Ile du Passage, pointe Ouest. . . . . . . | N. 35° E. |
| Pointe Look-out. . . . . . . . . . . . . . | N. 64° E. |
| Peak-Island, pointe N. E. . . . . . . . . | S. 24° E. |

*Mouillage près Bell-Island.*

11 mars 1849. — 15 brasses 1/2 (25 mètres) d'eau, fond de vase.

| | |
|---|---|
| Tea-Island, pointe N. O. . . . . . . . . . | N. 37° E. |
| — pointe S. O. . . . . . . . . . | S. 23° E. |

| | |
|---|---|
| Bell-Rock, pointe Ouest. . . . . . . . . . | S. 8° E. |
| Bell-Island, pointe S. E. . . . . . . . . | S. 46° O. |
| — pointe N. E. . . . . . . . . . . | N. 80° O. |
| Balise. . . . . . . . . . . . . . . . . | N. 54° O. |
| Apthan-chan, pointe Est. . . . . . . . . | N. 17° O. |

*Mouillage d'Amoy.*

15 mars. — 11 brasses (18 mètres) d'eau, fond de vase.

| | |
|---|---|
| Ile Ki-seu, pointe Nord. . . . . . . . . . | N. 83° O. |
| Ile Kolong-seu, pointe Nord. . . . . . | N. 25° E. |
| — pointe Sud. . . . . . . | N. 73° E. |
| Amoy, pointe Sud. . . . . . . . . . . . | S. 84° E. |
| Pointe Teapan. . . . . . . . . . . . . . | S. 36° E. |

*Mouillage de Samboangan.*

22 mai 1849.

| | |
|---|---|
| Le fort, extrémité Est. . . . . . . . . . | N. 53° E. |
| Côté Ouest de la ville. . . . . . . . . . | N. 24° O. |
| Petite île Santa-Cruz, pointe Ouest. . . | S. 73° O. |
| — pointe Est. . . . | S. 53° O. |
| Grande île Santa-Cruz, pointe N. O. . . | S. 45° O. |
| — pointe Est. . . | S. 5° O. |

*Deuxième mouillage de Samboangan.*

3 février 1850. — Fond de sable fin mêlé de gravier.

| | |
|---|---|
| Le fort, extrémité S. E. . . . . . . . . . | N. 54° E. |
| L'extrémité Ouest de la ville. . . . . . | N. 24° O. |
| Grande île Santa-Cruz, pointe Est. . . | S. 4° O. |
| — pointe Ouest. . | S. 44° O. |

*Mouillage près l'île Lanhil.*

25 mai 1849.

| | |
|---|---|
| Ile aux Cocos. . . . . . . . . . . . . . . | S. 38° O. |
| Lanhil, pointe Est. . . . . . . . . . . . | S. 32° E. |
| — pointe Ouest. . . . . . . . . . . | S. 1° O. |
| Manalipo, pointe Est. . . . . . . . . . | N. 51° O. |

*Mouillage de Menado.*

4 juin 1849.

| | |
|---|---|
| Pointe du Nord. . . . . . . . . . . . . . | N. 25° O. |
| Fort, extrémité Sud. . . . . . . . . . . | S. 61° O. |
| Pointe du Sud. . . . . . . . . . . . . . | S. 65° O. |

*Mouillage de Bonthain.*

22 juin 1849.

| | |
|---|---|
| Pointe Fingo-Fingo. . . . . . . . . . . | S. 49° O. |
| Haute-Montagne. . . . . . . . . . . . . | N. 70° O. |
| — Sommet Est. . . . . . | N. 62° O. |
| Mont Bonthain et Mât de pavillon. . . . | N. 5° O. |
| Sommet. . . . . . . . . . . . . . . . . | N. 35° 20′ E. |
| Mont Conique. . . . . . . . . . . . . . | N. 66° E. |
| Pointe Boule-Komba. . . . . . . . . . | S. 85° 15′ E. |

*Mouillage de Macassar.*

| | |
|---|---|
| Pointe de la Baie. . . . . . . . . . . . | N. 35° E. |
| Mât de pavillon. . . . . . . . . . . . . | S. 54° E. |
| Banc à sec, pointe Sud et balise. . . . | S. 35° O. |
| Pointe Sud de la baie. . . . . . . . . . | S. 11° O. |
| Grande île Deer. . . . . . . . . . . . . | S. 81° 30′ O. |
| Petite île Deer. . . . . . . . . . . . . | N. 85° 30′ O. |
| Ilot. . . . . . . . . . . . . . . . . . . | N. 60° O. |
| Deuxième îlot. . . . . . . . . . . . . . | N. 42° O. |

*Mouillage près Macassar.*

1er juillet 1849.

| | |
|---|---|
| Extrémité de la terre dans le Sud. . . . | S. 15° E. |
| Le fort de Macassar. . . . . . . . . . . | N. 50° E. |
| Petite île Deer. . . . . . . . . . . . . | N. 16° E. |
| Barran-Beyor. . . . . . . . . . . . . . | N. 2° E. |
| Grande île Deer. . . . . . . . . . . . . | N. 44° O. |

*Mouillage de Batavia.*

8 juillet 1849.

| | |
|---|---|
| Balise de Ryland. . . . . . . . . . . . | N. 52° O. |
| Ile Hoorn, pointe Ouest. . . . . . . . . | N. 21° 30′ O. |

Edam, pointe Ouest. . . . . . . . . . . . . N. 14° E.
Enkuyzen, pointe Est. . . . . . . . . . . N. 16° 30′ E.
Alkmaar, pointe Est. . . . . . . . . . . . N. 31° 20′ E.
Balise de Neptunus. . . . . . . . . . . . N. 34° E.
Balise du Pas-Op. . . . . . . . . . . . . N. 38° 10′ E.
Troisième balise. . . . . . . . . . . . . N. 39° E.
Leyden, pointe S. E. . . . . . . . . . . . N. 21° E.

*Mouillage de Batavia.*

1er août 1849.

Edam, pointe Ouest. . . . . . . . . . . . S. 53° O.
Alkmaar, pointe Est. . . . . . . . . . . S. 35° O

*Premier mouillage dans le détroit de Banka.*

3 août 1849.

Première pointe. . . . . . . . . . . . . . S. 31° E
Fausse première pointe. . . . . . . . . . S. 75° O.
Pointe Lalary. . . . . . . . . . . . . . . N. 32° O.

*Deuxième mouillage dans le détroit de Banka.*

4 août 1849.

Mont Pandjang . . . . . . . . . . . . . . N. 28° E.
Mont Manoembing. . . . . . . . . . . . . N. 3° E.
Mont Kalean. . . . . . . . . . . . . . . . N. 12° O.

*Mouillage dans le détroit de Singapore.*

7 août 1849.

Ile Ronde. . . . . . . . . . . . . . . . . S. 20° E.
Bintang, pointe N. E., extrémité Est. . S. 4° E.
— — extrémité O. . . S. 17° O.
— grand sommet N O. . . . . . . S. 21° O.
— petit sommet. . . . . . . . . . . S. 25° 30′ O.
— pointe Nord. . . . . . . . . . S. 51° 30′ O.
Pedra-Branca. . . . . . . . . . . . . . S. 76° 30′ O.
Mont Barbucit. . . . . . . . . . . . . . N. 87° 30′ O

*Mouillage de Singapore.*

3 août 1849.

Montagne du Gouvernement. . . . . . . N. 56° O.
Pointe Pagar. . . . . . . . . . . . . . . N. 88° O.

| | |
|---|---|
| Ile Blakan. . . . . . . . . . . . . . . . . | S. 62° O |
| Ile du Pic, sommet. . . . . . . . . . | S. 26° O. |

*Mouillage de Oualan.*

22 mars 1850. — 10 brasses (16 mètres) d'eau, sable noir vaseux.

| | |
|---|---|
| Village de Yepan. . . . . . . . . . . . . . . | S. 31° E. |
| Pointe Yepan. . . . . . . . . . . . . . . . | S. 62° E |
| — Sud de l'île Lélé. . . . . . . . . . | N. 84° E. |
| — S. O. de l'île Lélé. . . . . . . . | N. 55° O. |
| Bout du mur à gauche du débarcadère. . | N. 4° E. |

*Mouillage d'Honoloulou.*

29 juin 1850. — 25 brasses (40 mètres) d'eau, gravier et coquilles brisées.

| | |
|---|---|
| Pointe du Diamant. . . . . . . . . . . . . | S. 71° E. |
| Mât de pavillon du Bol-de-Punch. . . . | N 31° 30′ E. |
| Mât de pavillon du fort. . . . . . . . . | N 7° E. |

TABLEAU N° 2. — TRAVERSÉES D'EUROPE ET DES ÉTATS-UNIS A LA CHINE ET DE LA CHINE AUX ÉTATS-UNIS.

| NOMS des BATIMENTS | LIEUX DE DÉPART et dates. | RELACHES. | | | | ARRIVÉES dans LES PORTS de destination. | Nombre de jours de la traversée. | Nombre de jours de mer. |
|---|---|---|---|---|---|---|---|---|
| | | LIEUX. | DATES des arrivées. | DATES des départs. | Durée de la relâche | | | |
| | | TRAVERSÉES D'EUROPE ET DES ÉTATS-UNIS EN CHINE. | | | | | | |
| La Cléopâtre. | Brest, 8 juillet 1821. | Bourbon.....<br>Amboine..... | 24 septembre.<br>4 décembre. | 9 octobre...<br>18 décembre. | 15 j.<br>14 | Macao, 24 janv. 1842. | 200 | 171 |
| L'Érigone... | Brest, 28 avril 1843. | Rio-Janeiro .<br>Singapore.... | 14 juin......<br>2 septembre. | 17 juin......<br>6 septembre. | 3<br>4 | Manille, 23 septembre. | 148 | 141 |
| La Sirène.... | Brest, 12 décembre 1843. | Ténériffe. ...<br>Rio-Janeiro..<br>Le Cap......<br>Bourbon....<br>Singapore.... | 26 décembre.<br>28 janv. 1844.<br>23 mars. ....<br>30 avril. ....<br>3 juillet. ... | 1 janv. 1844.<br>23 février....<br>4 avril. ....<br>22 mai. .....<br>16 juillet. ... | 5<br>26<br>11<br>22<br>13 | Manille, 26 juillet 1844. | 226 | 149 |
| La Cléopâtre. | Brest, 20 janvier 1843. | Ténériffe ....<br>Gorée.....<br>Rio-Janeiro..<br>Maurice. ....<br>Bourbon.....<br>Singapore.... | 6 février....<br>16 février. ..<br>20 mars. ....<br>27 mai......<br>4 juin......<br>29 juillet.... | 8 février. ..<br>21 février....<br>11 avril. ....<br>2 juin.....<br>22 juin.....<br>7 août...... | 2<br>5<br>21<br>5<br>18<br>9 | Manille, 18 août. | 209 | 149 |
| L'Oneida..... | New-York, 12 août. | » | » | » | » | Hong-kong, 24 décembre. | 134 | 134 |
| Le Rainbow.. | New-York, 3 octobre. | » | » | » | » | Macao, 13 janvier. | 103 | 102 |
| Le Paul-Jones. | Boston, 4 octobre. | » | » | » | » | Macao, 2 février. | 121 | 121 |
| Le Valparaiso. | Philadelphie, 9 octob. 1848. | » | » | » | » | Hong-kong, 13 févr. 1849. | 127 | 127 |
| Le Howqua.. | New-York, 5 avril. | » | » | » | » | Hong-kong, 30 juin. | 86 | 86 |
| Le Lucas..... | New-York, 23 octobre. | » | » | » | » | Hong-kong, 12 mars. | 139 | 139 |
| La Zenobia.. | New-York, 14 novembre. | » | » | » | » | Hong-kong, 22 mars. | 128 | 128 |
| | | TRAVERSÉES DE CHINE AUX ÉTATS-UNIS. | | | | | | |
| Le Natchez... | Macao, 14 janv. 1845. | » | » | » | » | New-York, 4 avril. | 78 | 78 |
| Le Rainbow.. | Canton, 5 juin 1845. | » | » | » | » | New-York, 19 septembre. | 106 | 106 |
| Le Howqua .. | Macao, 2 déc. 1845. | » | » | » | » | New-York, 7 mars 1846. | 94 | 94 |

TABLEAU N° 3. — TRAVERSÉES DE LA NOUVELLE-HOLLANDE EN CHINE.

| NOMS des BATIMENTS. | PORTS DE DÉPART et dates. | PORTS D'ARRIVÉE et dates. | NOMBRE de jours de la traversée. | NOMBRE de jours de mer. |
|---|---|---|---|---|
| La Fanny-Connell... | Sydney, 1er janvier. | 12 mars........... | 70 | 70 |
| L'Annetta........... | Sydney, 28 janvier. | Hong-kong, 12 mars. | 43 | 43 |
| Le Lightning........ | Sydney, 7 janvier.. | Hong-kong, 12 mars. | 64 | 64 |
| Le Marques of Douro. | Sydney, 20 janvier. | Hong-kong, 12 mars. | 51 | 51 |
| Le Victor.......... | Sydney, 22 janvier. | Hong-kong, 14 mars. | 51 | 51 |
| Le Daniel-Watson... | Sydney........... | » | 90 | 90 |
| Le Rhin............ | Le Cap.......... | Hobart-Town....... | 38 | » |
| Le Sir Robert-Sale... | Angleterre......... | Nouvelle-Zélande.... | 96 | » |
| Le Sir Robert-Sale... | Nouvelle-Zélande.. | Hong-kong......... | 32 | » |

TABLEAU N° 4. — POSITIONS DÉTERMINÉES PAR LA BAYONNAISE.

| DATES des RELÈVEMENTS. | NOMS DES ILES. | POINTS RELEVÉS. | LATITUDE NORD. | LATITUDE EST. |
|---|---|---|---|---|
| 12 janvier 1849. | Koumi.................. | Le centre..... | 24° 26′ 0″ | 120° 48′ 0″ |
| 13 idem....... | Hoa-pin-su.............. | Idem...... | 25° 46′ 0″ | 121° 15′ 0″ |
| 13 idem...... | Raleigh, ou Quin des cartes espagnoles, ou les rochers douteux d'Horsburgh. | L'île......... | 25° 50′ 0″ | 122° 12′ 0″ |
| 16 mai 1850... | Grafton................. | Sommet...... | 20° 41′ 58″ | 119° 34′ 43″ |
| Idem...... | Monmouth ou Batan..... | Sommet N.-E. | 20° 30′ 30″ | 119° 33′ 30″ |
| | | Sommet S.-O. | 20° 26′ 20″ | 119° 35′ 30″ |
| Idem...... | Orange................ | Sommet N... | 20° 46′ 50″ | 119° 31′ 0″ |
| | | Sommet S.... | 20° 42′ 50″ | 119° 30′ 30″ |
| 31 mai 1850... | Ile vue par la Bayonnaise. | Sommet N... | 32° 0′ 41″ | 137° 39′ 12″ |

# TABLE DES MATIÈRES.

# TABLE DES GRAVURES.

www.ingramcontent.com/pod-product-compliance
Ingram Content Group UK Ltd.
Pitfield, Milton Keynes, MK11 3LW, UK
UKHW012005240726
13965UKWH00001B/160